生 / 态 / 艺 / 术 / 设 / 计 / 系 / 列 / 教 / 材

丛书主编 ◎ 杨喆　丛书副主编 ◎ 彭静

材料与构造

主　编 ◎ 龚　斌

副主编 ◎ 朱　怡

参　编 ◎ 李待宾　程　驰　杨　建

華中科技大學出版社

http://press.hust.edu.cn

中国 · 武汉

图书在版编目(CIP)数据

材料与构造 / 龚斌主编 .—武汉：华中科技大学出版社，2024.2
ISBN 978-7-5772-0512-0

Ⅰ.①材… Ⅱ.①龚… Ⅲ.①建筑材料—装饰材料 ②建筑装饰—建筑构造 Ⅳ.① TU56 ② TU767

中国国家版本馆 CIP 数据核字(2024)第 046484 号

材料与构造
Cailiao yu Gouzao

龚斌 主编

策划编辑：彭中军
责任编辑：郭星星
封面设计：孢 子
责任监印：朱 玢
出版发行：华中科技大学出版社（中国·武汉） 电话：（027）81321913
武汉市东湖新技术开发区华工科技园 邮编：430223
录 排：武汉创易图文工作室
印 刷：武汉科源印刷设计有限公司
开 本：889 mm × 1194 mm 1/16
印 张：12.5
字 数：357 千字
版 次：2024 年 2 月第 1 版第 1 次印刷
定 价：79.00 元

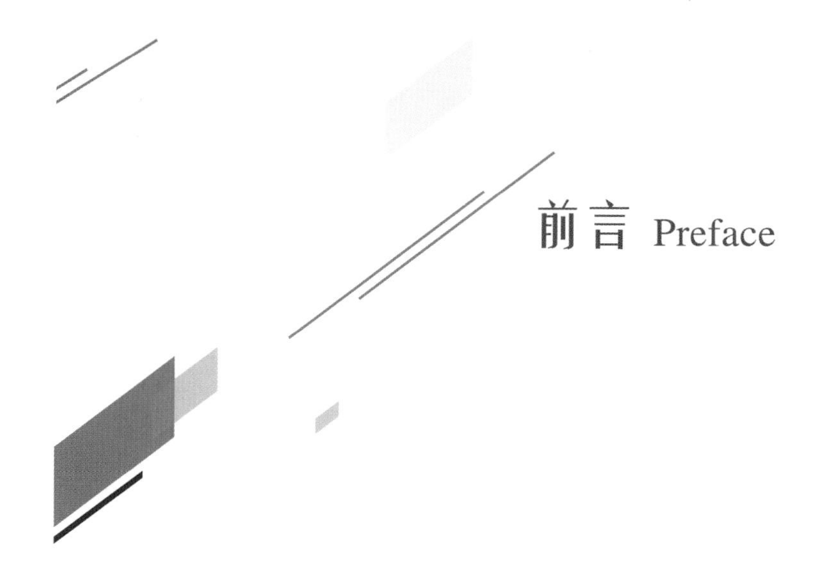

前言 Preface

随着中国经济的持续快速发展，人均占有建筑面积不断增加，人们物质生活水平不断提高，人们对工作、生活和居住环境的要求也越来越高。这些因素都促进了环境设计和建筑装饰行业的繁荣，行业专业人才需求旺盛，从而促使社会对环境设计高质量需求的持续增长，直接导致环境设计专业教育的超速发展。

"材料与构造"作为环境设计学科方向的一个重要课程，目前，许多相关设计院校都先后开设过。中国地质大学（武汉）从20世纪90年代初设置环境设计专业起，就开设了相关系列课程。为配合专业教学和向相关人士系统地介绍相关设计知识，笔者根据专业培养目标，结合自身教学实践，在参阅兄弟院校编写的相关教材的基础上，编写了这本《材料与构造》。本书编写希望能做到体系完整、定位清晰、使用方便、质量上乘、与时俱进，注重知识的前沿性、理论性、实践性和精简性，结合时代变化，紧跟时代步伐。

本书结合材料与构造的规律特点，依托目前社会实践需求，务实有效地阐述了材料与构造的基础知识。本书从材料的生态、绿色化入手，依次介绍木材、石材、陶瓷、玻璃、金属、织物、涂料、塑料等材料的基本特点，并介绍材料的粘结、复合与构造，内容涉及许多装饰装修的新材料、新技术、新构造。本书着重介绍材料的表面形态与选用方法，强调构造原理，力求体现每个装饰装修部位的材料特点及构造原则。

本书提供了大量的工程实际构造图，使学生具有较强的识读建筑装饰装修施工图的能力，为学习后续专业课打下坚实的基础。本书既可作为相关院校环境设计专业的专业教材，也可作为建筑装饰装修设计、施工、管理的技术培训教材和工程技术人员自学用书。

本书内容倾注了许多人的心血，在这里感谢华中科技大学出版社的编辑们对本书的出版所给予的热心帮助；感谢中国地质大学艺术与传媒学院领导与同事的支持；感谢王紫灵、卫月影、程景龙、邵珊珊、王望、黄子君、肖霁铭等同学在节点图绘制和资料收集汇总中所付出的努力。

龚斌

2023年5月于中国地质大学（武汉）

目录 Contents

第一章 概论

我国二氧化碳排放力争于2030年前达到峰值，争取2060年前实现碳中和，这既是我国履行大国责任、推动构建人类命运共同体的重要历史担当，又是我国进一步加快形成绿色发展方式和生活方式，大力建设生态文明和美丽中国的重要举措。建材行业是国内碳排放量较大的行业之一，需要采取强有力措施，大力促进碳减排工作，为中国总体实现碳达峰目标和碳中和目标做出贡献。

材料是建筑工程的基本要素，建筑功能或和形态的体现都是由材料来实现的。传统材料在建筑工程中具有一定的局限性，已经不能满足日益增长的高品质需求，科学技术的发展促使新的材料不断产生，为建筑工程的高质量发展带来更为广阔的空间。

1.1 基本概念

1.1.1 材料

材料是指为满足人类生产生活需要，经过采集、加工、合成等手段获得的各种物质。它是人工控制和加工的自然物质。本书所讲解的材料以及对应的构造工艺主要是指建筑装修中的装饰材料。

装饰材料是指为了美化和装饰建筑环境而使用的各种材料。装饰材料不仅具有一般材料的基本性能，而且具有美观性和装饰性。装饰材料包括天然石材、金属材料、木材、塑料、漆膜材料、砖瓦材料、墙纸墙布材料、陶瓷材料等。

材料是人类保护生存环境、实现材料工业可持续发展的有效途径，并已成为当前国内外研究的热点。材料必须具有生态属性，是绿色节能产品，应具有良好的使用性能和优良的环境协调性。良好的环境协调性是指资源、能源消耗少，环境污染小，再生循环利用率高。生产实践中要寻找在加工、提取、制备、使用与再生过程中具有最低环境负担、能净化和修复环境的材料，不但要考虑使用性能，还要考虑经济性能，尽量将成本控制在可接受范围之内。例如，将废弃的丝瓜瓤、废弃的木材、废弃的竹材等经过人工合成制作成为新型材料（如图1-1-1所示）。

因此，要更加重视材料的研发工作，研究材料的生产工艺、力学性能和建构方式。

图1-1-1　不同新型材料

1.1.2 建筑材料

建筑材料是在建筑工程中所应用的各种材料。建筑材料要从材料的原料采取、加工过程、使用过程、废料处理及循环利用五个主要环节综合考虑它对生态平衡的利弊关系，一方面要满足使用要求，另一方面要能够维护人体的健康、保护自然环境。建筑材料主要包括天然建材、循环再生建材、低环境负荷建材、环境功能建材、多功能复合材料等。

1.1.3 材料的特点

材料具有以下三个重要的特点：

(1)环境协调性，材料应和环境和谐共存。

(2)舒适性，材料在使用的过程中应该带给人们健康、舒服、温馨、安全的感受。

(3)创新性，材料的使用应该为使用者提供前瞻性的服务，对人们的生活方式起到引领的作用(如图1-1-2所示)。

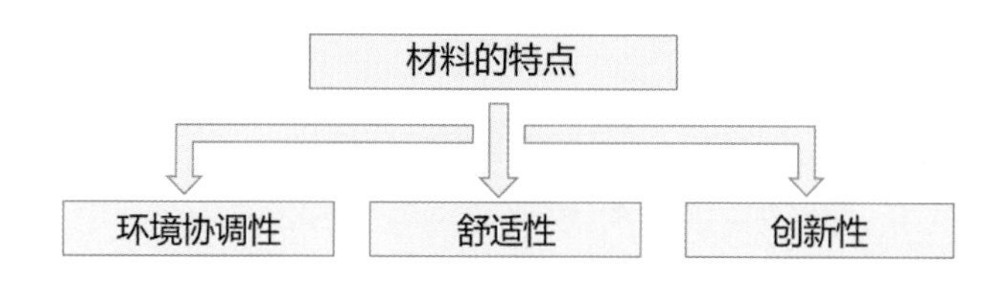

图1-1-2 材料的特点

1.1.4 材料的选择

材料的选择应从以下几个方面考虑：

(1)原材料的选取尽可能少用天然材料，多用废弃物。

(2)采用先进的生产工艺，减少材料生产过程中的能源消耗和污染。在材料生产过程中不添加对人体和环境有害的物质。

(3)材料的设计以提高人的生活质量和改善环境为目的；副产品容易回收和循环利用，环境负荷小。

(4)具有地方特色，降低运输能耗，包装材料尽可能少。

1.1.5 材料的分类

基于建筑工程的发展需求，材料可以分为建筑材料与环保装修材料两大类。

1. 建筑材料

(1)化学建筑材料。

一般土木工程中所需的混凝土、砌体等建筑材料均属于化学建筑材料，也属于高耗能材料。近些年，我国在政策上对建筑节能做出具体要求，所以发展节能型生态化学建筑材料成为落实建筑节能的关键和迫切要求。

(2)木质建筑材料。

木材作为一种天然生物建筑材料，在我国建筑文化历史上占有一席之地。与混凝土或钢材等其他建材相比，木材的单位质量承载力大很多，热传导性低，电绝缘性良好，且其力学性能好，安全系数较高。随着自然资源的过度开发,森林面积直线性减少,许多国家利用劣材优用、节约代用法(将速生的、小径的木材加工成性能良好的集成材)制出木质复合材料,有效地落实了废弃物再利用原则。目前,木质建材已成为现代房屋建造装修的主要材料种类之一。

(3)陶瓷建筑材料。

陶瓷建材主要以瓷砖、坐便器、浴池、洗脸台、自来水池等实物出现在装修市场中。表面上看陶瓷具有干净卫生、便于清洗、美观等优点,但其实陶瓷生产属于高污染、高耗能的过程。随着现代人们对环境安全无污染化、健康化的要求越来越多,节能化产品的需求也越来越强烈,具有安全认证和绿色健康标志的生态陶瓷成了未来陶瓷发展的方向。

(4)玻璃建筑材料。

建筑上,门窗往往离不开玻璃的搭配。随着科技的高速发展,真空玻璃、夹层玻璃、无反射玻璃、自洁净玻璃等环保玻璃陆续出现,不仅能降低噪声污染、粉尘污染、光污染,同时满足保温和采光要求,而且能减少其他有害物质的污染。废弃玻璃由于无法降解而长期存在于环境中,会对环境造成很大危害。目前,有人已利用废弃玻璃生产出装饰材料,如马赛克、微晶玻璃、泡沫玻璃等。

(5)竹质建筑材料。

竹子与木材一样,广泛地应用于古代文人房屋的建造和装饰中,一直延续至今天。不同于木材,竹子是一种速生植物资源,具有韧性好、耐磨损、强度大、纹理通直等多种优点。作为建材使用时,竹子的成本是木材或混凝土的一半左右。重组竹板材料是利用现代复合重组技术合成的,具有钢材的力学指标,力学性能甚至超过木质建材,在建筑材料领域得到重用,是一种新型的具有广阔应用前景的生态建筑材料。

(6)纸质建筑材料。

采用纸作为结构材料能减小建筑物的质量,从而降低成本,而且最重要的是当建筑物被拆除时,纸结构可以重复再生利用。目前,已经有将纸材作为一种新型建筑材料搭建一些临时性或半临时性建筑的成功案例,如2000年世博会上的日本馆、1992年的瑞士纸塔等。

2. 环保装修材料

(1)基本无毒无害型。

基本无毒无害型环保装修材料是指天然的、本身不含或极少含有毒有害物质、未经污染、只进行了简单加工的装饰材料,如石膏、滑石粉、砂石、木材等。

(2)低毒、低排放型。

低毒、低排放型环保装修材料是指经过加工、合成等技术手段来控制有毒、有害物质的积聚和缓慢释放的装饰材料,毒性轻微,对人类健康不构成危险。

(3)未知型。

科学技术和检测手段无法确定和评估其毒害物质影响的材料均属于未知型,如环保型乳胶漆、环保型油漆等化学合成材料。这些材料是无毒无害的,但随着科学技术的发展,将来可能重新认定。

另外,也可以从建筑空间界面关系分类。

① 墙体材料:一般有乳胶漆、壁纸、墙面砖、涂料、饰面板、墙布、墙毡等。

② 地面材料:一般有实木地板、复合木地板、天然石材、人造石材地砖、纺织型产品制作的地毯、人造制品的地板(塑料)。

③ 顶棚材料:一般有乳胶漆、涂料、饰面板、壁纸等。

1.1.6 材料的发展趋势

随着经济的高速发展，如何减少能源损耗，制造出更加环保的材料，使环境更加生态化，已成为我们国家的重点研究课题。作为资源能源消耗大户的建材行业，向科技含高、资源消耗低、环境污染少的环境生态产业转变，是大势所趋。从我国的实际情况出发，材料未来的发展趋势如下：

(1)以最低资源和能源消耗、最小环境污染代价生产传统建筑材料，如用新型干法工艺技术生产高质量水泥材料。

(2)扩大可用原料和燃料范围，减少对优质、稀少或正在枯竭的重要原材料的依赖。

(3)发展大幅度减少建筑能耗的建材制品，如具有轻质、高强、防水、保温、隔热、隔音等优异功能的新型复合墙体和门窗材料。

(4)开发具有高性能、长寿命的生态材料，大幅度提高建筑工程材料的服务寿命，如高性能的水泥混凝土、保温隔热材料、装饰装修材料等。

(5)发展具有改善居室生态环境和保健功能的材料，如抗菌、除臭、调温、调湿、能屏蔽有害射线的多功能玻璃、陶瓷、涂料等。

(6)发展生产能耗低、对环境污染小、对人体无毒无害的材料，如无石板纤维水泥制品、无毒无害的水泥混凝土等。

(7)开发工业废弃物再生资源化技术，利用工业废弃物生产优异性能的材料，如利用矿渣、粉煤灰、硅灰、煤矸石、废弃聚苯乙烯泡沫塑料等生产的材料。

(8)发展能治理工业污染、净化修复环境或能扩大人类生存空间的新型材料，如用于开发海洋、地下、盐碱地、沙漠、沼泽地的特种水泥等材料。

1.2 材料与构造的学习要求

1.2.1 学习内容

材料与构造的学习内容，涉及材料的基本理论、构造设计能力和实践能力等应用问题。本课程的基本任务，就是使学生能够掌握室内装修材料与构造的基本理论知识和一般设计方法，并具备装修构造设计的综合实践能力。具体学习内容主要包括：

(1)材料基础知识。如材料的概念、分类、性质、生产工艺、性能指标等基本知识。

(2)材料选用方法与原理。根据设计要求选择材料的方法与指导原理。

(3)材料在建筑中的应用设计。材料在建筑结构、内外墙、地面、屋面等部位的设计方案与应用。

(4)材料施工技术与管理。材料从采购到现场施工的流程管理与施工方法技术。

(5)相关的标准规范与政策。如绿色建筑评价标准、生态建材评价标准，以及环保政策法规等。

(6)相关课程作业。如撰写材料性能测试报告、撰写选用方案设计报告、编制施工方案等。

(7)相关实践活动。参观建材生产企业和相关工地，参与校内外相关主题竞赛等。

1.2.2　学习目的

(1)掌握材料的基础知识。包括材料的概念、分类、来源、性质、功能、生产工艺、应用范围等方面知识。

(2)理解材料的环境协调性。学习材料在减少资源消耗、污染预防、提高再生利用等方面与环境协调发展的原理和方法。

(3)熟练材料的选用方法。学会根据不同的设计要求和环境条件选择合适的材料。

(4)掌握材料的用途和构造。学习材料在建筑装修等不同场景中的具体用途和构造解决方案。

(5)了解材料施工管理。熟悉材料从采购到运输、存储、施工等全过程的质量控制和管理要点。

(6)培养生态设计思维。通过学习,养成综合考虑环境影响、资源效率、人体健康等因素的生态设计思维方式。

(7)提高表达与沟通技能。通过相关课程作业,学习使用材料专业术语,并按照行业标准表达设计方案。

(8)结合实例进行分析。通过典型案例的分析,总结材料设计、施工的经验教训,不断提高应用能力。

(9)实现与相关课程的衔接。材料与构造课程的学习可以与建筑学、室内设计等专业课程有效衔接,实现知识的纵向延伸。

1.2.3　学习方法

(1)理论学习。精读教材与参考书,系统学习材料与构造的基础理论、知识内容与原理,打牢基础。

(2)案例分析。分析典型的材料设计与施工案例,总结宝贵的经验与教训,提高应用能力。

(3)实物接触。通过参观相关企业、装修工地等,直接接触材料与施工现场,加深理解。

(4)课程作业。完成教师布置的相关作业,如材料选用报告、设计方案、施工方案等,锻炼应用能力。

(5)调研报告。选择感兴趣的材料或生态设计与施工课题进行调研,撰写报告,提高学习与总结能力。

(6)实验与实践。对材料进行性能测试实验,或参与学校建筑装修等实践项目,深化学习领悟。

(7)时讯跟踪。随时跟踪材料与构造领域的新技术、新产品、新工艺、新政策等最新资讯,扩展学习广度与深度。

(8)团队合作。组织相关学习小组,采取团队合作形式进行材料选用设计与方案撰写等综合训练,锻炼协作能力。

(9)教师答疑。通过平时课堂答疑、课后咨询等形式,深入交流感兴趣或不明白的问题,达到深化学习的目的。

第二章 木材类

2.1　木材的特点及加工

2.2　木材的分类

2.3　木材的装修构造

2.1 木材的特点及加工

2.1.1 木材的基本性质

木材泛指用于工民建筑的木制材料，常被统分为软材和硬材。工程中所用的木材主要取自树木的树干部分。木材因来源广泛和加工容易，自古就是一种主要的建筑材料。

1. 木材的结构

要想增加对木材的识别能力就应从树干的组成和构造入手，通过横切面、径切面以及弦切面可以了解木材的特征。

横切面：与树干垂直的切面，能够清晰地反映木材的基本特征，是识别木材的最主要参考面。

径切面：与树干平行且通过髓心的切面，径切面板材收缩小，不易变形。

弦切面：与树干平行但不通过髓心的切面，年轮呈现“V”字形或者波浪形，一般的木材都是弦切面。

在识别木材时，必须观察标准的三切面才能全面地了解木材的构造和属性；同时，想认识木材就要了解木材的组织构成，从横切面上可看到树干是由树皮、形成层、木质部（边材＋心材）和髓等组成的，如图2-1-1所示。

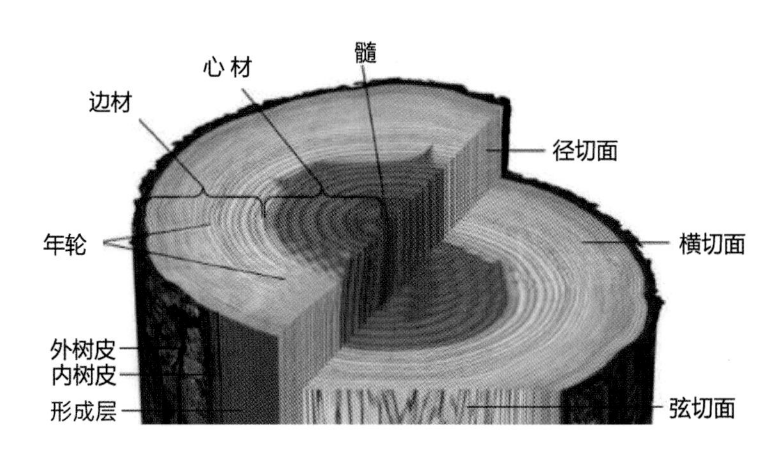

图 2-1-1　木材的结构

树皮：树干的最外面一层，不同的树种有不同颜色、厚度以及外貌的树皮，因此树皮是识别原木树种的非常重要的依据之一。

形成层：树皮与木质部之间的一层很薄的组织，需要用显微镜观看，是木材形成的源泉。

木质部：形成层以内都是木质部分，也就是我们通常加工使用的部分。

2. 木材性质的优点

(1) 轻质：木材由疏松多孔的纤维素和木质素构成。它的密度因树种不同，一般在 300～800 kg/m^3 之间，比金属、玻璃等材料的密度小得多，但它的强度比钢材大很多，质轻坚韧并富有弹性。木材沿纵向（生长方向）的强度大，是有效的结构材料，但其抗压、抗弯曲强度较差。

(2) 具有天然的色泽和美丽的花纹：不同树种的木材或同种木材的不同材区，都具有不同的天然悦目的色泽。如红松的心材呈淡玫瑰色，边材呈黄白色；杉木的心材呈红褐色，边材呈淡黄色等。又因年轮和木纹方向的不同而形成粗、细、直、曲各种形状的纹理，经旋切、刨切等多种方法还能截取或胶拼成种类繁多的花纹（如图 2-1-2 所示）。

图 2-1-2　木材的花纹

（3）具有调湿特性：木材由许多长管状细胞组成，在一定温度和相对湿度下，对空气中的湿气具有吸收和放出的平衡调节作用。

（4）隔声吸音性：木材是一种多孔性材料，具有良好的吸音隔声功能。

（5）具有可塑性：木材熏煮后可以进行切片，在热压作用下可以弯曲成型，木材可以用胶、钉、榫眼等方法牢固接合。

（6）易加工和涂饰：木材易锯、易刨、易切、易组合加工成型，且加工比金属方便，由于木材的管状细胞能吸湿受潮，故对涂料的附着力强，易于着色和涂饰。

（7）对热、电具有良好的绝缘性：木材的热导率和电导率小，可做绝缘材料，但随着含水率增大，其绝缘性能降低。

3. 木材性质的缺点

（1）易变性、易燃：木材由于干缩湿胀容易引起构件尺寸及形状变异和强度变化，易发生开裂、扭曲等问题。木材的着火点低，容易燃烧。

（2）各向异性：即使是同一树种的木材，因产地、生长条件和取材部位不同，其物理、化学性质差异也会很大，因此其使用和加工受到一定的限制。

（3）容易解离：刨花板和纤维板就是利用木材的这一缺点制作而成的。

（4）生物降解性：木材是一种有机物质，在生长和存储的过程中，容易受菌、虫的侵蚀，故木材容易被破坏，降低了使用性能，主要的表现有腐朽、变色和虫蛀等。

（5）天然缺陷：由于木材是一种天然材质，在生长过程中受自然环境的影响，有许多天然缺陷，如木节、斜纹理以及因生长应力或自然损伤而形成的缺陷（如图 2-1-3 所示）。

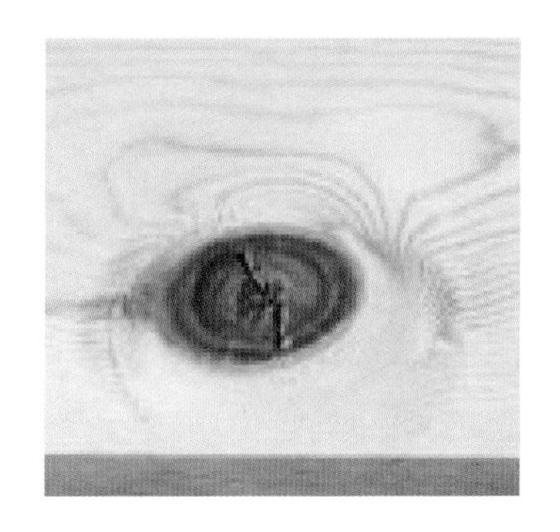
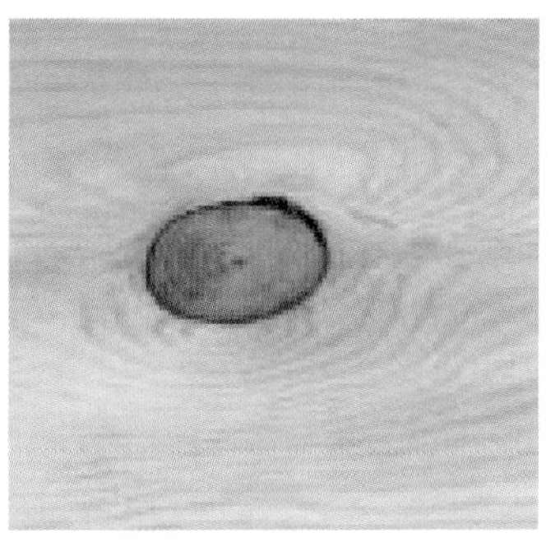
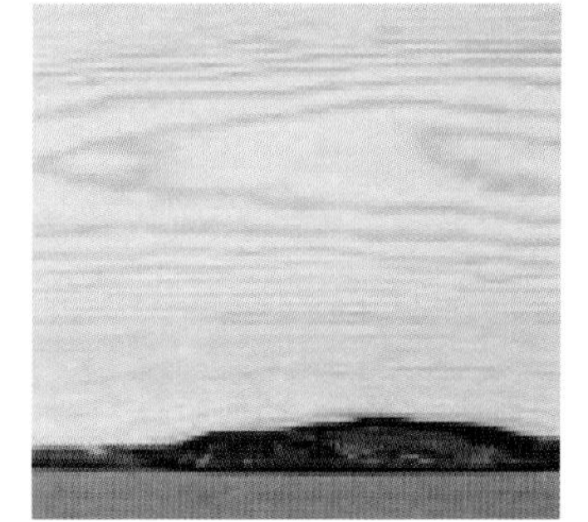

图 2-1-3　木材的天然缺陷

为了合理使用木材，通常根据木材缺陷的种类、大小和数量，将木材划分等级使用。腐朽和虫蛀的木材不允许用于结构，因此影响结构强度的缺陷主要是木节、斜纹和裂纹。

2.1.2 常用木材性能及用途

木材按树种进行分类，一般分为针叶树材和阔叶树材。杉木及各种松木等是针叶树材；柞木、水曲柳、香樟、檫木及各种桦木、楠木和杨木等是阔叶树材。中国树种很多，东北地区主要有红松、落叶松、鱼鳞云杉、红皮云杉、水曲柳等；长江流域主要有杉木、马尾松等；西南、西北地区主要有冷杉、云杉、铁杉等。

1. 针叶树材

针叶树，如杉木、红松、白松、黄花松等，树叶细长，大部分为常绿树（如图 2-1-4 所示）。其树干直而高大，纹理顺直，木质较软，易加工，故又称软木材（如图 2-1-5 所示）。其表观密度小，强度较高，胀缩变形小，是建筑工程中的主要用材。

图 2-1-4 针叶树材的特点

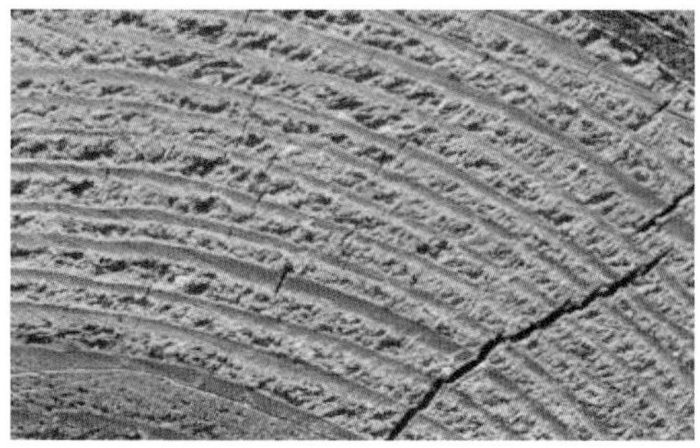

图 2-1-5 针叶树材的木纹

(1) 主要用途：针叶树材的主要用在建筑工程、木制包装、桥梁、家具、造船、机械模型等领域，常用作坑木、枕木、桩木。

(2) 分布范围：针叶树种多生长缓慢，寿命长，适应范围较广，多数针叶树的种类在各地林区组成针叶林或针、阔叶混交林。

2. 阔叶树材

阔叶树，如桦木、香樟、水曲柳等，树叶宽大呈片状，大多数为落叶树（如图 2-1-6 所示）。树干通直部分较短，木材一般较硬，加工比较困难，故又称为硬（杂）木材。其表观密度较大，易胀缩、翘曲、开裂，常用作室内装饰板、次要承重构件、胶合板等。阔叶树一般指双子叶植物类的多年生木本植物，具有扁平、较宽阔叶片，叶脉呈网状，叶常绿或落叶，叶形随树种不同而有多种形状。由阔叶树组成的森林，称作阔叶林。阔叶树的经济价值大，不少为重要用材树种，其中有些为名贵木材，如樟树、楠木等。

(1) 种类：阔叶树种类繁多，包括柏杨、垂柳、银芽柳、榆树、黄栌树、白玉兰树、二乔玉兰树、红叶李树、红叶桃树、梅花树、樱花树、合欢树、国槐、山杨树、小叶榕树、高山榕树、垂叶榕树、银桦、山玉兰树、香樟、杜英、桢楠等。

(2) 主要用途:阔叶树适用于建筑工程、木材包装、机械制造、造船、车辆、桥梁、家具等领域。

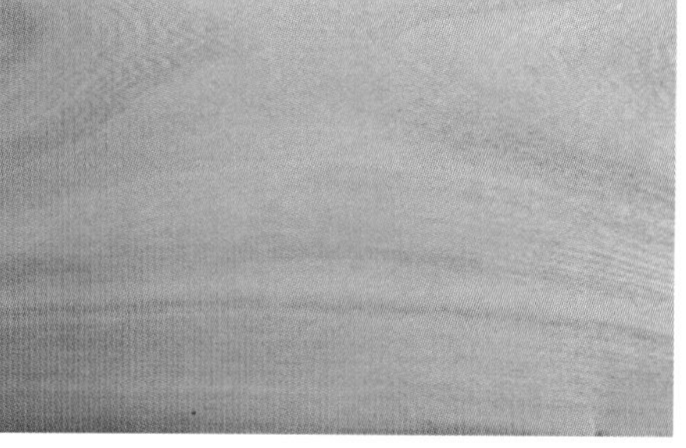

图 2-1-6　阔叶树材的特点

2.2　木材的分类

2.2.1　木饰面板

1. 木芯板

木芯板又称大芯板(细木工板),是装饰工程中的首选材料,将原木切割成长短不一条状后拼合成板芯,在上下两面胶贴 1 ~ 2 层胶合板或其他饰面板,再经过压制而成。其竖向(以芯板走向区分)抗弯压强度差,但是横向抗弯压强度较高。木芯板的板芯常用松木、杉木、桦木、泡桐、杨木等树种,其中以杨木、桦木为最好,质地密实,木质不软不硬,握钉力强,不易变形;而泡桐的质地很轻、较软、吸收水分大,握钉力差,不易烘干,制成的板材非常容易干裂变形,变形系数大。它的成品规格(长 × 宽)为 2440 mm × 1220 mm,厚度为 15 mm、18 mm(如图 2-2-1 所示)。

图 2-2-1　木芯板

2. 胶合板

胶合板又称为夹板,是将椴木、桦木、榉木、水曲柳、楠木、杨木等原木经过蒸煮软化后,沿着年轮旋切或刨切成大张单板,将这些多层单板通过干燥后纵横交错排列,使相邻两单板的纤维相互垂直,再经加热胶压而成的一种人造板材(如图 2-2-2 所示)。

图 2-2-2　胶合板

胶合板的外观平整美观，幅面大，收缩性小，可以弯曲，并能任意加工成各种形态。规格（长 × 宽）为 2440 mm × 1220 mm，厚度分别为 3 mm、5 mm、7 mm、9 mm、12 mm、18 mm、22 mm。

胶合板主要用于装饰装修中木质制品的背板、底板，由于其厚薄尺度多样，质地柔韧、易弯曲，也可以配合木芯板用于结构细腻处，弥补了木芯板厚度均一的缺陷，或者用于制作隔墙、弧形天花板、装饰门面板和墙裙等构造。

3. 木饰面板

木饰面板是将较珍贵树种的木材加工成 0.1 ～1 mm 的微薄木切片，再将微薄木切片胶接于基层板上制成的板材。木饰面板的取材较为广泛，例如水曲柳、花梨木、枫木、桃花芯、西南桦、沙比利等（如图 2-2-3 所示）。木饰面板可分为 3 mm 厚木饰面板（又称切面板）和微薄木饰面板（又称成品饰面板）。

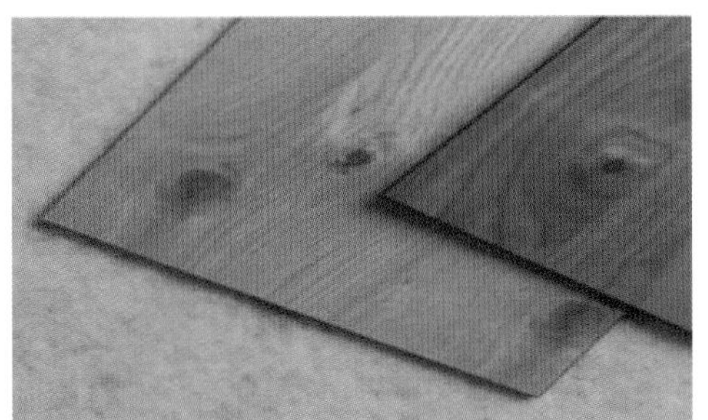

图 2-2-3　木饰面板

（1）3 mm 厚木饰面板。

3 mm 厚木饰面板，俗称面板，一般由 2.7 mm 的基层板加 0.2 ～0.3 mm 的微薄板覆层组成，故总厚度在 3 mm 左右。3 mm 厚木饰面板表面纹理细腻、真实、美观，广泛应用于门、门套、窗套、家具以及其他木作工程的表层装饰。这种木饰面板应用于施工现场，按照尺寸大小制作，现场油漆。木饰面板尺寸规格有：1200 mm × 2400 mm × 3 mm、1220 mm × 2440 mm × 3 mm。

（2）微薄木饰面板。

微薄木饰面板是通过精密设备将珍贵木材（如紫檀木、花樟、楠木、柚木及水曲柳等）刨切成 0.3 ~ 0.6 mm 厚的薄木皮，以胶合板、刨花板、细木工板等为基层材，采用先进的胶粘工艺，将薄木皮复合于基层材之上，经热压后制成的。微薄木饰面板具有木纹逼真、花纹美丽、真实感和立体感强、价格优廉等特点，装饰效果几乎与直接用珍贵树种加工的板材完全相同，是目前装修工程中用量最大的装饰面材。

微薄木饰面一般由基层材、装饰薄木（单板、木皮）、平衡薄木（单板、木皮）、正面装饰涂层、反面封闭（平衡)涂层组成。常用的微薄木饰面板品种有水曲柳面板、美柚面板、泰柚面板、花梨木面板、酸枝木面板、红榉面板、白榉面板、楠木雀眼面板、枫木雀眼面板、橡木树瘤面板、桃花芯面板、白橡木面板、枫木面板、槭木面板、朴木面板、白栎木面板、红栎木面板等。

4. 木质复合板材

常见的木质复合板材有宝丽板、波音板、PVC 装饰板、防火板、镁铝饰板、镁铝曲板、蜂巢板、纸面稻草板等。

(1)宝丽板(含宝丽坑板)。

宝丽板又称华丽板,是以特种花纹纸贴于三合板基层材上,再在花纹纸上涂以不饱和树脂,并在其表面压合一层塑料薄膜而成的(如图 2-2-4 所示)。宝丽坑板是在普通宝丽板表面按等距离加工出宽 3 mm、深 1 mm 的坑槽而成的,槽距有 80 mm、200 mm、400 mm、600 mm 等多种规格。

图 2-2-4　宝丽板

(2)波音板、皮纹板、木纹板。

这类板材以波音皮(纸)、皮纹皮(纸)、木纹皮(纸)经过压花,用 EV 胶真空贴于三夹板上加工而成(如图 2-2-5 所示)。

图 2-2-5　波音板

(3)PVC 装饰板。

PVC 装饰板是一种以塑料代木材的建筑装饰材料。它具有防火、防水、防潮、耐酸碱、耐腐蚀、抗老化、不变形、重量轻、表面光滑等特点。花色多样,可以形成木纹、大理石纹及茉莉花、牡丹花、彩云等装饰图案(如图 2-2-6 所示)。

(4)防火板。

防火板亦称耐火板或防火装饰板,装饰图案有仿木纹、仿石纹、仿皮纹等。板面有亮面(镜面)、亚光两种。特点是图案、花色丰富多彩,不仅耐湿、耐磨、耐高温、阻燃,而且耐一般酸碱油脂及酒精等溶剂的腐蚀。防火板常用于防火工程,既能达到防火要求,又能起装饰作用(如图 2-2-7 所示)。

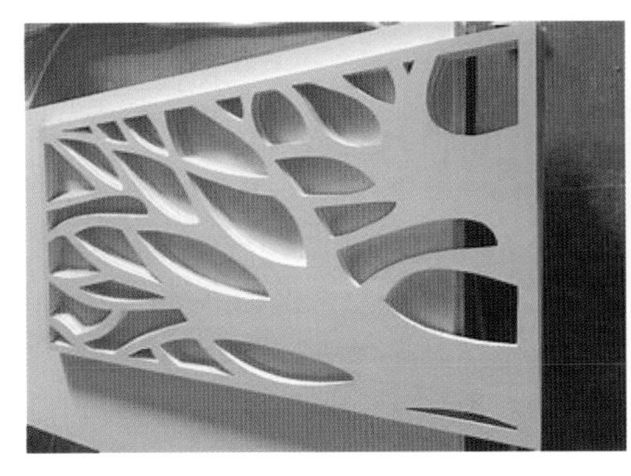

图 2-2-6　PVC 装饰板

图 2-2-7　防火板及用途

(5)镁铝饰板和镁铝曲板。

镁铝饰板是以三夹板为基层板，表面胶以一层铝箔并进行电化学加工而成的。其表面可做成多种图案花纹及多种颜色，有平板型、镜面型、刻花图案型及电化学加色型等。其颜色通常有银白、乳白、金色、古铜色、青铜色、绿色、青铝色等(如图 2-2-8 所示)。

图 2-2-8　镁铝饰板

2.2.2　地板

木质地板主要有实木地板、复合地板、软木地板和活动地板等。

1. 实木地板

实木地板是以天然的木材直接加工而成的，又称原木地板。根据选用树种和施工工艺不同，实木地板产生的装饰效果也不同。实木地板的尺寸规格有 910 mm × 125 mm × 18 mm、910 mm × 90 mm × 18 mm、750 mm × 90 mm × 18 mm、600 mm × 75 mm × 18 mm 等。

实木地板具有木质感强、弹性好，脚感舒适、美观大方等特点，可减弱音响和吸收噪声，能自然调节室内湿度和温度,不起灰尘,给人以舒适的感受。适用于住宅、办公、休闲、会议会所、酒店等场所的地面装饰(如图 2-2-9 所示)。

图 2-2-9 实木地板

常用于制作实木地板的木材有松木、水曲柳、柞木、柚木等。实木地板根据木材特点不同,可分为高、中、低三档;按断面接口构造的不同,可分为平口、错口和企口三类;按表面涂饰的不同,又可分为素板和漆板两种。

2. 复合地板

复合地板是指以不同质地的纤维板为基层材,经过特定工艺压制而成的人造地面装饰板材。其内部构造包括四个层次:底层、中间层、装饰层和耐磨层。复合地板包括实木复合地板和强化复合地板两种。

(1)实木复合地板。

实木复合地板采用 5 mm 厚的实木作装饰面层,由多层胶合板或中密度板构成中间层,以聚酯材料作底层。实木复合地板按结构分为三层复合实木地板、多层复合实木地板、细木工板复合实木地板等。实木复合地板上下均为 4~5 mm 硬木面层,中间为横纹、竖纹软木头平衡层,这样既节约珍贵面层木材又保持了实木地板的优点(如图 2-2-10 所示)。

图 2-2-10 实木复合地板

实木复合地板既有实木地板的美观和质感又降低成本,减少木材使用量,同时还具有材质均匀、不易弯曲和不易开裂等优点。实木复合地板有多种规格,长度为 910~2200 mm,宽度为 90~303 mm,厚度为 8~18 mm。

(2)强化复合地板。

强化复合地板用三聚氰胺浸渍纸作装饰面层,表面为耐磨层(三氧化二铝),用硬质纤维板或高密度纤维板等作为中间层,再用 PVC 等聚酯材料制成底层,然后将这三层粘贴后经高压制成板材,最后在表面压制耐磨剂或薄膜(如图 2-2-11 所示)。

图 2-2-11　强化复合地板

强化复合地板可以解决实木地板因季节转换而产生的胀缩变形等问题，且不会有色差，安装简便，几乎不需保养。强化复合地板的规格与实木复合地板相同，长度为 910 ~ 2200 mm，宽度为 90 ~ 303 mm，厚度为 8 ~ 18 mm。

3. 软木地板

软木地板是由软木片、软木板和木板复合而成的，既适用于家庭居室，也适用于商店走廊、舞厅、图书馆等人流量大的场所。软木地板具有保温隔热性好、不易燃烧、弹性好、噪声小、适用于儿童活动空间等优点。根据不同的应用需要，软木地板可被加工成块状、条状、卷状（如图 2-2-12 所示）。软木地板尺寸规格一般包括 900 mm × 150 mm 条形地板、300 mm × 300 mm 方形地板，厚度为 4 ~ 13.4 mm。

图 2-2-12　软木地板

4. 活动地板（又称抗静电地板）

活动地板是指由金属材料或特制刨花板为基层材，表面覆以三聚氰胺装饰板，以胶粘剂胶合成的架空地板。它配有专用的钢木梁、橡胶垫条及可调节的金属支架，主要用于计算机房等有特殊要求的场所地面铺设。活动地板抗静电、耐磨耐燃性好、便于通风，架空层便于走线，安装维修方便，可随意开启和拆除，同时也具有一定的装饰功能（如图 2-2-13 所示）。活动地板的尺寸规格有 500 mm × 500 mm × 26 mm、600 mm × 600 mm × 30 mm、600 mm × 600 mm × 35 mm。根据金属支架可调整安装高度，一般为 80 ~ 300 mm。

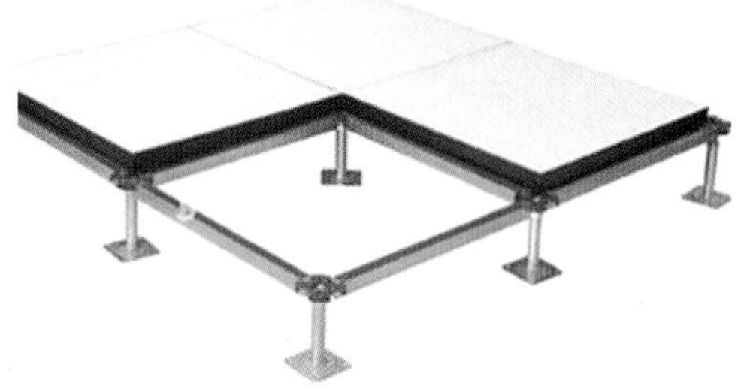

图 2-2-13　活动地板

2.2.3 竹藤制品

1. 竹材

竹材作为人类较早使用的材料之一(图 2-2-14),具有许多优良的性能,在古代广泛应用于竹楼以及民房建筑中。现如今广泛应用在竹桥、竹亭、竹廊架、竹花架、竹栅栏、建筑脚手架、竹屋、竹制坐凳等项目中,可广泛用于建筑、纺织、造纸、交通运输、农业、包装等领域。生产的板材有竹材胶合板、竹编胶合板、竹篾胶合板、竹丝胶合板、竹材中密度纤维板、竹材碎料板等。

图 2-2-14　竹材

2. 竹地板

竹地板是选用中上等竹材,经漂白、硫化、脱水、防虫、防腐等多道工艺以后,再经高温、高压、热固胶合而成的。竹地板耐磨、耐压、防潮、防火、强度高且收缩率低,铺设后不开裂、不翘曲、不变形起拱。其表面呈现竹子的纹理,色泽美观。但竹地板硬度高,脚感稍逊于实木地板。竹地板按构造方式的不同,可分为多层胶合竹地板、单层侧拼竹地板和竹木复合地板;按外形的不同,可分为条形拼竹地板、方形拼竹地板及六边形拼竹地板(如图 2-2-15 所示)。

竹地板的尺寸规格有 1850 mm × 250 mm × 18 mm、1850 mm × 154 mm × 18 mm、1960 mm × 154 mm × 15 mm、1210 mm × 125 mm × 18 mm、910 mm × 125 mm × 14 mm 等。

图 2-2-15　竹地板

3. 藤材

藤是一种自生植物。木质藤本茎干柔软,只能依附他物生长,又分为缠绕藤本和攀缘藤本。缠绕藤本是以主枝缠绕他物的藤,如紫藤、葛藤。攀缘藤本是以卷须、不定根、吸盘等攀附器官攀缘于他物的藤,如爬山虎、葡萄藤等。木质藤有工业利用价值,可以作为编织的原料,用于生产实用的器具或精美的工艺品等(如图 2-2-16 所示)。

图 2-2-16　藤材及其制品

2.3　木材的装修构造

2.3.1　木材构造

1. 常规木饰面的工艺与构造

一般在墙体上先通过木龙骨找平，然后用木工板（或胶合板、密度板）等做基层，最后在木饰面板背面刷胶，用气排钉将木龙骨固定于基层板上。这种施工工艺构造越来越少用了。

2. 成品木饰面（护墙板）的工艺与构造

(1) 成品木饰面（护墙板）的应用。

成品木饰面主要应用于高档成品木饰面环节，大量应用于星级酒店、高级写字楼、高级会所、高级会议中心等商业建筑。现阶段，随着施工工艺的优化，成本得到控制，价格也慢慢亲民化，成品木饰面开始广泛应用于家装。工程装饰木皮（饰面板）系列有沙比利、铁刀木、鸡翅木、非洲柚木、斑马木、花梨木、柚木王、赤杨木、玫瑰木等。

(2) 成品木饰面（护墙板）的工艺与构造节点。

成品木饰面（护墙板）进行块面分割时，分缝的宽度和深度可根据设计要求确定，对设计未做特殊要求的，深度一般为 3 mm，宽度可以根据板面幅度定为 5 ~ 12 mm。

(3) 阴、阳角木饰面板工艺及要求。

阴、阳角木饰面板其中一面宽度不大于 600 mm 时，必须将它与另一面按照设计的角度组装固定。阴、阳角木饰面板的两面宽度大于 600 mm 时，可采用设计要求的或经过业主认可的组装固定方法，还可按照常规木饰面的工艺生产。

(4) 成品木饰面工艺要求。

木饰面的安装方式分为挂式安装和粘贴安装两类。挂式安装时，基层分为木方骨架基层、轻钢龙骨基层、平板满铺基层。木方骨架基层一般采用 40 mm × 30 mm 木方搭成 400 mm × 400 mm 的井字形木骨架，并用 20 mm × 30 mm 的木楔子（或钢质角码）固定在墙上，基层要求安装牢固。挂式安装的挂件厚度一般为 9 ~ 12 mm，其长度视板面幅度而定。其材料应该为实木或者优质多层板，不允许使用中纤板和刨花板。木饰面板按照正反方向吻合加工成 45° 或 L 形挂口。粘贴式安装适用于面板较薄（厚度小于 12 mm）、基层板材满铺的场合。基层制作要满足平整度、垂直度与面板规范的要求。粘贴材料要求用快干型胶粘剂，一般有液体胶、硅胶、白乳胶、云石胶等。安装完成后排版布置应符合设计要求。注意:上挂件要固定在木饰面板上,下挂件要固定在木龙骨上。

3. 木(竹)地板的施工方法

木地板的施工按其面板和板型的不同,分为普通条形木地板、硬木拼花木地板、复合木地板等。普通条形木地板现在已成为市场上主要的木地板,它自带漆,不需要涂刷,不用防潮,是一种施工方便的装饰地板。

实木拼花地板按铺装结构不同可分为双层实木拼花地板和单层实木拼花地板。双层实木拼花地板是将面层小板条用暗钉钉于毛地板上的;单层实木拼花地板则采用粘结剂直接粘在混凝土基层上。

复合木地板施工对地面要求不高,只要地面基本平整就可以施工。复合木地板适用于地热地面需要铺设地板的工程。铺设方法简单,先清扫基底,然后铺设轻体发泡卷材胶垫,最后在胶垫上完成复合木地板的拼装工程。每块木地板之间要胶结,木地板周边要留伸缩缝,门口要断缝,并用断缝压条压口。

2.3.2 木材构造图例

1. 木饰面(顶棚)

(1)龙骨吸顶吊件用膨胀螺栓与钢筋混凝土板或钢架转换层固定;

(2)用ϕ8 mm 吊筋和配件固定 50 型或 60 型主龙骨,中距 900 mm;

(3)依次固定 50 型次龙骨;

(4)18 mm 厚木工板或多层板基层用自攻螺钉与龙骨固定;

(5)根据木饰面自身情况选择相适应的挂条,背面打胶,安装;

(6)进行油漆修补,如图 2-3-1 所示。

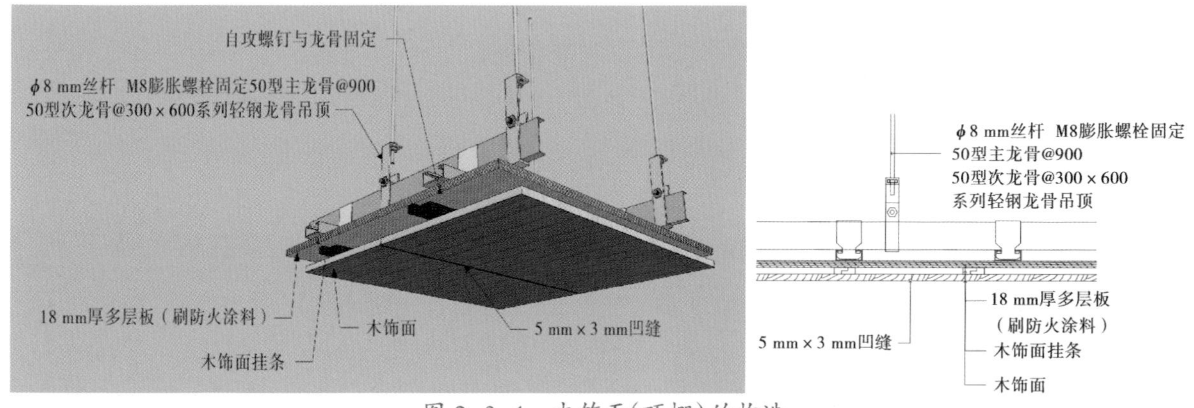

图 2-3-1 木饰面(顶棚)的构造

2. 木饰面与茶镜相接(顶棚)

(1)龙骨吸顶吊件用膨胀螺栓与钢筋混凝土板固定;

(2) 50 型主龙骨间距 900 mm,50 型次龙骨间距 300 mm,次龙骨横撑间距 600 mm,木饰面与茶镜基层(9 mm 厚多层板)用自攻螺钉与龙骨固定,9 mm 厚多层板刷防火涂料三遍;

(3) 18 mm 厚细木工板刷防火涂料三遍,采用长约 35 mm 的自攻螺钉与吸顶吊件固定;

(4)成品木饰面采用挂条安装固定;

(5)茶镜采用玻璃胶与基层板粘接固定;

(6)茶色镜面不锈钢采用玻璃胶与基层板粘接固定,如图 2-3-2 所示。

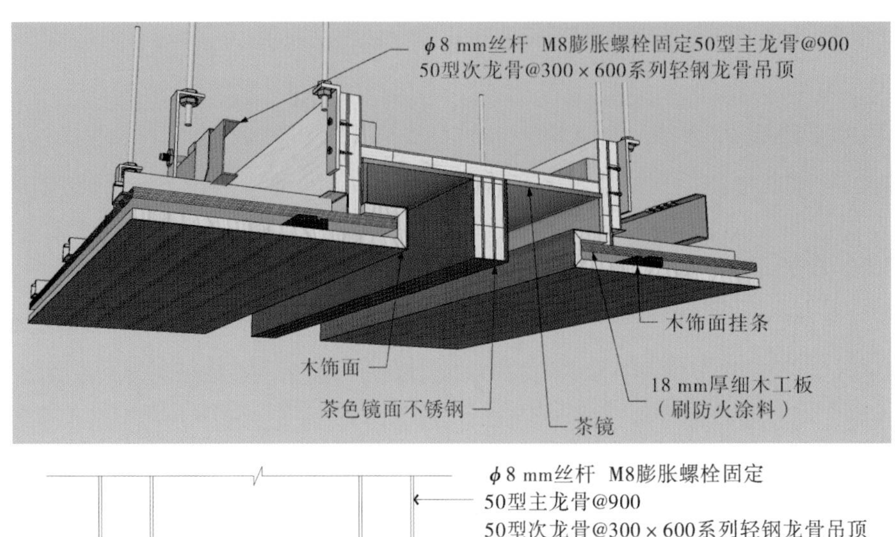

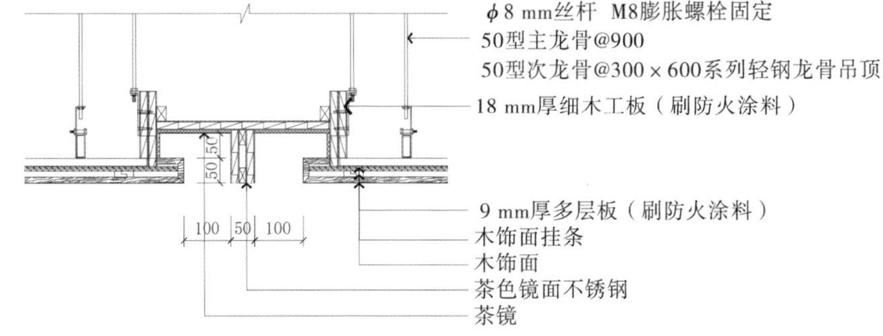

图 2-3-2 木饰面与茶镜相接(顶棚)的构造

3. 木饰面与白色软膜相接(顶棚)

(1) 龙骨吸顶吊件用膨胀螺栓与钢筋混凝土板固定；

(2) 50 型主龙骨间距 900 mm,50 型次龙骨间距 300 mm,次龙骨横撑间距 600 mm；

(3) 9 mm 厚多层板刷防火涂料三遍,用自攻螺钉与龙骨固定；

(4) 木饰面采用挂条安装固定；

(5) 白色软膜收边条与细木工板固定,完成成品安装,如图 2-3-3 所示。

4. 木饰面(墙面)

(1) 30 mm × 40 mm 木龙骨中距 300 mm,刷防火涂料三遍,用自攻螺钉与龙骨隔墙固定；

(2) 12 mm 厚多层板基层找平处理,用钢钉与木龙骨固定,刷防火涂料三遍；

(3) 木挂条中距 300 mm,用气排钉与多层板固定,木挂条背面刷胶,刷防火涂料三遍；

(4) 木挂条背面刷胶,与木饰面用气排钉固定；

(5) 安装木饰面卡件,调整木饰面平整度,如图 2-3-4 所示。

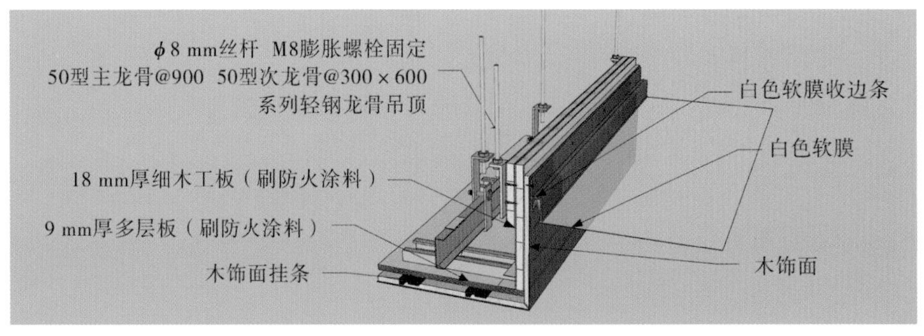

图 2-3-3 木饰面与白色软膜相接(顶棚)的构造

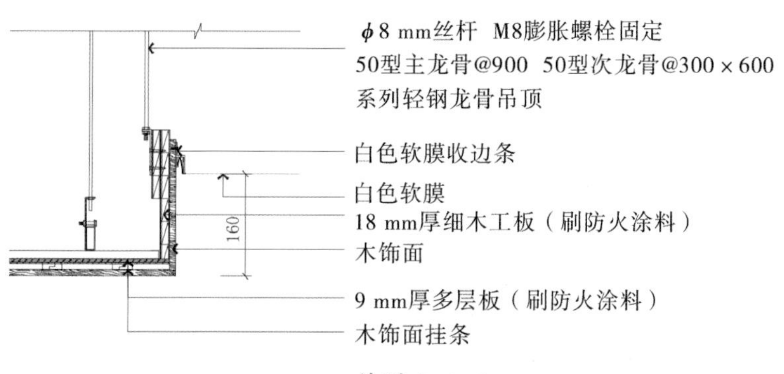

续图 2-3-3

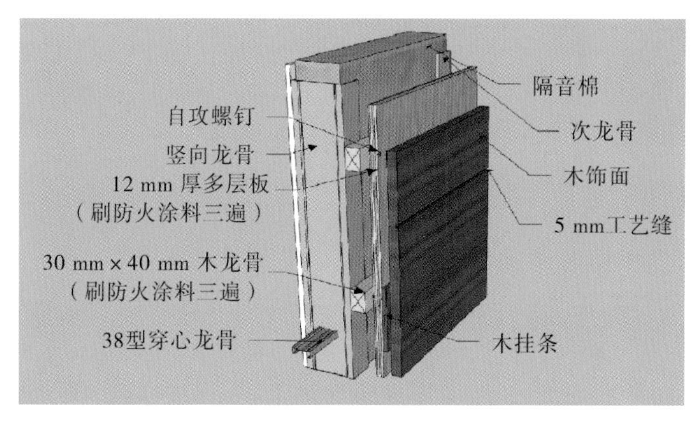

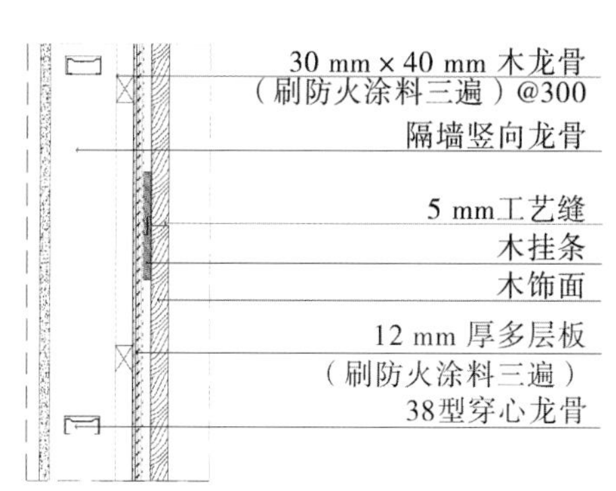

图 2-3-4 木饰面(墙面)的构造

5. 木饰面与石材相接(墙面)

(1)选择轻钢龙骨作为基层结构材料；

(2)选用指定石材加工；

(3)安装木饰面基层、防火夹板；

(4)用石材专用 AB 胶干挂,压收边条；

(5)木饰面基层需做三防处理；

(6)石材需做六面防护,如图 2-3-5 所示。

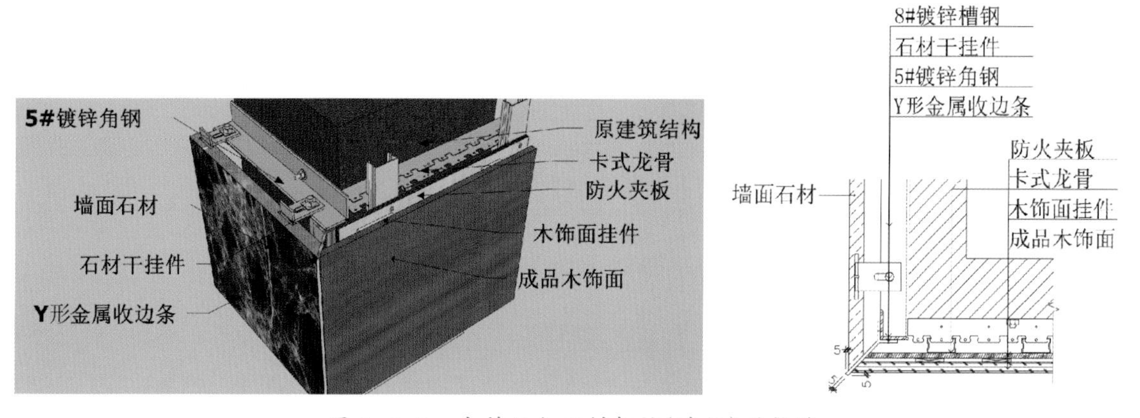

图 2-3-5 木饰面与石材相接(墙面)的构造

6. 木饰面与玻璃相接(墙面)

(1)选用 5 mm 厚钢化玻璃；

(2) 选用 12 mm 厚木饰面，木饰面线条内部压玻璃镜面处应做见光处理；

(3) 木基层进行三防处理；

(4) 对饰面面层进行修补、保洁，如图 2-3-6 所示。

注意：收口应完整；木饰面压玻璃镜面处必须见光处理，防止反射。

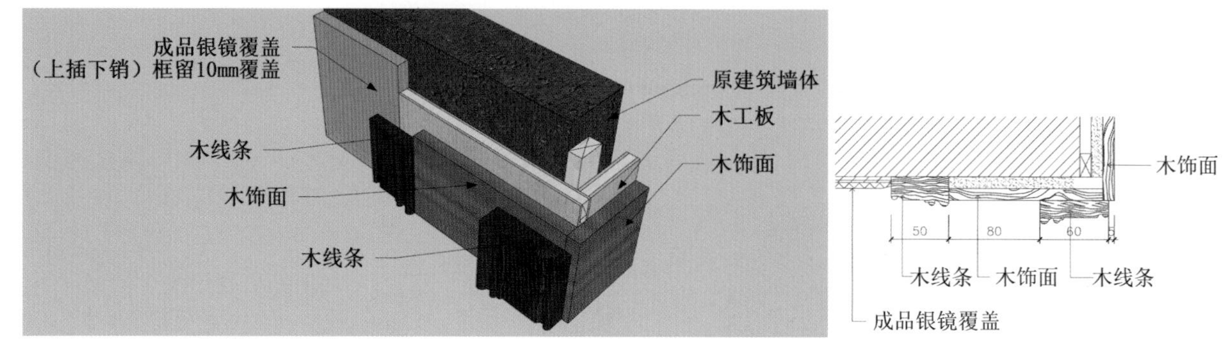

图 2-3-6　木饰面与玻璃相接（墙面）的构造

7. 实木地板（地面）

(1) 刷油漆（地板成品已带油漆则无此道工序）；

(2) 用 1 : 3 水泥砂浆对地面进行找平，形成 30 mm 厚找平层；

(3) 40 mm × 50 mm 木支撑（满涂防腐剂）中距 800 mm，两端头及底面用专用实木地板胶粘剂与龙骨和木垫块粘牢，双层 9 mm 厚多层板背面满刷防腐剂，如图 2-3-7 所示。

注：本做法不需要在楼板面钻孔，只需用专用实木地板胶粘剂粘结即可，该胶粘剂强度高、耐潮、耐温。设计时应考虑地板下通风，并在施工图中绘出地板通风和木龙骨通风孔位置及大样。

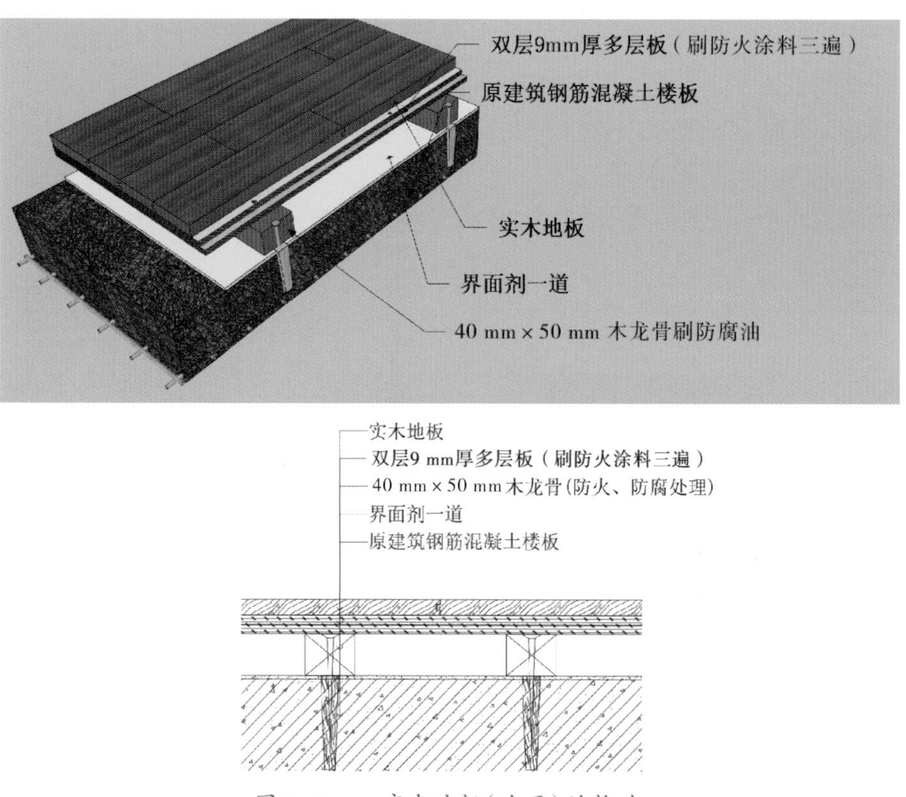

图 2-3-7　实木地板（地面）的构造

8. 复合木地板(地面)

(1)基于原建筑钢筋混凝土楼板做 30 mm 厚 1∶3 水泥砂浆找平层,做水泥自流平;

(2)铺地板专用消音垫;

(3)安装企口型复合木地板,如图 2-3-8 所示。

图 2-3-8 复合木地板(地面)的构造

9. 实木复合地板(地暖地面)

(1)木地板品种与规格由设计人员确定,并在施工图中注明;

(2)木地板在粘铺前先在背面涂氟化钠防腐剂,再涂粘结剂,如图 2-3-9 所示;

(3)设计要求燃烧性能为 B1 级时,应按消防部门有关要求加做相应的防火处理;

(4)地面施工注意事项详见《民用建筑供暖通风与空气调节设计规范》(GB 50736-2012)。

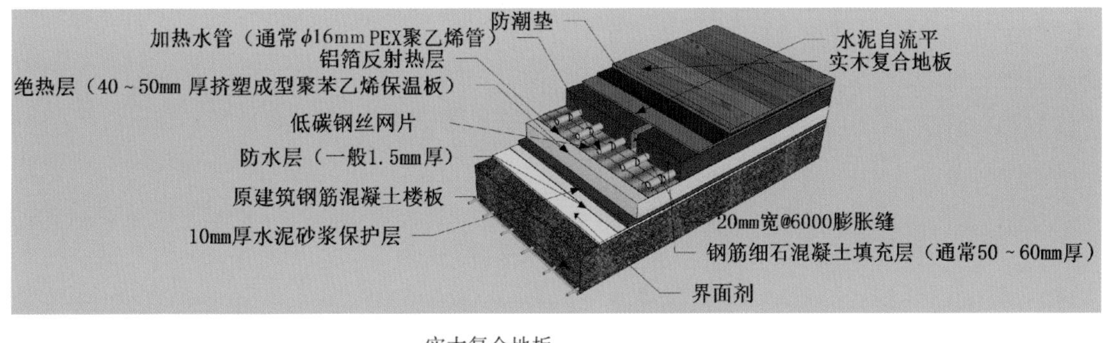

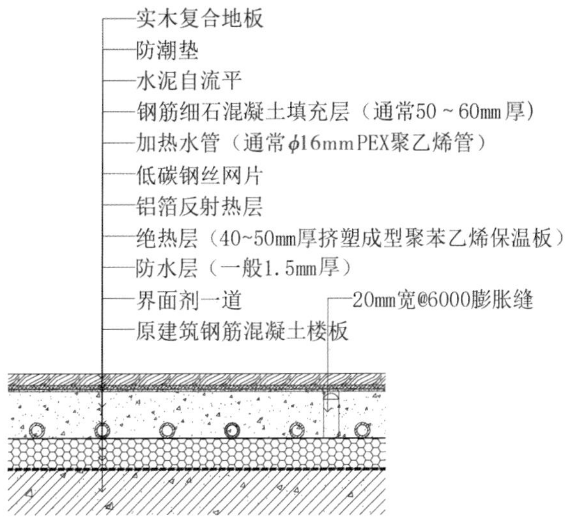

图 2-3-9 实木复合地板(地暖地面)的构造

10. 实木地板与墙体踢脚线相接(地面)

(1)基于原建筑钢筋混凝土楼板做 20 mm 厚水泥砂浆找平层;

(2)用 1∶3 水泥砂浆抹灰,形成底层;

(3)做 10 mm 厚水泥砂浆抹灰面层;

(4)用木搁栅垫木调平;

(5)将经防火、防腐处理的 30 mm × 40 mm 木龙骨固定(水泥砂浆固定);

(6)用钢钉固定双层 9 mm 厚多层板(刷防火涂料三遍);

(7)安装实木地板,如图 2-3-10 所示。

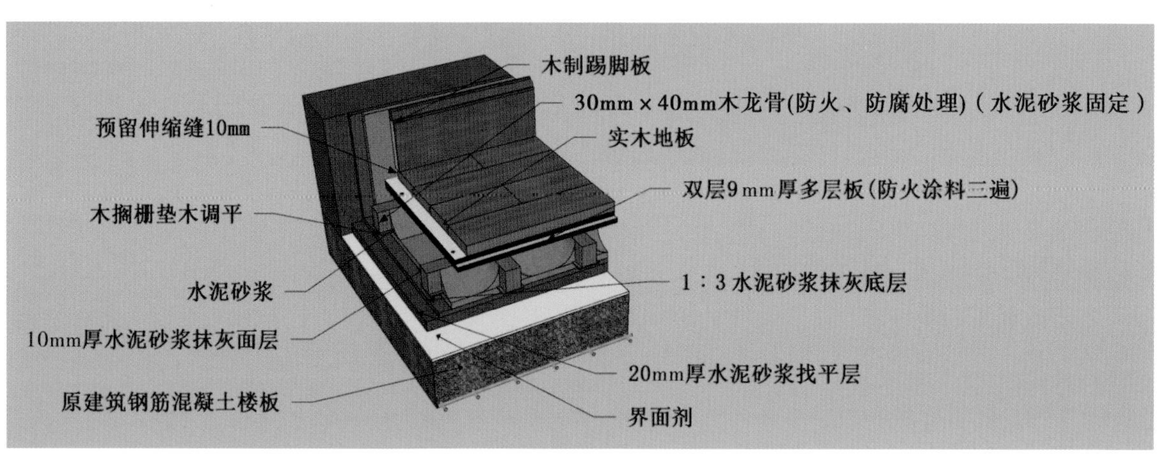

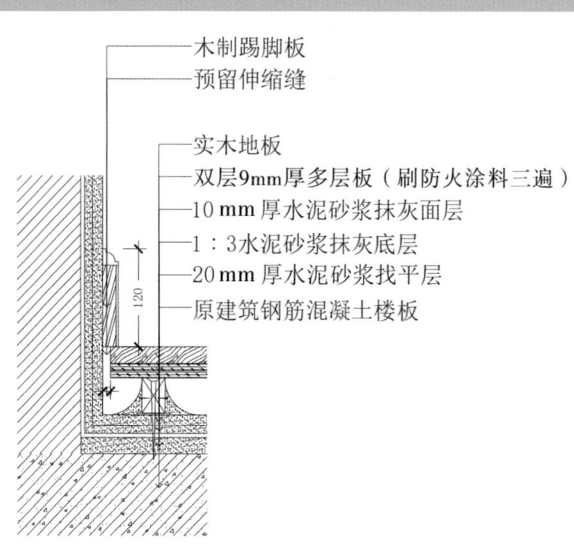

图 2-3-10 实木地板与墙体踢脚线相接(地面)的构造

第三章 石材类

3.1 石材的特点及加工

3.1.1 岩石

岩石是地球上一种固有的物质形体。地壳变动产生高温高压，在一定的温度、压力条件下，一种或多种不同元素的矿物质按照一定比例重新结合，冷却后而形成岩石。它在地球表层构成坚硬的岩石层。不同的岩石有不同的化学成分、矿物成分和结构构造，目前已知的岩石有2000多种。用作装饰装修的石材，无论是花岗岩还是大理石，都是具有装饰功能，并且可以经过切割、打磨抛光等应用加工的石材（如图3-1-1所示）。

图3-1-1 石材

装饰石材主要包括天然石材和人工石材两类。天然石材是一种具有悠久历史的建筑材料，主要有花岗岩和大理石，经表面处理后可以获得优良的装饰效果，对建筑物起保护和装饰作用。随着科学技术的进步，近年来发展起来的人造石材无论在材料质地、生产加工、装饰效果和产品价格等方面都显示出了优越性，成为一种有发展前途的新型装饰材料，已经运用到装饰装修的各个领域。

3.1.2 石材的加工

采石场开采出来的天然石材不能直接用于建筑装饰装修，还需要经过一系列加工处理，使其成为各类板材或特殊形状、规格的产品。天然石材的加工主要包括锯切和表面处理。

1. 锯切

锯切是用各类机械设备将石料锯成板材的作业方式。锯切的常用设备主要有框架锯（排锯）、盘式锯、沙锯、钢丝绳锯等。锯切较坚硬石材（如花岗石等）或规格较大的石料时，常用框架锯；锯切中等硬度以下的小规格石料时，则可以采用盘式锯。

2. 表面加工

经锯切后的板材，表面质量通常不能满足装饰要求。因此，根据实际需要，板材需进行不同形式的表面加工。天然石材的表面加工可分为剁斧、机刨、烧毛、粗磨、磨光等。

(1) 剁斧：经手工剁斧加工，使石材表面粗糙，呈规则的条状斧纹。剁斧板材表面质感粗犷，常用于防滑地面、台阶、基座（如图3-1-2所示）。

(2) 机刨：经机械刨平，使石材表面平整，呈相互平行的刨切纹。与剁斧板材相比，机刨板材表面质感较为细腻，用途与剁斧板材相似（如图3-1-3所示）。

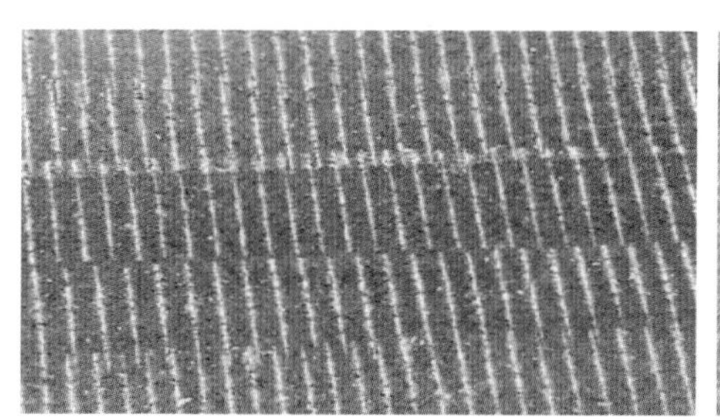
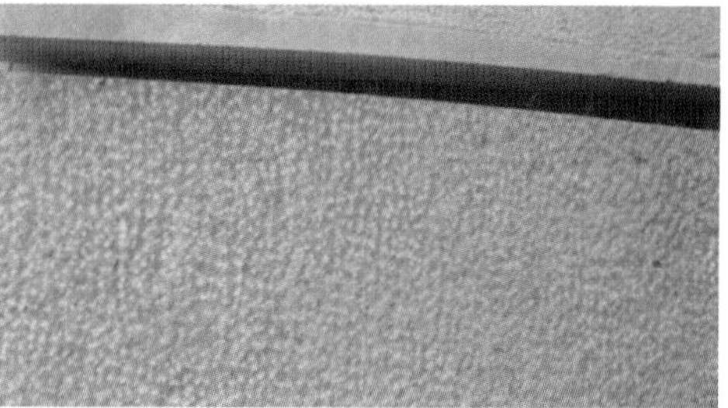

图 3-1-2　剁斧表面效果

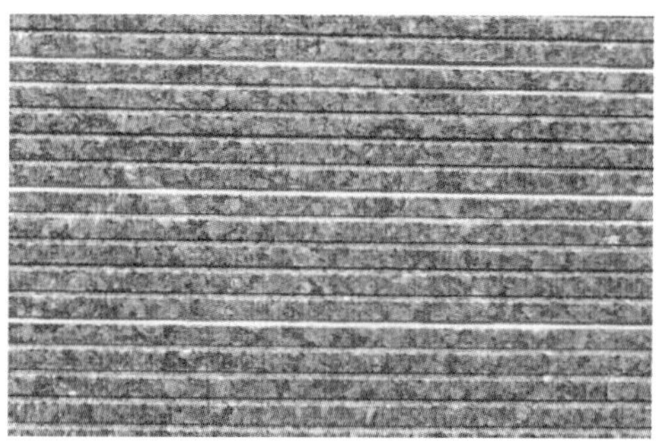

图 3-1-3　机刨表面效果

(3)烧毛:利用火焰喷射器对锯切后的花岗石板材进行表面烘烤,烘烤后的板材用钢丝刷刷去岩石碎片后,再用玻璃碴和水的混合液高压喷吹,或用手工研磨机研磨,使表面达到色彩沉稳、触感粗糙的效果(如图 3-1-4 所示)。

(4)粗磨:经机械粗磨,使石材表面平滑但无光泽,形成哑光的效果。粗磨的石材主要用于需柔光效果的墙面、柱面、台阶、基座等(如图 3-1-5 所示)。

(5)磨光:又叫抛光。石材经机械精磨、抛光后,表面平整光亮,结构纹理清晰,颜色绚丽。磨光后的石材主要用于需高光泽度、表面平滑的墙面、台面、地面和柱面(如图 3-1-6 所示)。

图 3-1-4　烧毛表面效果

图 3-1-5　粗磨表面效果

图 3-1-6　抛光表面效果

3.2　石材的分类

3.2.1　大理石

大理石属于碱性岩石，是指具有装饰效果、中等硬度的各类碳酸岩、沉积岩和相关变质岩，包括大理岩、白云岩、灰岩、砂岩、页岩、板岩等。大理石因经不住酸雨的长年侵蚀，多用于室内。

1. 大理石的主要成分

大理石的成分以碳酸钙为主，占 50% 以上，其他还有碳酸镁、氧化钙、氧化锰及二氧化硅等。少数的，如汉白玉、艾叶青等质纯、杂质少的比较稳定耐久的大理石品种可用于室外，其他品种一般只用于室内装饰面。天然大理石分为纯色和花纹两大类，纯色大理石为白色，如汉白玉。当变质过程中含有氧化铁、石墨等矿物杂质时，大理石可呈玫瑰红、浅绿、米黄、灰、黑等色彩，经磨光后，光泽柔润，花纹和结晶粒的粗细千变万化，有山水型、云雾型、图案型（螺纹、柳叶、古生物等）和雪花型等，装饰效果好。

2. 大理石的特征

天然大理石质地致密但硬度不大，容易加工、雕琢、磨平和抛光等。天然大理石质地组织细密、坚实，抛光后光洁如镜，纹理多比花岗岩舒展、美观，具有较强的装饰性。天然大理石的类型有单色大理石、云灰大理石和彩花大理石，通常有自然多变的纹理（如图 3-2-1 所示）。

3. 天然大理石的应用

天然大理石是较高档的装饰装修材料，因其具有质地疏松、易碎等特点，主要用于建筑室内墙面、板面、台面、栏杆等部位的装饰装修，也有部分高档场所会选用天然大理石作为地面铺贴，但用作地面铺贴时要注意适时地进行保养（如图 3-2-2 所示）。

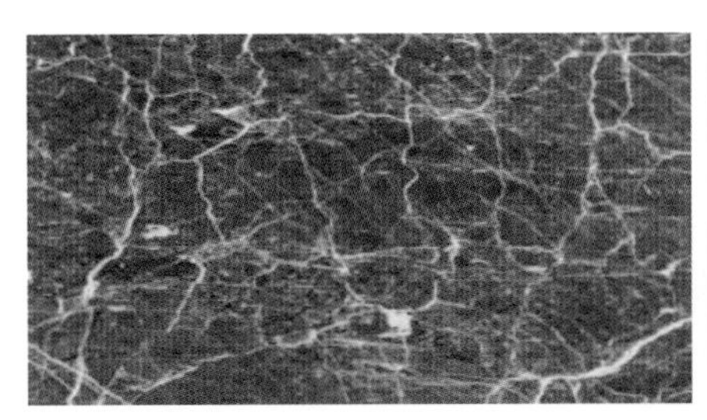
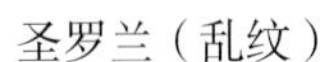
圣罗兰（乱纹）

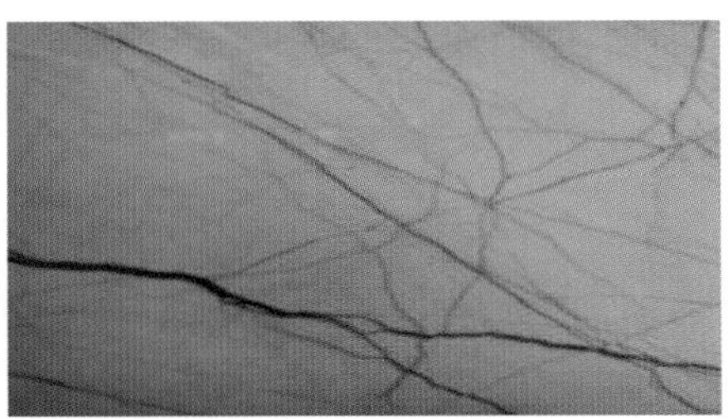
索菲特金

图 3-2-1　大理石的品种

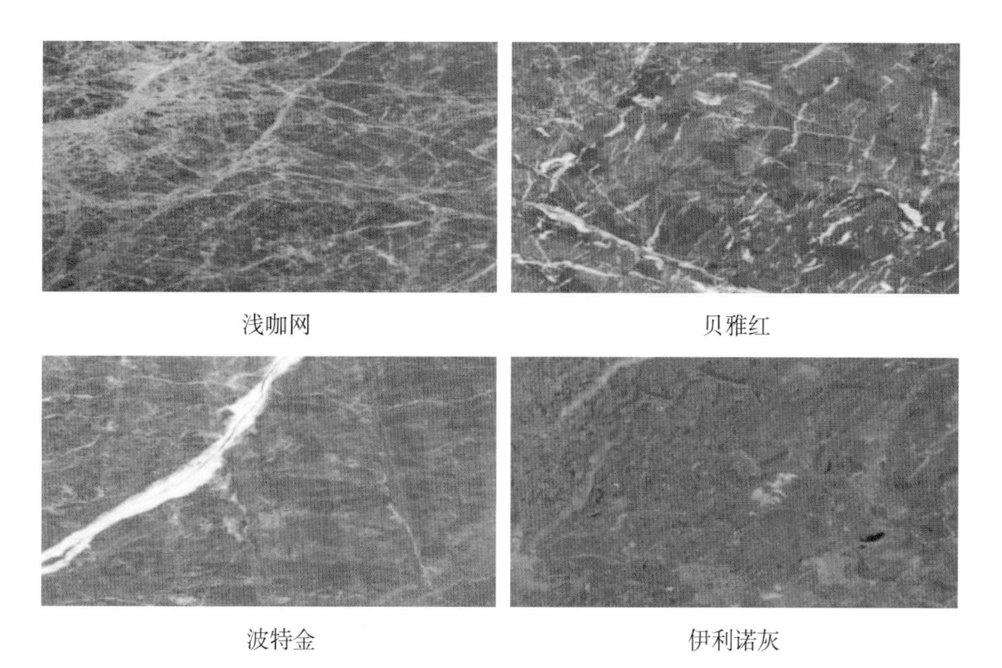

浅咖网　　贝雅红

波特金　　伊利诺灰

续图 3-2-1

图 3-2-2　大理石在室内的应用

3.2.2　花岗石

广义上的花岗石是指具有较高硬度、可磨平抛光、有装饰效果的火成岩，包括花岗岩、拉长岩、辉长岩、正长岩、闪长岩、辉绿岩、玄武岩、安山岩等。建筑装修工程上所指的花岗石是以花岗岩为代表的一类装饰石材。

1. 花岗石的特征

花岗石常呈均匀粒状结构，具有深浅不同的斑点或呈纯色，无彩色条纹，这也是从外观上区别花岗石和大理石的主要依据。花岗石颜色主要取决于长石、云母及暗色矿物的含量，常呈黑色、灰色、黄色、绿色、红色、红黑色、棕色、金色、白色等，以深色花岗石较为名贵。天然花岗石具有独特的装饰效果，其表面呈整体均粒状结构，具有不同色泽的斑点状花纹。花岗石的石质坚硬致密，抗压强度高，吸水率小，耐酸、耐腐、耐磨、抗冻，一般使用寿命可达 75～200 年。花岗石还具有硬度大、开采困难、质脆的特点，为脆性材料。

2. 花岗石的品种

花岗石按所含矿物种类，可分为黑色花岗石、白云母花岗石、角闪花岗石、二云母花岗石等；按结构构造，可分为细粒花岗石、中粒花岗石、粗粒花岗石、斑状花岗石、似斑状花岗石、晶洞花岗石、片麻状花岗石和黑金沙花岗石等。我国的天然花岗石品种有 300 多种，较有名的有四川红、黑金沙、济南青、贵妃红、丰镇黑、中国黑、将军红、白麻等(如图 3-2-3 所示)。进口的花岗石主要有印度红，美国白麻、蓝钻、绿晶，巴西蓝，瑞典紫晶等。

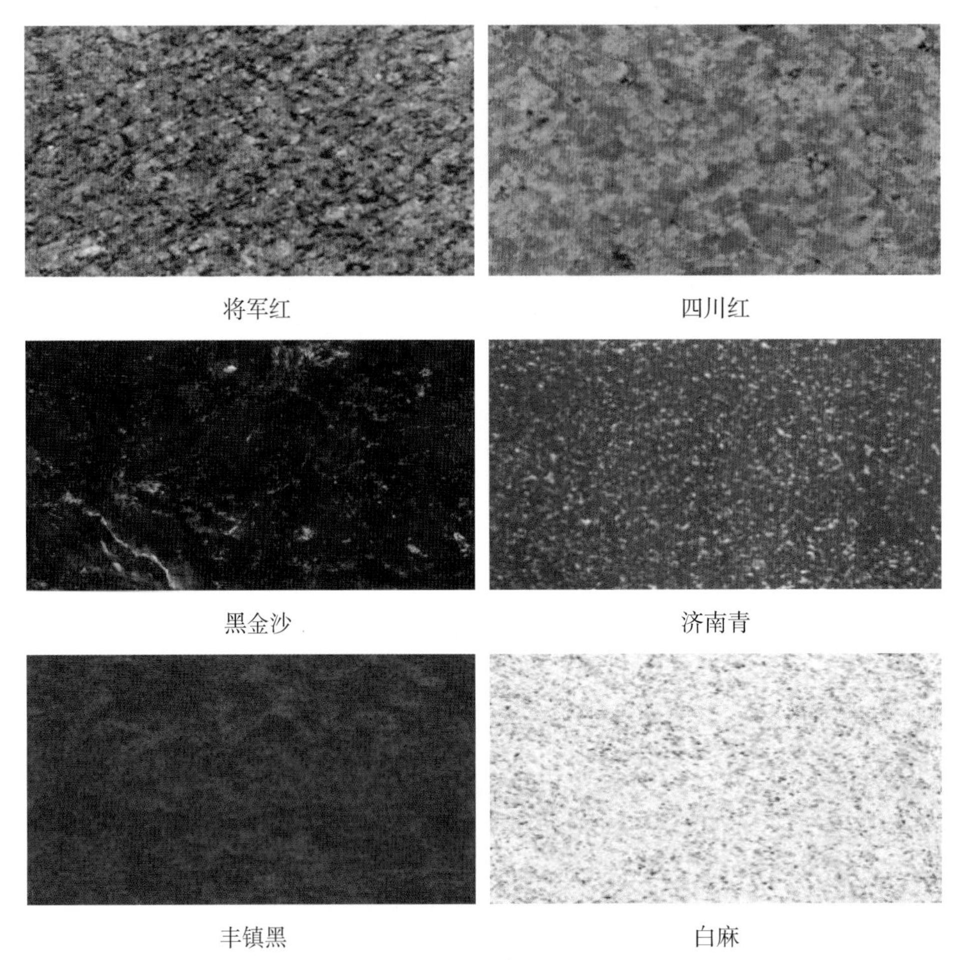

图 3-2-3 花岗石的种类

3. 花岗石的规格

花岗岩石材的大小可随意加工，用于铺设室内地面的花岗石厚度为 20 ~ 30 mm，铺设家具台柜的花岗石厚度为 18 ~ 20 mm 等。市场上零售的花岗石宽度一般为 600 ~ 650 mm，长度在 2000 ~ 5000 mm 之间。特殊品种也有加宽加长型，可以打磨边角。若用于大面积铺设，也可以订购同等规格的型材，例如：300 mm × 300 mm × 15 mm、500 mm × 500 mm × 20 mm、600 mm × 600 mm × 25 mm、800 mm × 800 mm × 30 mm（长 × 宽 × 厚）等。

4. 花岗石的应用

花岗石的应用繁多，一般表面经磨细加工和抛光，表面光亮。花岗石的晶体纹理清晰，色泽绚丽，常用于室内外装修装饰中的台阶、地面、墙面、立柱等部位（如图 3-2-4 所示）。

图 3-2-4 花岗石的应用

3.2.3 文化石

文化石又称为板石，主要有石板、砂岩、石英岩、蘑菇石、艺术石、乱石等。

石板类石材有锈板、岩板等，主要用于地面铺放、墙面镶贴和屋面装饰(屋面石板瓦)等。砂岩、石英岩主要用于室内外墙面与地面的装饰装修。蘑菇石有凹凸变化很大的表面，石块厚重，立体感强，艺术感染力大，用于装饰墙面勒角、花坛等。艺术石有层状岩石结构的装饰效果，用于外墙、内墙和重点装饰部位。乱石包括卵石、乱形石板等，在外墙面、地面及园林场合使用较多，以渲染自然、乡土的景观氛围。

文化石本身并不具有特定的文化内涵，具有粗粝的质感、丰富的颜色、自然的形态，可以说，文化石是人们回归自然、返璞归真的心态在室内外装饰中的一种体现(如图 3-2-5 所示)。

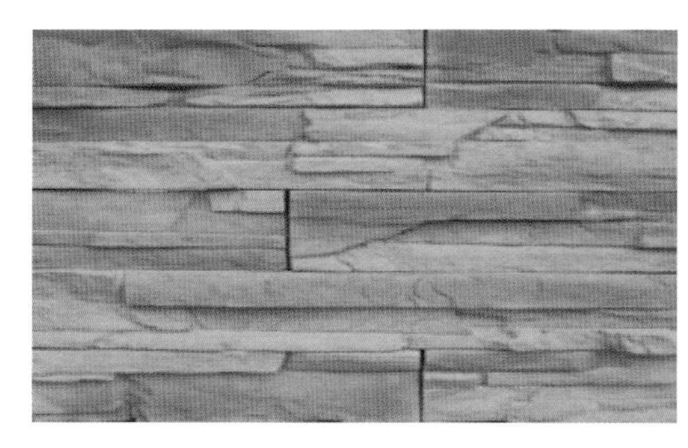

图 3-2-5 文化石

1. 文化石的分类

(1) 天然文化石：天然文化石是开采于自然界的石材矿床，其中的板岩、砂岩、石英岩，经过加工成为一种装饰建材。天然文化石材质坚硬，色泽鲜明，纹理丰富，风格各异。天然文化石具有抗压、耐磨、耐火、耐寒、耐腐蚀、吸水率低等优点，最主要的特点是耐用，不怕脏，可无限次擦洗。天然文化石的装饰效果受石材原纹理限制，除了方形石外，其他石材的施工较为困难，尤其是拼接时。

(2) 人造文化石：人造文化石是采用浮石、陶粒、硅钙等材料经过专业加工精制而成的，采用高新技术将天然形成的每种石材的纹理、色泽、质感以人工的方法进行升级再现，效果极富原始、自然、古朴的韵味。高档人造文化石具有环保节能、质地轻、色彩丰富、不霉、不燃、抗融冻性好、便于安装等特点。

2. 文化石的应用

文化石在室内装饰上，常用于背景墙、火炉、电视墙、走廊、厨房等场景。文化石的使用不要过多过滥，面积较小的厅房，在装点墙面时，可选用一些小规格、色泽淡、平面的文化石，这样不但能从视觉上加宽厅房，还能创造一种自然氛围(如图 3-2-6 所示)。

图 3-2-6 文化石的应用

3.2.4 人造石

人造石材是用人工合成的方法制成的、具有天然石材花纹和质感的新型装饰材料，又称合成石。天然石材开采困难、加工成本高，且部分石材含有放射性元素，在现代建筑装饰装修工程中逐渐被人造石材所取代。人造石材以其生产工艺简便、产品重量轻、强度高、耐腐蚀、耐污染、施工方便等优点，在装饰装修工程中得到广泛应用(如图 3-2-7 所示)。

图 3-2-7 人造石

1. 人造石材的类型及特点

人造石材可分为树脂型人造石材、水泥型人造石材、复合型人造石材、烧结型人造石材。

(1) 树脂型人造石材(亚克力)：是以有机树脂为胶粘剂，与石粉、天然碎石、颜料及少量助剂等配制搅拌混合，经成型、固化、脱模、烘干、抛光等工艺制成的，又称聚酯合成石，俗称亚克力。这类石材以人造大理石、人造花岗石居多，光泽性好，颜色鲜艳，是目前装饰装修工程中应用最多的人造石材。按成形工艺可分为浇注成形聚酯合成石、压制成形聚酯合成石、人工成形聚酯合成石(如图 3-2-8 所示)。

(2) 水泥型人造石材：是以水泥为胶粘剂，以砂为细骨料，以碎大理石、花岗岩、工业废渣等为粗骨料，经配料、搅拌、成型、加压蒸养、磨光、抛光等工序制成。作为胶粘剂的水泥，其矿物质成分不同会直接影响人造石材成品的外观。采用铝酸盐水泥为胶粘剂制成的人造大理石具有表面光泽度高、花纹耐久、抗风化，以及耐磨性好和防潮性好等优点，水磨石、人造文化石多属此类(如图 3-2-9 所示)。

图 3-2-8 树脂型人造石材

图 3-2-9 水泥型人造石材

(3) 复合型人造石材：是先将无机填料用无机胶粘剂胶接成形，经养护后，再将坯体浸渍于有机单体中，使其在一定条件下聚合制成的。由于板材制品的底材采用无机材料，故性能稳定且价格低。其面层可采用大理石、大理石粉等制作，以获得最佳的装饰效果(如图 3-2-10 所示)。

(4) 烧结型人造石材：烧结型人造石材的生产工艺与陶瓷相似，是将石英石、辉绿石、方解石等石粉与赤铁矿粉、高岭土等混合，以一定混合比例制成泥浆后，再以注浆法制成坯料，然后用半干压法成形，经 1000° 左右的高温焙烧而成的。此类制品性能接近于陶瓷，可采用镶贴瓷砖的方法进行施工(如图 3-2-11 所示)。

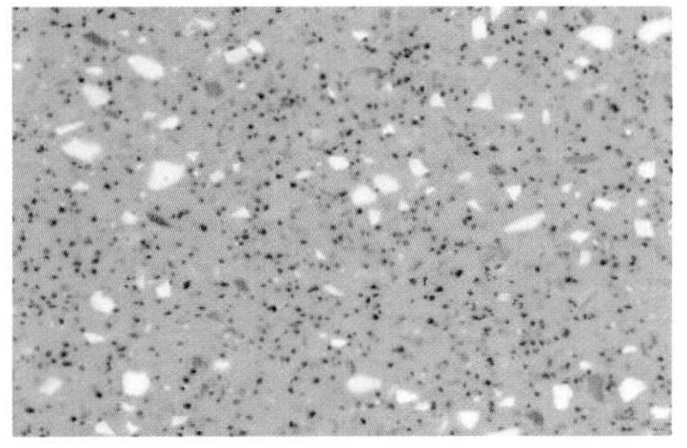

图 3-2-10　复合型人造石材

图 3-2-11　烧结型人造石材

2. 常见的人造石材饰面制品

(1) 人造大理石：是以不饱和聚酯树脂为胶粘剂，以石粉、石渣等为填料加工而成的一种人造石材，表面模仿天然大理石肌理。人造大理石具有重量轻、强度高、厚度薄、易加工、无色差、耐酸、耐污等特点，且色调和花纹可按需要设计，易于加工成复杂的形状，因此被广泛应用于装饰装修工程中(如图 3-2-12 所示)。

(2) 人造花岗石：人造花岗石的填料采用天然石质碎粒和深色颗粒，固化后抛光。其内部石粒外露，通过不同色粒和颜料搭配，可生产出不同色泽和纹理，其外观极像天然花岗石。人造花岗石不含有放射性元素，耐热、耐腐蚀性能优于天然花岗石，其温度膨胀系数亦与混凝土相近，相比天然花岗石有不易开裂和不易剥落的优点，主要用于高档装饰装修工程中(如图 3-2-13 所示)。

图 3-2-12　人造大理石在装修中的应用

图 3-2-13　人造花岗石在装修中的应用

(3)环氧磨石:环氧磨石地坪能展现现代建筑的独特风格,具有很强的装饰性,其地坪整体无缝,精选多种特色的天然鹅卵石、五彩石、大理石、彩色玻璃颗粒、金属颗粒、贝壳等装饰性骨材与高分子树脂材料相混合而制成。环氧磨石经打磨、抛光等特殊工艺现场施工制成后,还可根据要求分割出不同颜色、不同风格的优美图案,多彩的颜色可满足独特的设计需要,同时具备天然大理石的特点。环氧磨石地坪适用于机场、商场、医院、展厅、走廊、高级娱乐场所、博览会馆、商务会所和其他一些需要美观耐磨地面的场所(如图 3-2-14 所示)。

图 3-2-14　环氧磨石

(4)人造透光石:制作原理与人造大理石较为相似,厚度较薄,一般为 5 mm 左右,具有透光不透视的效果,装饰效果好。人造透光石主要以树脂为胶粘剂,加以天然石粉和玻璃粉以及其他辅助原料,经过一系列工序聚合而成。它具有质轻、硬度高、防火、耐污、抗老化、无辐射、抗渗透、耐腐蚀的特点,其规格、厚薄、透光性均可任意调制,兼具易切割、易钻孔、粘结方便等优点(如图 3-2-15 所示)。

(5)微晶石:又称微晶玻璃、微晶陶瓷、结晶化玻璃,是由陶瓷和玻璃复合物经高温烧结晶化而成的材料。它既有特殊的微晶结构,又有玻璃基质结构,质地坚实且细腻均匀,外观晶莹亮丽柔美。微晶石吸水率低,不易受污染,耐候性优良。微晶石比天然石材更坚硬耐磨,不含放射性元素,可弯曲成形(如图 3-2-16 所示)。常用微晶石板材的尺寸规格(mm)有 3200 × 1400 × 20,2400 × 1200 × 11/20/30,800 × 800 × 11/20/30,600 × 600 × 11/20/30 等。

图 3-2-15　人造透光石

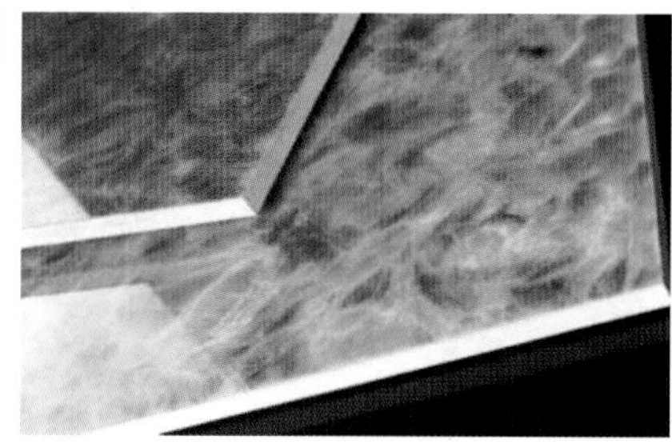

图 3-2-16　微晶石

(6)大理石复合板：具有重量轻、强度高的特点。大理石复合板厚度可以薄至 3 ~5 mm，常与铝塑板复合。常用的复合瓷砖或花岗石板也只有 12 mm 厚左右。对于有载重限制的大楼，它是最佳选择(如图 3-2-17 所示)。

图 3-2-17　大理石复合板

3.3　石材的装修构造

3.3.1　石材构造

在室内装饰中，室内空间中石材的使用越来越广泛，石材装饰的详细设计也越来越复杂，如何在施工中完美体现设计意图已成为每个建筑工人必须面对的问题。下面将从天然石材和人造石材两个方面详细阐述现代室内装修中石材施工安装过程中应注意的问题，以便更好地展现设计效果。

1. 天然石材的构造

(1)干挂石材幕墙安装工艺。

骨架固定点对混凝土基底(一般设置在结构梁柱上)应预埋钢板或后置埋板，后置埋板应采用化学锚栓或对穿螺栓固定，化学锚栓应进行抗拔试验，从而确定该锚栓是否满足规范和设计要求，对砖墙基底必须采用穿墙螺栓。固定干挂石材的龙骨骨架应采用热镀锌角钢、方钢或槽钢，骨架焊接处焊缝必须饱满牢固，应涂刷两遍防锈漆；主龙骨一般采用竖向安装，其材质、规格、型号必须满足设计要求；主次龙骨的连接宜采用焊接，也可采用螺栓连接。

(2)地面铺贴大理石、花岗石的施工构造。

地面石材铺贴是泥工在建筑装修施工中常从事的技术工作，地面石材铺装有两种方法，一种是干贴法，一种是湿贴法。

地面石材干贴法的铺贴规范程序为：清扫整理基层地面—定标高、弹线—选料—浸润—干硬性水泥砂浆找平铺装—灌缝—清洁—养护交工。

地面石材湿贴法的铺装规范程序为:清扫整理基层地面—定标高、弹线—安装标准块—选料—浸润—铺装—灌缝—清洁—养护交工。

2. 人造石材的构造

(1)墙面的铺贴安装。

先将墙壁基面用清水淋湿,待表面无明水时方可进行粘结剂施工。确认基面无明水,批刮专用人造石胶粘剂(条形状/满批刮)厚度3 mm以上,石材背面采取同样做法,胶粘剂厚度为2 ~3 mm,然后在墙面上粘贴石材。

(2)地板的铺贴安装。

先将地面基面用清水淋湿,待表面无明水时方可进行粘结剂施工。确认基面无明水,批刮专用人造石胶粘剂(条形状/满批刮)厚度3 mm以上,石材背面采取同样做法,胶粘剂厚度为2 ~3 mm,然后在地面上铺贴石材。

注意事项:大面积铺装时,应于间隔8 ~10 m处设5 ~8 mm伸缩缝。

3.3.2 石材构造图例

1. 石材与石膏板相接(顶棚)的构造形式一

(1)轻钢主、次龙骨基层制作;

(2)灯箱处制作木基层并用自攻螺钉固定于龙骨上;

(3)9.5 mm或12 mm厚纸面石膏板,用自攻螺钉与龙骨固定;

(4)满刷氯偏乳液或乳化光油防潮涂料两遍;

(5)满刮2 mm厚面层耐水腻子,用涂料饰面;

(6)安装L形不锈钢收边条,用自攻螺钉固定于木基层上;

(7)安装松香玉云石透光片,与边角处留3 mm距离方便检修,如图3-3-1所示。

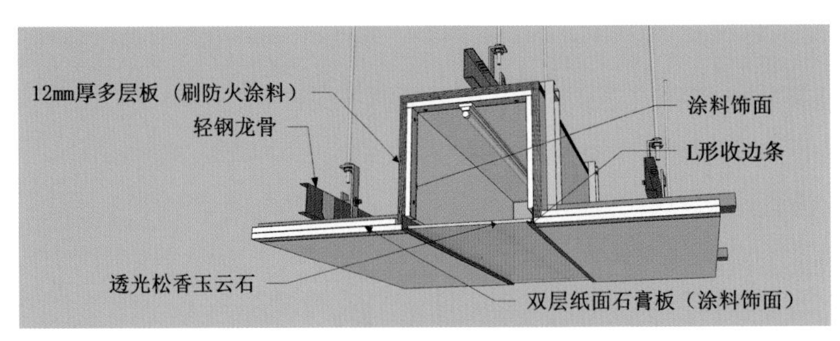

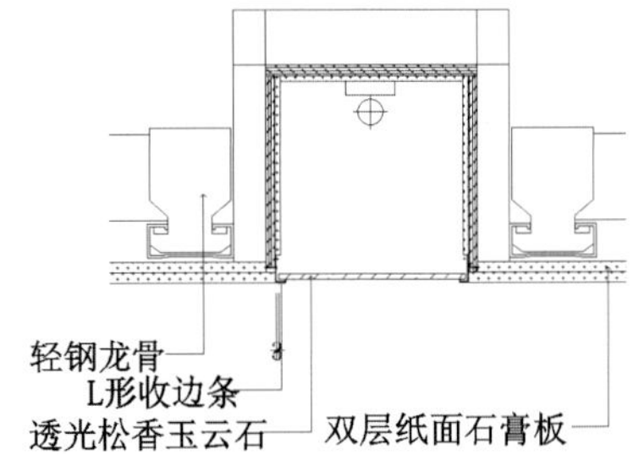

图3-3-1 石材与石膏板相接的构造形式一

2. 石材与石膏板相接(顶棚)的构造形式二

(1)钢架基层焊接,并进行防腐防火处理;

(2)根据设计要求,选择所需石材;

(3)干挂石材选用不锈钢锚固件,每块板不少于 2 个挂点;

(4)在板侧钻孔,应注意不损坏板面;

(5)石材与石膏板相接处,注意用石材压石膏板,石材与石膏板应自然收口;

(6)施工完毕后应做好石材板面的清洁保护措施,如图 3-3-2 所示。

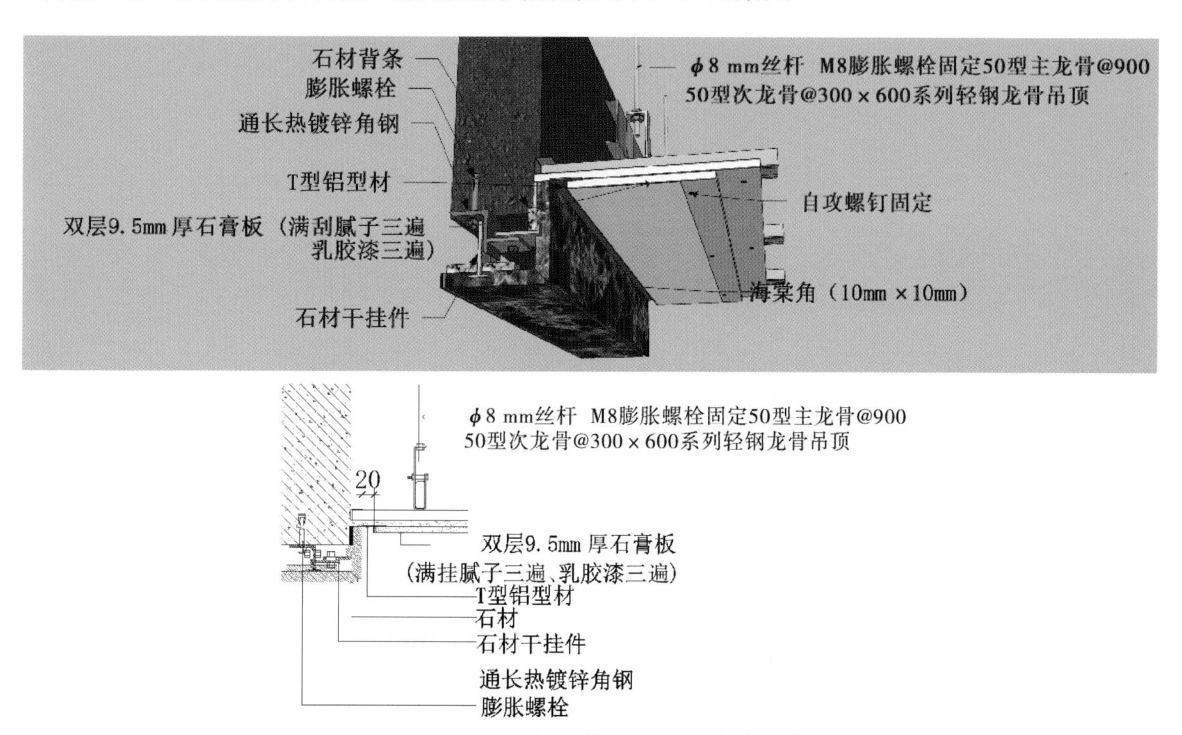

图 3-3-2 石材与石膏板相接的构造形式二

3. 石材与石膏板相接(顶棚)的构造形式三

(1)8# 镀锌槽钢用膨胀螺栓与钢筋混凝土板固定;

(2)方管与槽钢焊接处理,满足完成面尺寸;

(3)18 mm 厚细木工板(刷防火、防腐涂料三遍)用自攻螺钉与方管固定;

(4)制作轻钢主、次龙骨基层,轻钢延边龙骨用自攻螺钉与 18 mm 厚细木工板固定,9.5 mm 或 12 mm 厚纸面石膏板用自攻螺钉与龙骨固定,满刮 2 mm 厚面层耐水腻子;

(5)满刷氯偏乳液或乳化光油防潮涂料 2 遍,按照石材板面焊接好角钢位置,石材与乳胶漆处留工艺凹槽,石材转角处建议留海棠角(按工艺要求定具体尺寸);

(6)石材整体打磨处理,如图 3-3-3 所示。

4. 天然松香玉透光云石与石膏板相接(顶棚)

(1)选择设计所需的天然松香玉透光云石;

(2)根据设计尺寸安装透光云石;

(3)安装透光云石边的石膏板;

(4)完成透光云石和石膏板的自然接缝,如图 3-3-4 所示。

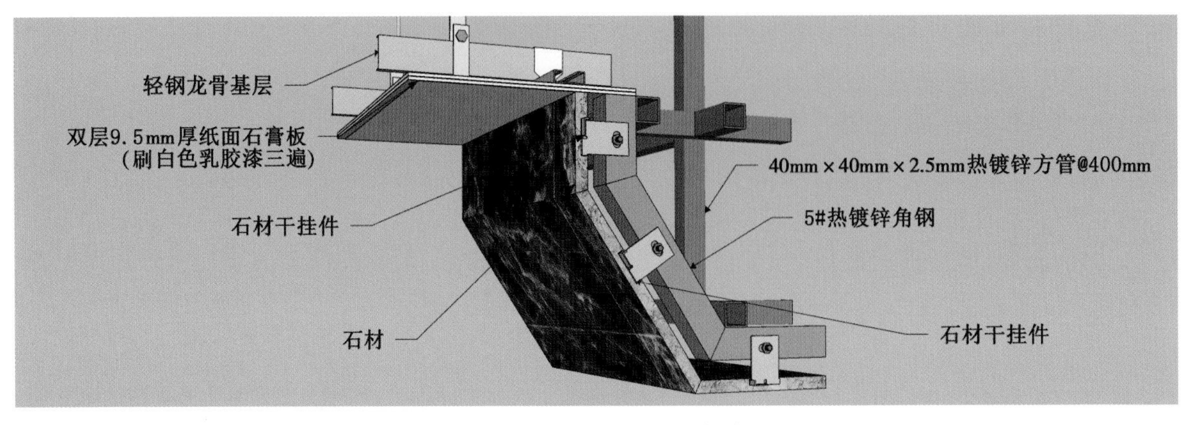

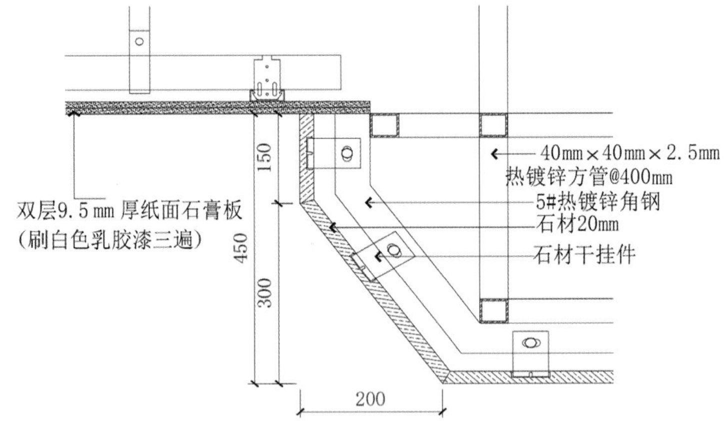

图 3-3-3　石材与石膏板相接的构造形式三

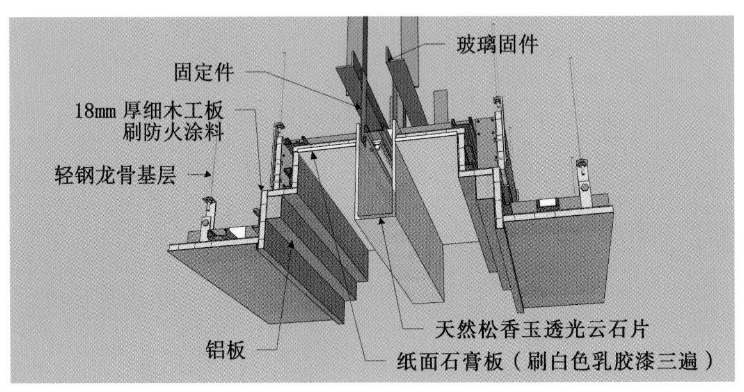

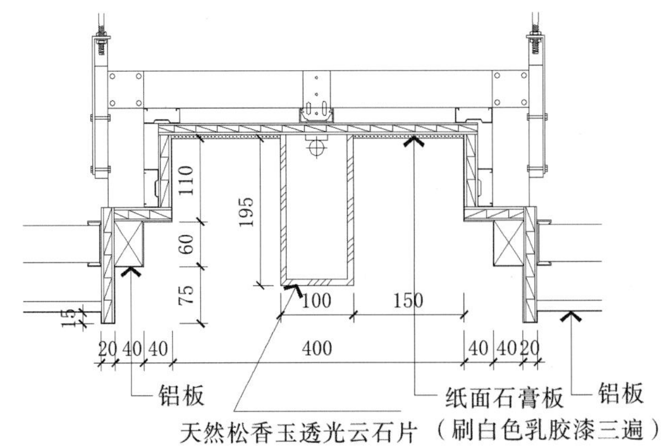

图 3-3-4　天然松香玉透光云石与石膏板相接(顶棚)的构造

5. 石材与加气块墙体相接(墙面)

(1)选用 18 mm 厚石材,均经过六面防护、晶面处理;

(2)塑造石材造型,上下口做 3 mm 倒角;

(3)加气块墙体固定镀锌钢板,一般用 8#(直径为 10 mm)穿墙螺栓固定;

(4)在干挂件无法满足造型要求的情况下,需满焊 5# 角钢转接件,以调整完成面与墙体的间距;

(5)沿竖向满焊 8# 镀锌槽钢;

(6)满焊 5# 镀锌角钢横向龙骨;

(7)固定不锈钢干挂件;

(8)用 AB 胶固定石材,完成安装;

(9)用近色云石胶补缝,水抛晶面,如图 3-3-5 所示。

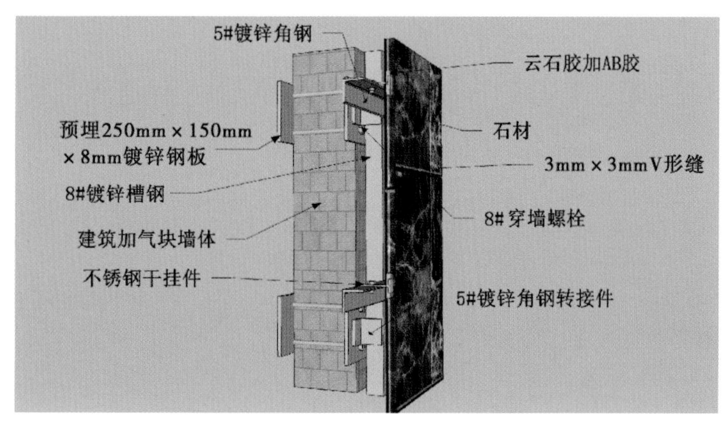

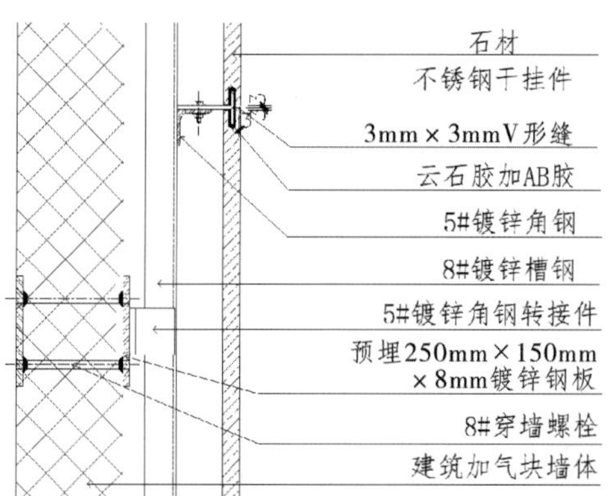

图 3-3-5　石材与加气块墙体相接(墙面)的构造

6. 石材与混凝土墙体相接(墙面)

(1)选用 18 mm 厚石材,均经过六面防护、晶面处理;

(2)塑造石材造型,上下口做 3 mm 倒角;

(3)在混凝土墙体上固定镀锌钢板,一般用 8# 膨胀螺栓(穿墙螺栓)固定;

(4)沿竖向满焊 8# 镀锌槽钢;

(5)满焊 5# 镀锌角钢横向龙骨;

(6)固定不锈钢干挂件;

(7)用 AB 胶固定石材,完成安装;

(8)用近色云石胶补缝，水抛晶面，如图 3-3-6 所示。

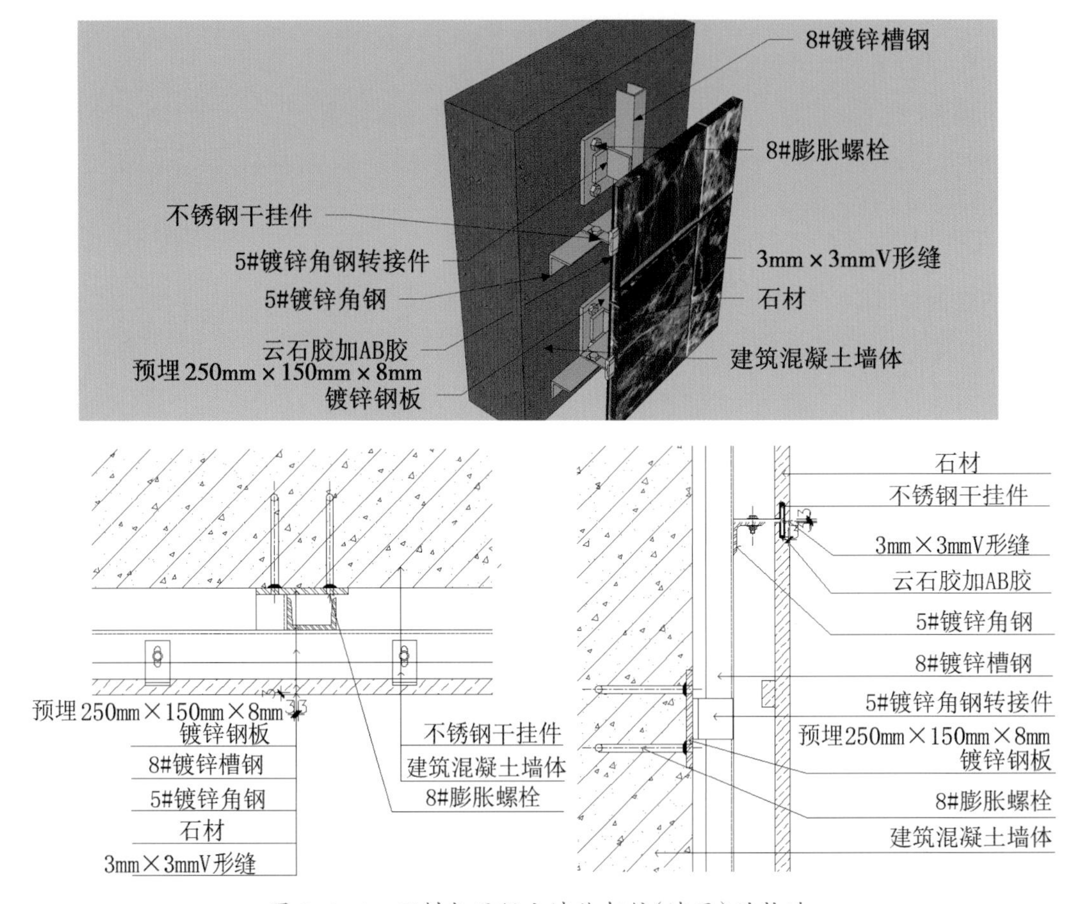

图 3-3-6　石材与混凝土墙体相接(墙面)的构造

7. 石材与混凝土柱体相接(墙面)

(1)选用 20 mm 厚石材，均经过六面防护、晶面处理；

(2)塑造石材造型，做 3 mm 倒角磨边；

(3)在混凝土柱体上固定镀锌钢板，一般用 8# 膨胀螺栓固定；

(4)在干挂件无法满足造型要求的情况下，采用满焊 5# 角钢转接件，以调整完成面与墙体的间距；

(5)沿竖向满焊 8# 镀锌槽钢；

(6)满焊 5# 镀锌角钢横向龙骨；

(7)固定不锈钢干挂件；

(8)用 AB 胶固定石材，完成安装；

(9)用近色云石胶补缝，水抛晶面，如图 3-3-7 所示。

8. 石材与墙砖相接(墙面)

(1)选用 20 mm 厚米白色大理石；

(2)选用 12 mm 厚玻化砖；

(3)墙砖用普通硅酸盐水泥或胶泥铺贴；

(4)石材需做六面防护，如图 3-3-8 所示。

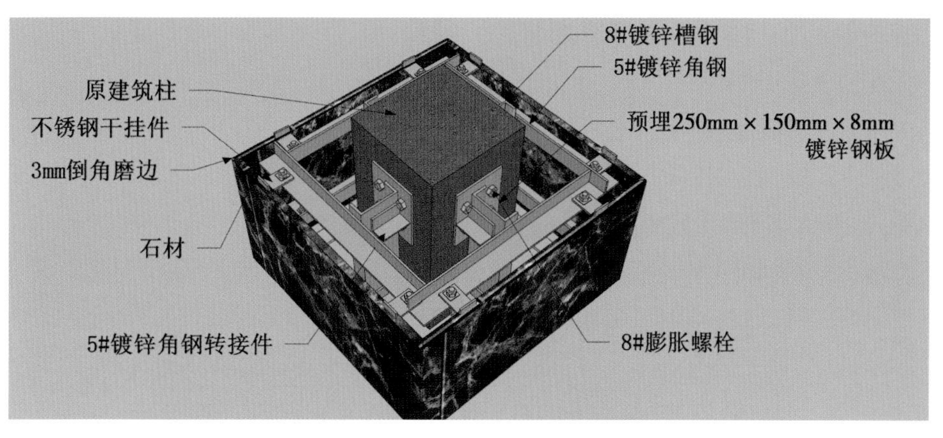

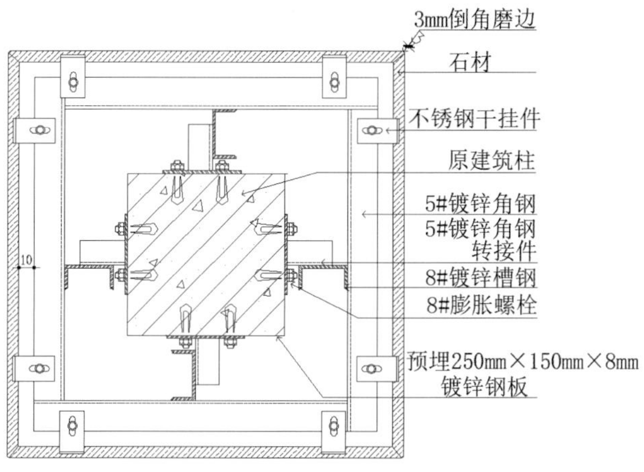

图 3-3-7　石材与混凝土柱体相接(墙面)的构造

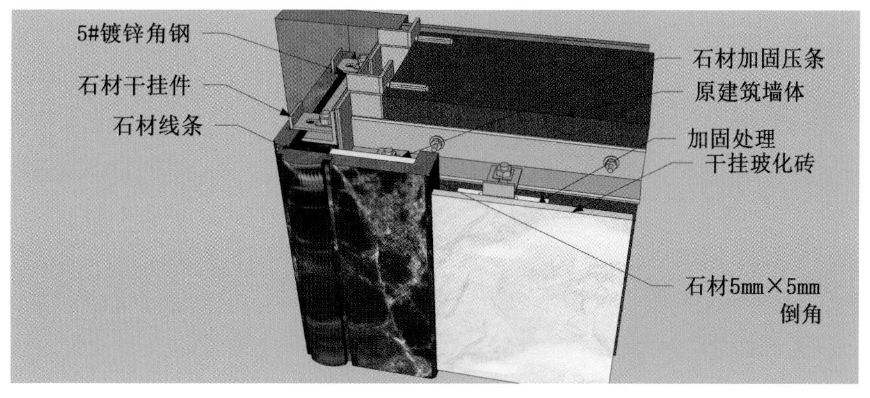

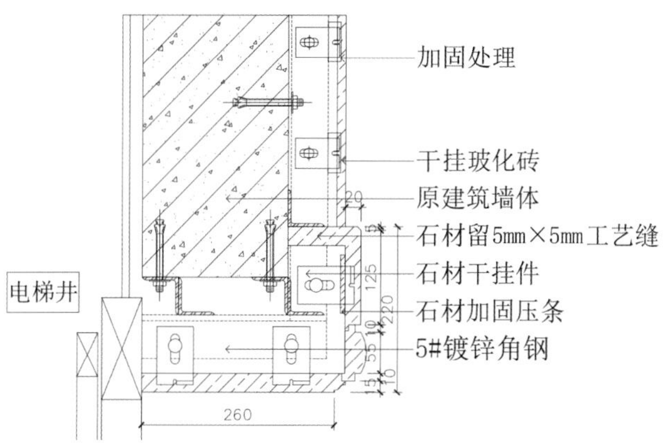

图 3-3-8　石材与墙砖相接(墙面)的构造

9. 石材与石材相接(墙面)的构造形式一

(1)选择石材专用干挂配件;

(2)选用指定石材加工、固定框架;

(3)用石材专用 AB 胶固定安装;

(4)安装时做出 5 mm × 5 mm 防撞斜角;

(5)石材需做六面防护,如图 3-3-9 所示。

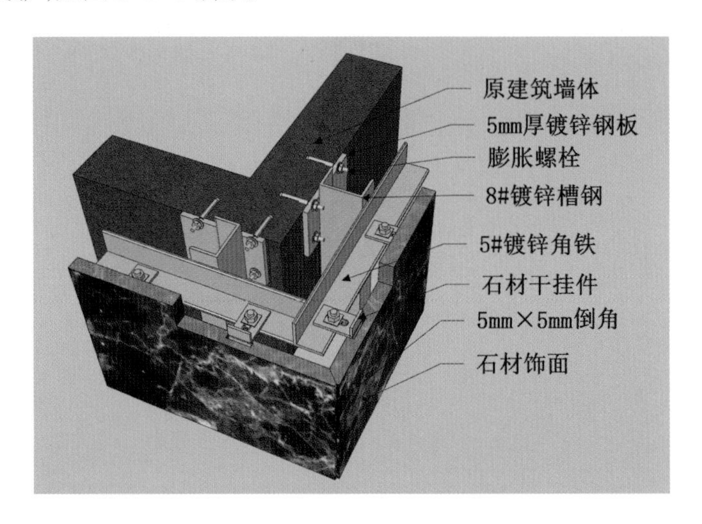

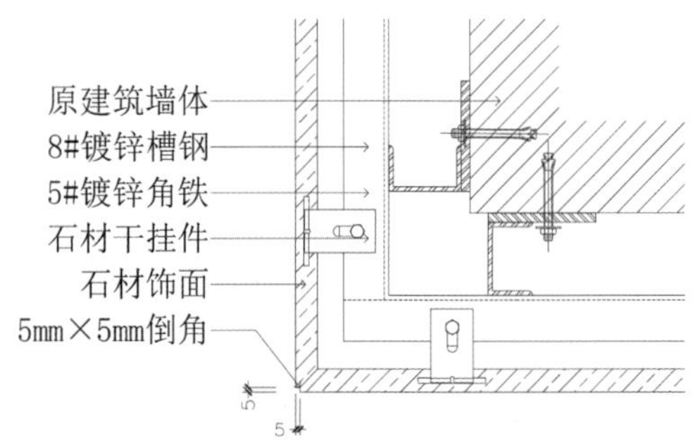

图 3-3-9 石材与石材相接(墙面)的构造形式一

10. 石材与石材相接(墙面)的构造形式二

(1)选择石材专用干挂配件;

(2)选用指定石材加工、固定框架;

(3)用石材专用 AB 胶固定安装;

(4)安装时阳角做出 3 mm × 3 mm 防撞斜角;

(5)石材需做六面防护,如图 3-3-10 所示。

11. 石材(有地暖、无防水)(地面)

(1)在原建筑钢筋混凝土楼板上用 1 : 3 水泥砂浆找平,形成 20 mm 厚找平层;

(2)刷涂 1.5 mm 厚 JS 或聚氨酯涂膜防水层,做 40 mm 厚聚苯乙烯泡沫塑料保温层;

(3)铺真空镀铝聚酯薄膜(或铺玻璃布基铝箔贴面层)绝缘层,铺 18# 镀锌低碳钢丝网,用扎带与加热管绑牢,加热管材;

(4) 铺 50 mm 厚 C20 细石混凝土垫层，布置 ϕ6 mm 钢筋，间距 150 mm，随打随平(表面开伸缩缝)；

(5) 做 30 mm 厚 1：3 干硬性水泥砂浆粘结层；

(6) 刷 10 mm 厚素水泥膏(黑 / 白水泥膏)；

(7) 石材需做六面防护，如图 3-3-11 所示。

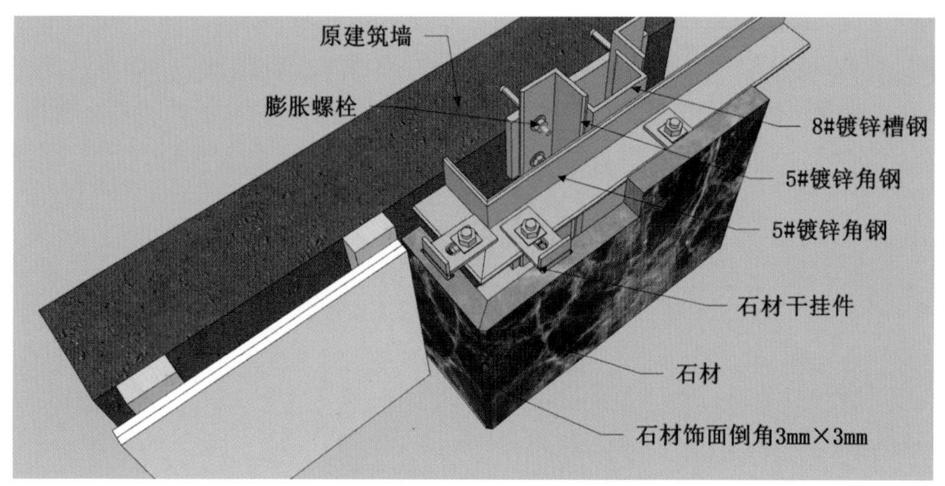

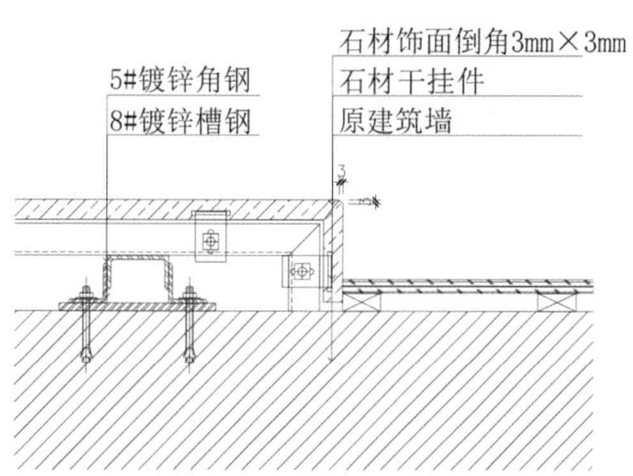

图 3-3-10　石材与石材相接(墙面)的构造形式二

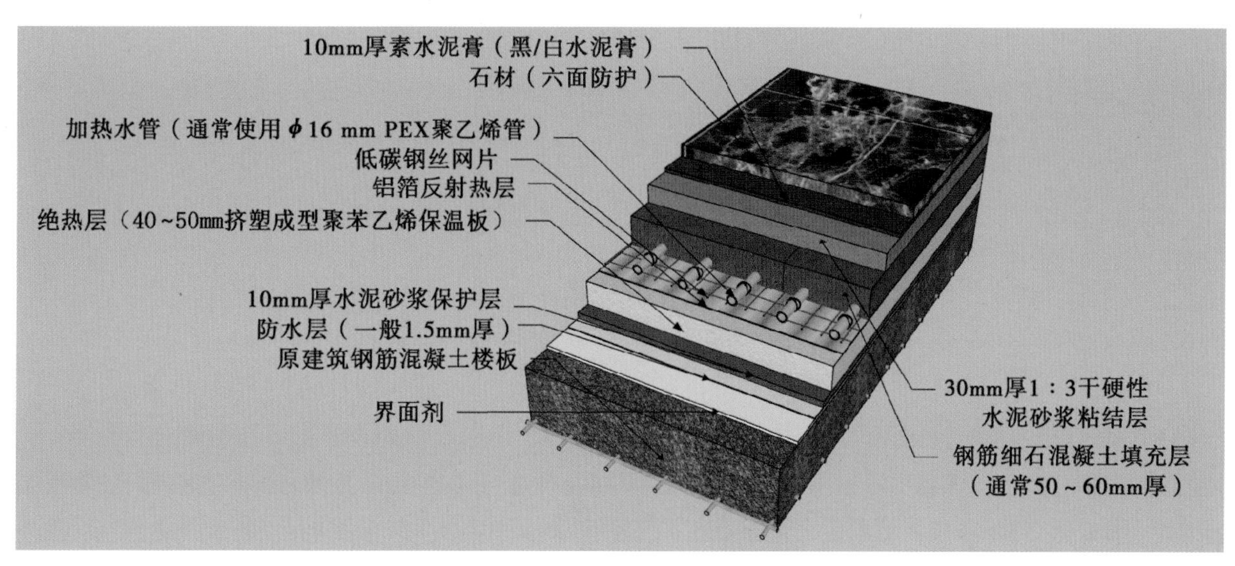

图 3-3-11　石材(有地暖、无防水)的构造

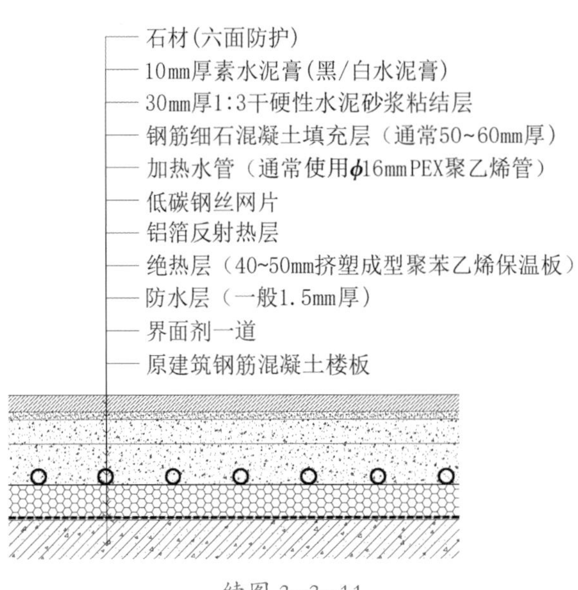

续图 3-3-11

12. 石材(有防水、有垫层)(地面)

(1)在原建筑钢筋混凝土楼板上做 30 mm 厚 1∶3 水泥砂浆找平层;

(2)刷涂 1.5 mm 厚 JS 或聚氨酯涂膜防水层;

(3)做 10 mm 厚 1∶3 水泥砂浆保护层,做 30 mm 厚 1∶3 干硬性水泥砂浆粘结层,刷 10 mm 厚素水泥膏(黑 / 白水泥膏);

(4)石材需做六面防护,如图 3-3-12 所示。

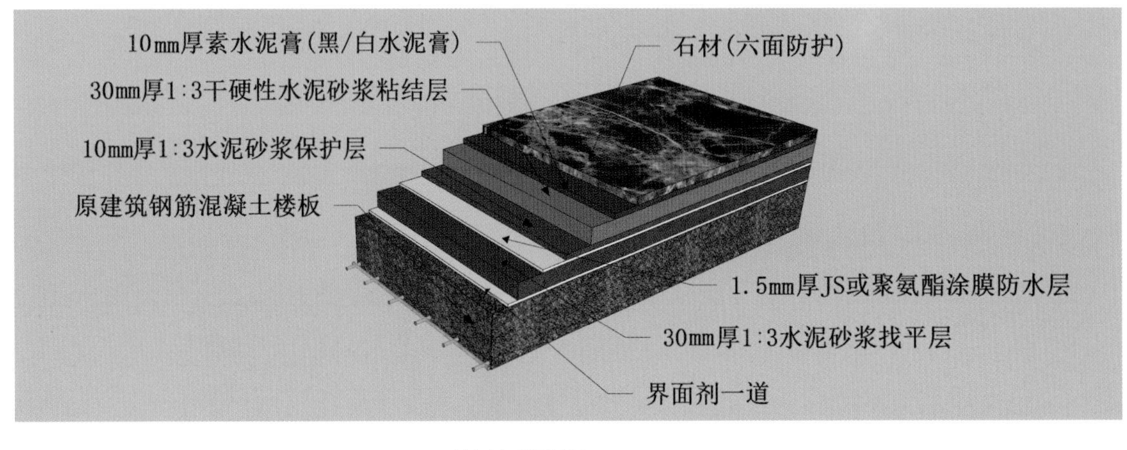

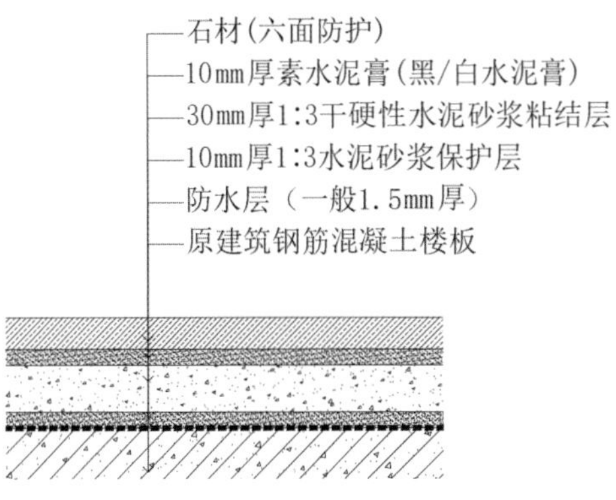

图 3-3-12　石材(有防水、有垫层)的构造

13. 石材、铝型材轨道门槛（地面）

(1) 基于原建筑钢筋混凝土楼板做 1：3 水泥砂浆找平层；

(2) 做改性沥青防水层和水泥砂浆防水保护层；

(3) 做 1：3 干硬性水泥砂浆结合层；

(4) 刷 10 mm 厚素水泥膏（黑 / 白水泥膏）；

(5) 预埋铝型材移门下轨道；

(6) 石材需做六面防护，如图 3-3-13 所示。

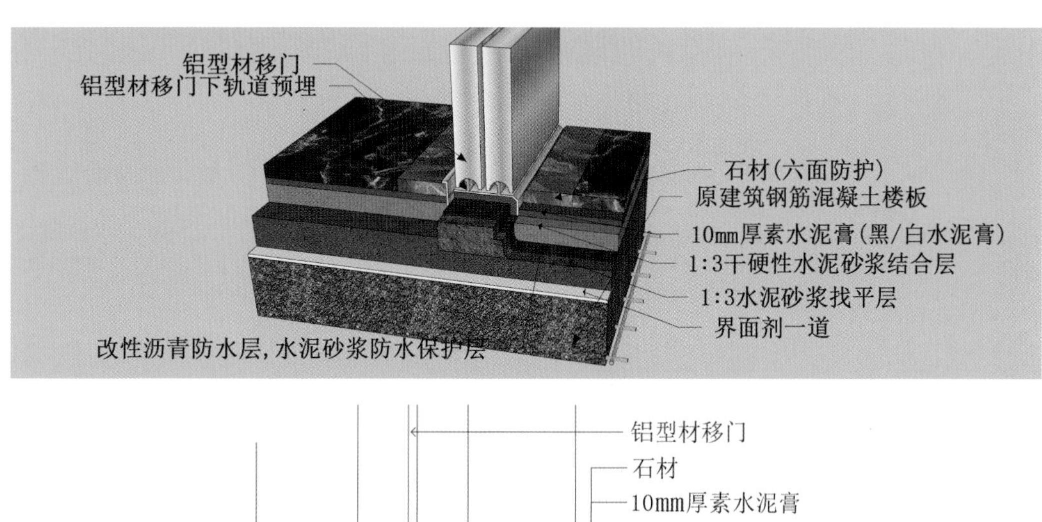

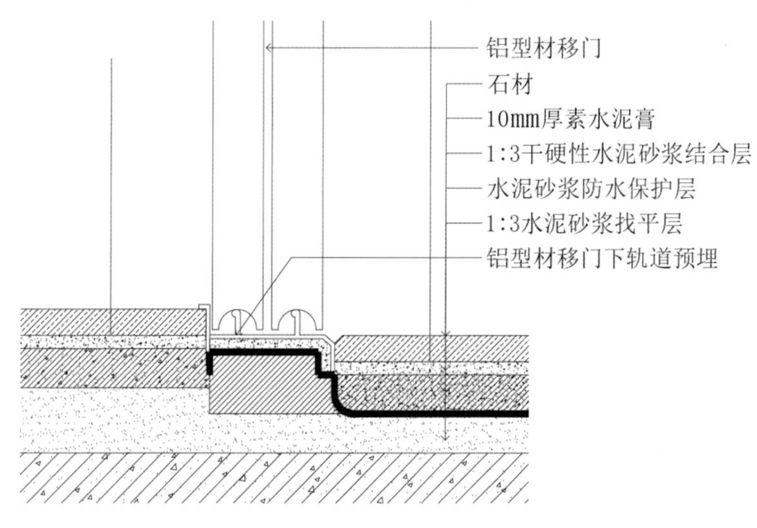

图 3-3-13　石材、铝型材轨道门槛的地面构造

14. 石材门槛石（木地板 + 石材）（地面）

(1) 基于原建筑钢筋混凝土楼板做止水坎；

(2) 做防潮层；

(3) 做 30 mm 厚 1：3 干硬性水泥砂浆结合层；

(4) 刷 10 mm 厚素水泥膏（黑 / 白水泥膏）；

(5) 石材需做六面防护，如图 3-3-14 所示。

15. 石材门槛石（木地板 + 石材 + 石材）（地面）

(1) 基于原建筑钢筋混凝土楼板涂界面剂；

(2) 做 30 mm 厚 1：3 干硬性水泥砂浆结合层；

(3) 刷涂 20 mm 厚石材专业粘结剂；

(4)石材需做六面防护,如图 3-3-15 所示。

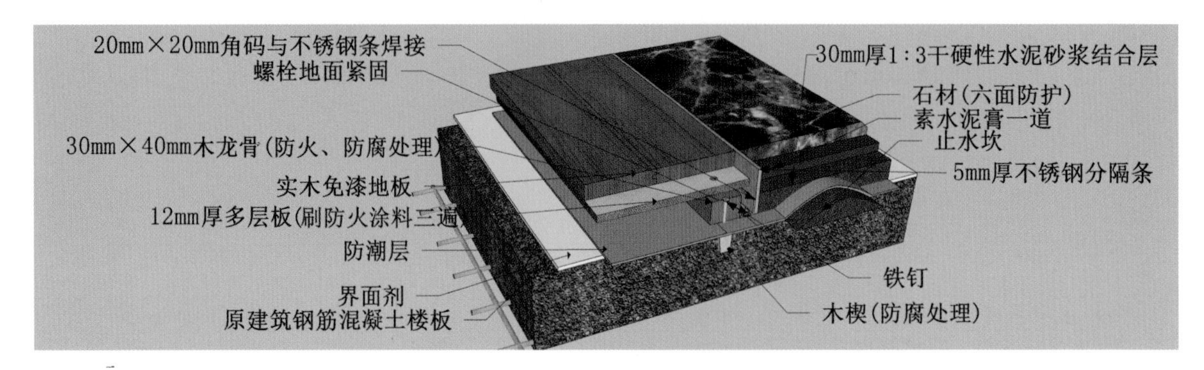

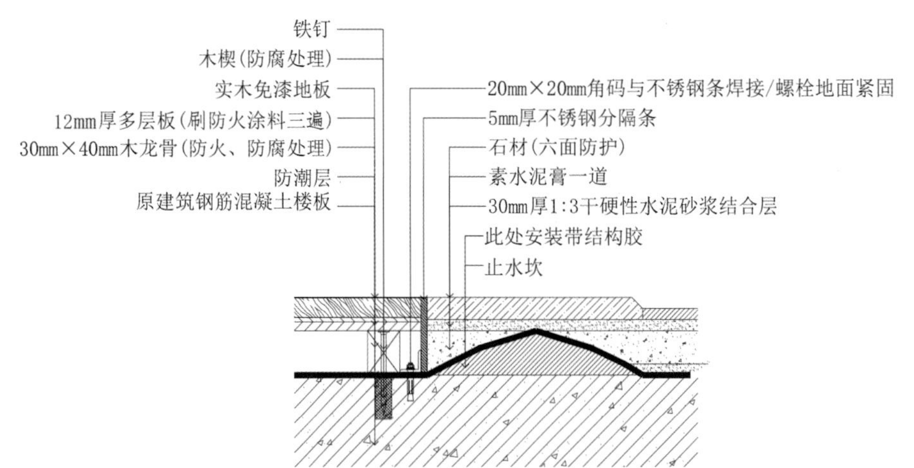

图 3-3-14 石材门槛石(木地板+石材)的地面构造

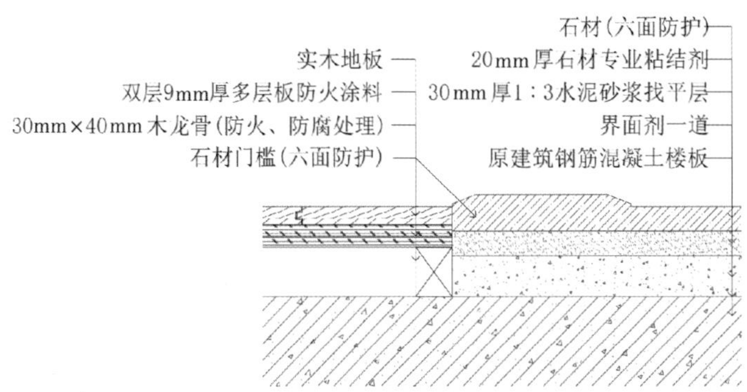

图 3-3-15 石材门槛石(木地板+石材+石材)的地面构造

16. 石材门槛石（地面）

(1) 基于原建筑钢筋混凝土楼板做 20 mm 厚 1∶3 水泥砂浆找平层；

(2) 依次做 1.5 mm 厚 JS 或聚氨酯涂膜防水层，10 mm 厚 1∶3 水泥砂浆保护层，30 mm 厚 1∶3 水泥砂浆找平层；

(3) 刷素水泥膏一道；

(4) 石材需做六面防护，如图 3-3-16 所示。

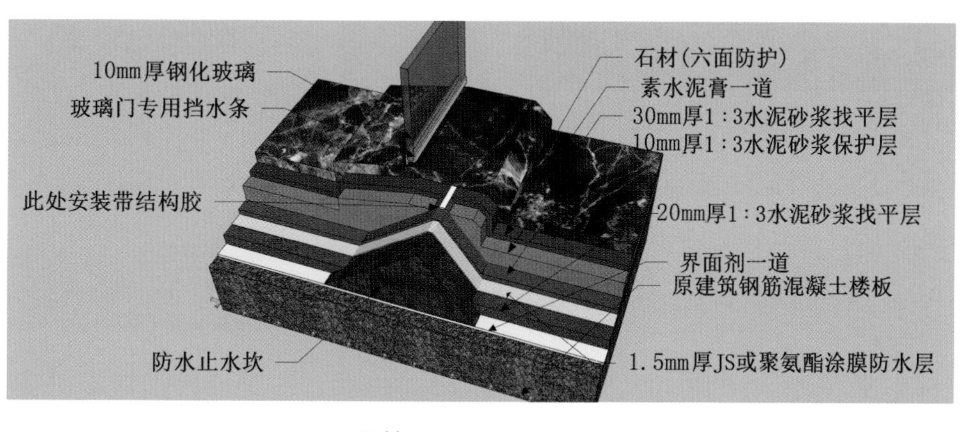

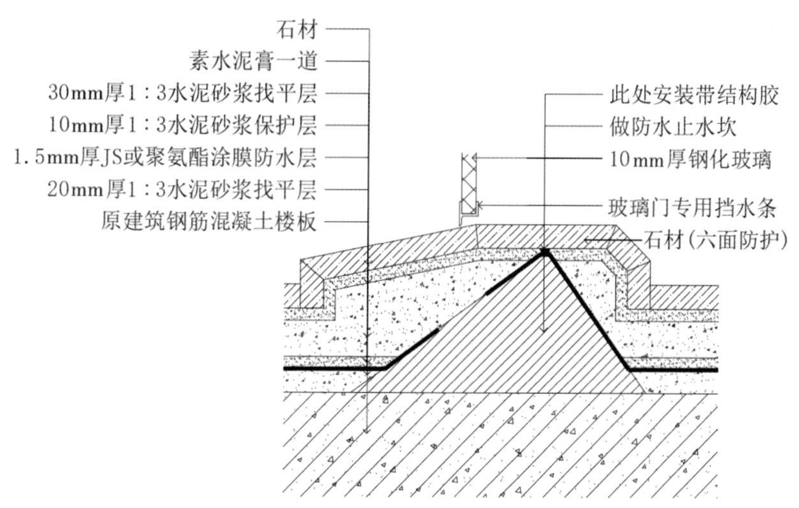

图 3-3-16　石材门槛石的地面构造

17. 石材（淋浴间内下水槽）（地面）

(1) 基于原建筑钢筋混凝土楼板做 30 mm 厚 1∶3 水泥砂浆找平层；

(2) 依次做止水坎，1.5 mm 厚 JS 或聚氨酯涂膜防水层，10 mm 厚 1∶3 水泥砂浆保护层，30 mm 厚 1∶3 干硬性水泥砂浆粘结层；

(3) 刷 10 mm 厚素水泥膏（黑 / 白水泥膏）；

(4) 做 1.2 mm 厚 U 形不锈钢槽；

(5) 铺橡胶垫；

(6) 刷涂中性硅酮密封胶；

(7) 安装 12 mm 厚钢化玻璃，如图 3-3-17 所示。

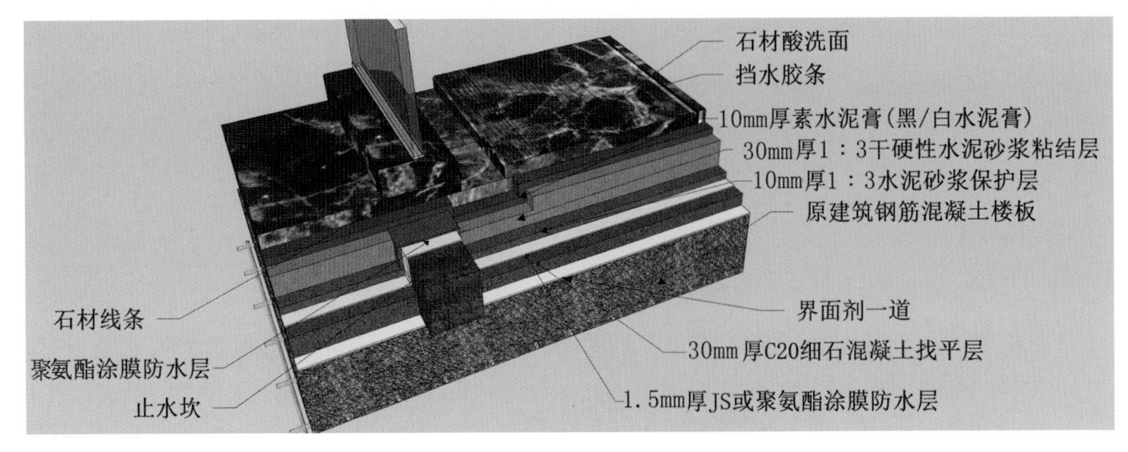

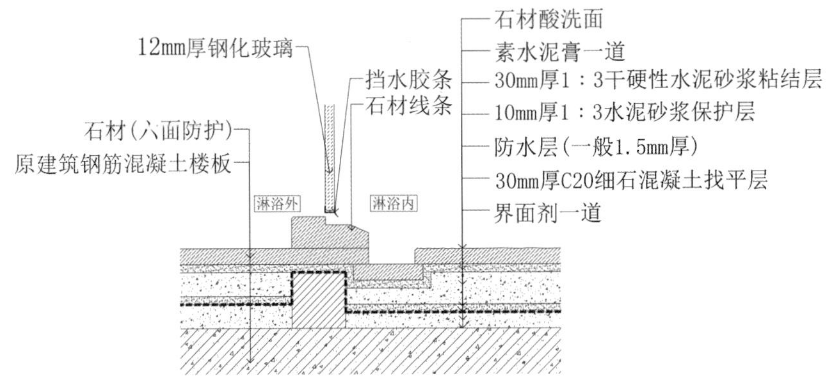

图 3-3-17　石材(淋浴间内下水槽)的地面构造

第四章 陶瓷类

4.1 陶瓷的特点及加工

陶瓷是以天然黏土以及各种天然矿物为主要原料，经过粉碎混炼、制坯、干燥和煅烧制得的各种制品。陶瓷是陶器、炻器和瓷器的总称。

1. 陶瓷的特点

① 用陶土烧制的器皿叫陶器，如图 4-1-1(a) 所示。陶器的胎体质地比较疏松，有不少孔隙，因而有较强的吸水性。陶器断面粗糙无光泽，不透明，可施釉也可不施釉。

② 用瓷土烧制的器皿叫瓷器，如图 4-1-1(b)所示。瓷土的成分主要有高岭土、长石、石英石和莫来石等，含铁量低。瓷器经过高温烧成之后，胎色白，具有透明或半透明性，胎体吸水率不足 1%，或不吸水。瓷器强度高，坯体致密、耐磨、半透明，通常施釉。

③ 炻器也称半瓷，如图 4-1-1(c) 所示，是介于陶器和瓷器之间的一种陶瓷制品，如水缸等。特点是坯体坚硬，机械强度较高，质地致密坚硬，跟瓷器相似。

2. 陶瓷的加工

陶瓷加工是对陶瓷坯料进行加工，使它达到图纸要求的活动。陶瓷材料有高硬度、高强度、脆性大的特性，属于难加工材料。由于其特殊的物理机械性能，最初只能采用磨削方法进行加工，随着机械加工技术的发展，目前已可采用类似金属加工的多种工艺来加工陶瓷材料。

(a) 陶器

(b) 瓷器

(c) 炻器（半瓷）

图 4-1-1 陶器、瓷器、炻器

4.2 陶瓷的分类

4.2.1 釉面砖

1. 釉面砖的特点

釉面砖是表面经过施釉高温高压烧制处理的瓷砖，用于建筑物内墙，具有保护及装饰效果，如图 4-2-1 所示。

由陶土烧制而成的釉面砖吸水率较高，强度低，背面为红色；由瓷土烧制而成的釉面砖吸水率较低，强度较高，背面为灰白色。现今用于墙地面铺设的主要是瓷制釉面砖，质地紧密，美观耐用，易于保洁，孔隙率小，膨胀不显著。

图 4-2-1　釉面砖

2. 釉面砖的分类

(1) 釉面砖的正面有釉，背面呈凸凹方格纹。由于釉料和生产工艺不同，一般分为白色釉面砖、彩色釉面砖、印花釉面砖等多种。

(2) 釉面砖的种类按形状可以分为通用砖和异形砖，通用砖一般用于大面积铺贴，异形砖多用于墙面阴阳角和各种收口部位的细部构造处理。在各种异形砖中，阳三角用于三阳角交会部位，阴三角用于三阴角交会部位，阳角线用于两阳(角)一阴(角)交会部位，阴角线用于两阴(角)一阳(角)交会部位。

3. 釉面砖的用途

釉面砖主要用作厨房、浴室、卫生间、医院、实验室、游泳池等场所的墙面和台面装饰材料，具有许多优良性能，不仅强度较高、防潮、耐污、耐腐蚀、易清洗，而且表面光亮细腻、色泽柔和典雅。

4. 釉面砖的尺寸

(1) 墙面砖规格(长 × 宽 × 厚)一般为 200 mm × 200 mm × 5 mm、200 mm × 300 mm × 5 mm 等，高档墙面砖还配有相当规格的腰线砖、踢脚线砖、顶角线砖等，均施有彩釉装饰，且价格高昂。

(2)地面砖规格(长 × 宽 × 厚)一般为 250 mm × 250 mm × 6 mm、300 mm × 300 mm × 6 mm、500 mm × 500 mm × 8 mm、600 mm × 600 mm × 8 mm、800 mm × 800 mm × 10 mm 等。

4.2.2　陶瓷墙地砖

1. 墙地砖的特点

墙地砖是以优质陶土或瓷土为主要原料，经高温焙烧而成的，可用于建筑室内外墙面、地面等，适用范围广泛。墙地砖具有结构致密、孔隙率低、吸水率低、强度高、硬度高、耐冲击、抗冻、耐急冷急热、不易起尘、易清洁、色彩图案丰富、装饰效果好、防火防水等特点，故维护成本低。

2. 墙地砖的分类

(1) 玻化砖：是瓷质抛光砖的俗称，是将通体砖坯体的表面经过打磨而制成的一种光亮的砖，属通体砖的一种(如图 4-2-2 所示)。玻化砖质地坚硬，具有高光亮度、高硬度、高耐磨性、吸水率低、色差小、规格多等优点。表面不上釉，具有玻璃光泽，装饰效果好。玻化砖有优等品、合格品两个质量等级。玻化砖主要用于室内外墙面、地面、窗台板、台面及背栓式幕墙等装饰。常用的尺寸规格有 400 mm × 400 mm、500 mm × 500 mm、600 mm × 600 mm、800 × 800 mm、900 mm × 900 mm 等。

(2) 彩釉砖：指有釉墙地砖，又称釉面外墙砖或釉面陶瓷墙地砖(如图 4-2-3 所示)。其表面与釉面砖相似，表面均施釉，具有色彩丰富、光洁明亮、装饰效果好的特性。彩釉砖属于炻质砖和细炻砖范畴，具有较好的防滑性能。常见彩色砖品种有仿古砖、渗花砖、金属光泽色彩砖等，可用于各类建筑的室内外墙面及地面装饰。常用的尺寸规格有 500 mm × 500 mm、600 mm × 600 mm、800 mm × 800 mm、900 mm × 900 mm、1000 mm × 1000 mm、1200 mm × 600 mm 等。

图 4-2-2　玻化砖

图 4-2-3　彩釉砖

(3) 仿古砖(如图 4-2-4 所示):是从彩釉砖演化而来的,实质上是上釉的瓷质砖。目前普及的仿古砖以亚光的为主,全抛釉砖则在亚光釉上印花或底釉上印花再上一层亚光釉,最后上一层透明釉或透明干粒,烧成后再抛光,属釉下彩装饰。仿古砖主要用于风格独特的室内外墙面、地面铺贴,尤其是田园氛围浓郁的酒吧、厨房、阳台、花园等空间。它的图案以仿木、仿石材、仿皮革为主,也有仿植物花草、仿几何图案、纺织物、仿墙纸、仿金属等。常用的尺寸规格有 300 mm × 300 mm、400 mm × 400 mm、500 mm × 500 mm、600 mm × 600 mm、300 mm × 600 mm、800 mm × 800 mm 等。其中 300 mm × 600 mm 是目前国内很流行的规格,仿古砖的表面有平面效果的,也有小凹凸面效果的。

图 4-2-4　仿古砖

(4) 瓷抛砖(如图 4-2-5 所示):是陶瓷墙地砖的创新品类之一,其表面为瓷质材料,经印刷装饰、高温烧结、表面抛光处理而成。瓷抛砖适用于各类建筑物的内外墙、地面装饰。常用的尺寸规格有 600 mm × 600 mm、800 mm × 800 mm、600 mm × 1200 mm、1000 mm × 1000 mm 等。

图 4-2-5　瓷抛砖

(5)石英石砖:石英石砖是石英含量在 94% 以上的石英石板材之一(如图 4-2-6 所示)。石英砖在室内的应用,主要是家里的厨房台面和卫浴空间。常用的尺寸规格有 600 mm × 600 mm、600 mm × 1200 mm。

图 4-2-6　石英石砖

(6)薄瓷板:是由黏土或高岭土以及其他无机非金属材料经成形、高温焙烧等生产工艺制成的板状陶瓷制品(如图 4-2-7 所示)。薄瓷板是一种绿色生态、节源降耗、耐候、耐用的全瓷质的饰面板型材料,主要用于普通室内空间,如饭店、大厦、博物馆、集合式住宅、别墅、厨房、卫浴空间以及地下公共空间、医疗空间、教学空间等。常用的尺寸规格有 300 mm × 600 mm、400 mm × 800 mm、500 mm × 1000 mm、600 mm × 1200 mm、750 mm × 1500 mm、800 mm × 1600 mm 等。

图 4-2-7　薄瓷板

(7)劈离砖(如图 4-2-8 所示):一般以各种黏土或配以长石等制陶原料经干法粉碎加水或湿法球磨压滤后制成含水湿坯泥,再经装有中空模具的真空螺旋挤出机挤出成为由扁薄的筋条联结为一体的中空坯体,再经切割干燥后烧成,最后以人工或机器沿筋条联结处劈开为两片产品,故名劈离砖。劈离砖按表面的光滑程度,可分为平面砖和拉毛砖,前者表面细腻光滑,后者表面粗糙。拉毛砖是在坯料中加入颗粒料并在模具出口安装细钢丝对砖坯表面进行剖割，从而使产品表面获得粗糙的装饰效果。劈离砖吸水率低、表面硬度大、耐磨耐滑、性能稳定，适用于各类建筑物内、外墙装饰，适用于车站、机场、餐厅、楼堂馆等场景。常用的尺寸规格有240 mm × 52 mm × 11 mm、240 mm × 115 mm × 11 mm、194 mm × 94 mm × 11 mm、190 mm × 190 mm × 13 mm、240 mm × 115 (52) mm × 13 mm、194 mm × 94 (52) mm × 13 mm等。

图 4-2-8　劈离砖

4.2.3　陶瓷锦砖

1. 陶瓷锦砖的特点

陶瓷锦砖（如图4-2-9所示）又名陶瓷马赛克，先用优质瓷土烧成具有多种色彩和不同形状的小块砖，再由小块砖镶拼组成具有各种花色图案的陶瓷锦砖。陶瓷锦砖具有色泽明净、图案美观、质地坚实、抗压强度高、耐污染、耐腐蚀、耐水、抗火、抗冻、不吸水、不滑、易清洗等特点。

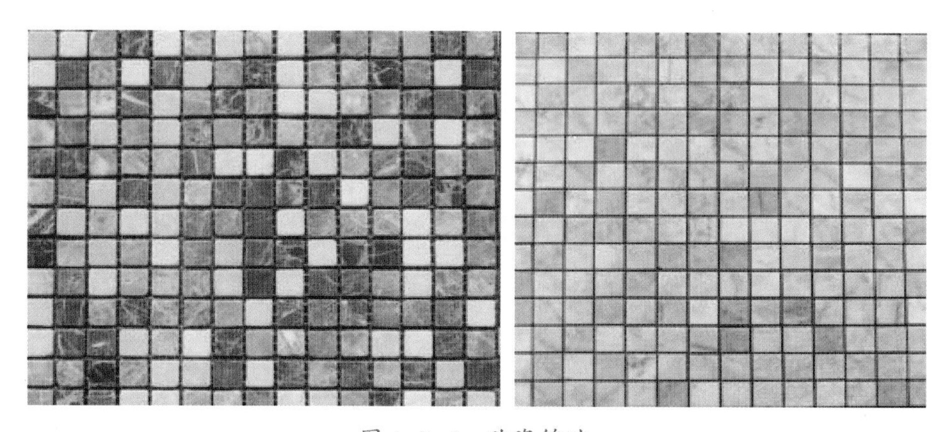

图 4-2-9　陶瓷锦砖

2. 陶瓷锦砖的用途

陶瓷坚固耐用，造价低，小块锦砖色彩丰富、图案美观，可拼成风格迥异的图案，适用于喷泉、游泳池、酒吧、体育馆和公园等处的装饰。同时由于该陶瓷具有耐磨、吸水率小、抗压强度高、易清洗等特点，陶瓷锦砖也用于室内卫生间浴室、阳台、餐厅和客厅的地面装饰。此外，陶瓷锦砖也用于大型公共活动场馆的陶瓷壁画。

3. 陶瓷锦砖的常用尺寸规格

陶瓷锦砖采用优质瓷土烧制成正方形、长方形、正六边形等薄片状小块瓷砖后，再通过铺贴盒将这些小块瓷砖按设计图案反贴在牛皮纸上，称作一联，规格一般做成18.5 mm × 18.5 mm × 5 mm、39 mm × 39 mm × 5 mm的小方块，或边长为25 mm的正六边形等。

4.2.4 建筑琉璃制品

1. 建筑琉璃制品的特点

建筑琉璃制品属于精陶制品，是以难熔黏土为原料，经配料、成型、干燥、素烧、表面施琉璃釉、烧结等工序制作而成的。琉璃制品质地致密、表面光滑、不易沾污、经久耐用、色彩丰富，极具中国传统建筑构造的特征(如图 4-2-10 所示)。

图 4-2-10 建筑琉璃制品

2. 建筑琉璃制品的分类

建筑琉璃制品的品种主要有琉璃瓦、琉璃砖、琉璃兽、琉璃花窗、琉璃栏杆等装饰制品，以及琉璃桌、琉璃绣墩、琉璃花盆、琉璃花瓶等陈设用工艺品，另外还有琉璃壁画等。

3. 建筑琉璃制品的用途

建筑琉璃制品可以分为传统建筑琉璃制品和现代建筑琉璃制品。前者多用于我国古典建筑中的构件和屋面装饰，后者主要用于现代建筑中室内外立面的装饰装修。

4.2.5 新型陶瓷

1. 新型陶瓷的特点

新型陶瓷材料在性能上有其独特性，在热和机械性能方面，耐高温、隔热、硬度高、耐磨耗；在电性能方面，具有绝缘性、压电性、半导体性、磁性等特性；在化学性能方面有催化、耐腐蚀、吸附等功能。

2. 新型陶瓷的分类

(1)陶土板(如图 4-2-11 所示)：又称为陶板，是以天然陶土为主要原料，不添加任何其他成分，经高压挤出成型、低温干燥、高温(1200 ~ 1250 ℃)烧制等工序制成的，具有绿色环保、无辐射、色泽温和、无光污染等特点。陶土板具有自然面、砂面、槽面及釉面等不同表面效果。陶土板保温效果好，适用于大空间的室内墙壁，如办公楼大厅、地铁站、火车站候车大厅、博物馆等。陶土板的常规厚度为 15 ~ 30 mm，常规长度为 300 mm、600 mm、900 mm、1200 mm 等，常规宽度有 200 mm、250 mm、300 mm、450 mm。

图 4-2-11 陶土板

(2)软性陶瓷：简称软瓷，是以改性泥土为主要原料，运用特制的温控造型系统成型、烘烤、辐照交联而制成的一种柔性建筑装饰材料（如图4-2-12所示）。软瓷是一种新型的节能低碳装饰材料，作为墙面装饰材料，软瓷具有质轻、柔性好、外观造型多样、耐候性好等特点；用作地面装饰材料，软瓷具有耐磨、防滑、脚感舒适等特点。此外，软瓷施工简便快捷，比传统材料缩短工期，节约空间，节约成本，而且不易脱落，适用于外墙、内墙、地面等建筑装饰，特别适用于高层建筑外饰面工程、建筑外立面装饰工程、城市外墙面改造工程、外保温体系的弧形墙及拱形柱等异形建筑的饰面工程。

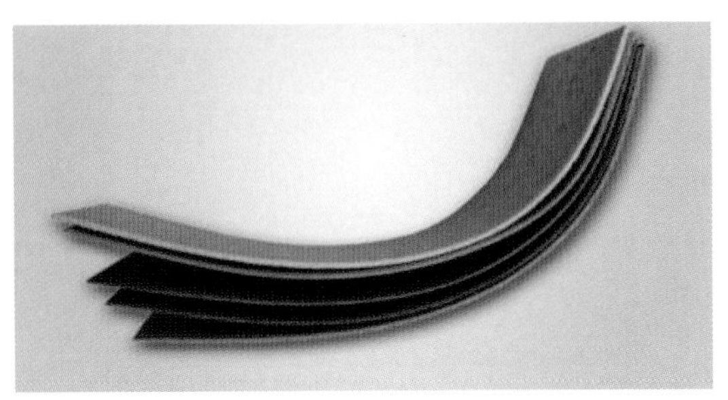

图 4-2-12　软性陶瓷

(3)陶瓷彩铝（如图 4-2-13 所示）：具有耐磨损、耐腐蚀和抗酸碱、抗老化、抗紫外线、质量轻、强度高、稳定性高、耐久性强等特点，适用于室内外门窗表面。

图 4-2-13　陶瓷彩铝

(4) Decotal 瓷砖（如图 4-2-14 所示）：是一种独特的正在申请专利的特殊瓷砖，它利用先进的技术和精细的手工制作，最终成品竟不到 2 mm 厚。Decotal 瓷砖由 EPCTM（工程聚合物混凝土）制作，具有很好的保温性，与具有反射光线效果的金属装饰结合起来，可以形成豪华的对比效果。Decotal 瓷砖有超轻的质量和最小的厚度，可直接贴在需要改造翻新的砖上，有温触效果，可定制任何需要的尺寸、形状。

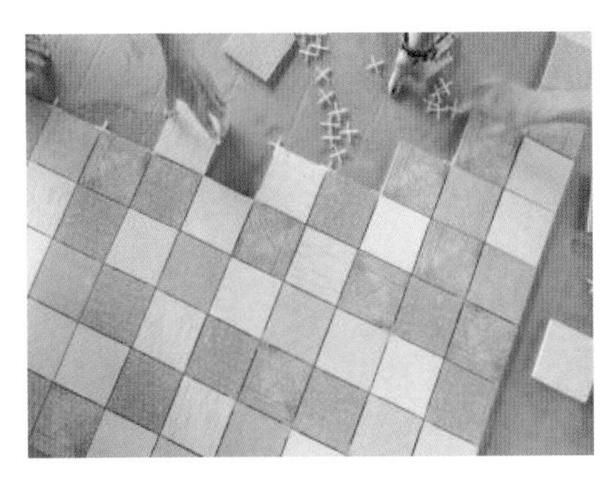

图 4-2-14　Decotal 瓷砖

4.3 陶瓷的装修构造

4.3.1 陶瓷构造

陶瓷种类多样,各品种之间各有特色和优点,应用范围亦有所差别。由于陶瓷的组成原料基本相似,因此陶瓷的安装构造做法也基本相同,大致分为湿贴法和干挂法两大类别。

1. 墙面砖湿贴法

(1)基层抹底灰:底灰为 1∶3 的水泥砂浆,厚度 15 mm,分两遍抹平。

(2)铺贴面砖:先做砂浆黏结层,厚度应不小于 10 mm。砂浆可用 1∶25 的水泥砂浆,也可用 1∶0.2∶2.5 的水泥石灰混合砂浆,如在 1∶2.5 水泥砂浆中加入 5%~10% 的 107 胶,粘贴效果则更好。

(3)做面层细部处理:贴好瓷砖后,用 1∶1 水泥细砂浆填缝,再用白水泥勾缝,最后清理面砖的表面。

2. 墙面砖干挂法

墙面砖采用干挂法进行安装时,需要在基层的适当部位放置 4# 角钢连接件,用 M10 金属膨胀螺栓与墙体固定,竖向主龙骨采用 6# 槽钢,横向次龙骨采用 4# 角钢,安装前打好孔,用于安装与墙砖相连接的不锈钢背栓干挂件。在饰面墙砖的底面上开槽钻孔,然后用背栓干挂件和墙砖固定,最后进行勾缝和压缝处理。

4.3.2 陶瓷构造图例

1. 陶瓷马赛克(墙面)

(1)选用马赛克砖,要求表面平整、尺寸正确、边棱整齐;

(2)在原建筑墙面上刷混合界面剂;

(3)用水泥砂浆找平处理,保证平整度;

(4)做 JS 或聚氨酯防水层;

(5)做水泥砂浆一道,做防水保护层;

(6)刮毛处理,保证粘结层的附着力;

(7)铺贴马赛克砖,完成施工(图 4-3-1);

(8)揭纸、调缝、擦缝。

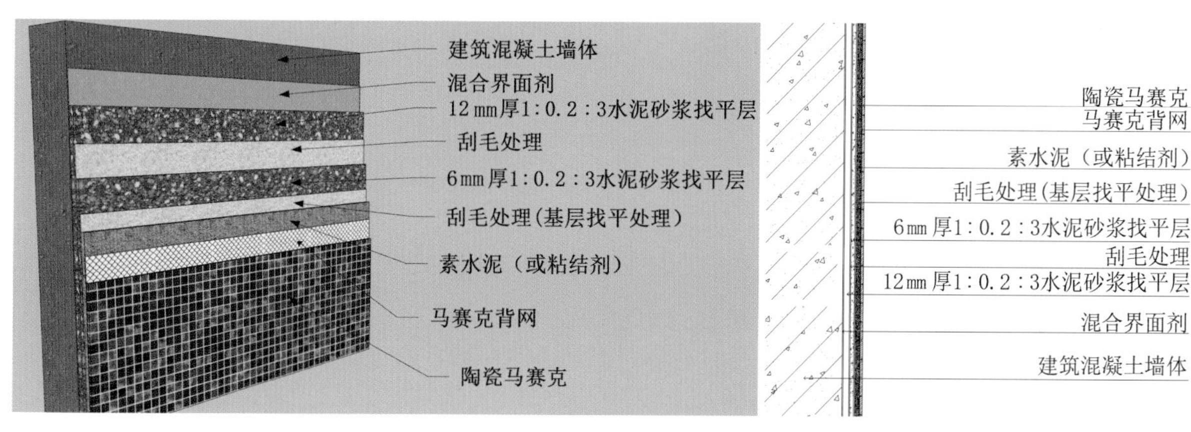

图 4-3-1 陶瓷马赛克(墙面)

2. 陶瓷马赛克隔墙(墙面)

(1)选用马赛克砖,要求表面平整、尺寸正确、边棱整齐;

(2)上下固定 75 型天地龙骨,固定 38 型穿心龙骨,完成基层施工;

(3)固定水泥板,固定双层钢丝网;

(4)用水泥砂浆抹灰找平处理,保证平整度;

(5)做 JS 或聚氨酯防水层;

(6)做水泥砂浆一道,做防水保护层;

(7)刮毛处理,保证粘结层的附着力;

(8)铺贴马赛克砖,完成施工(图 4-3-2);

(9)揭纸、调缝、擦缝。

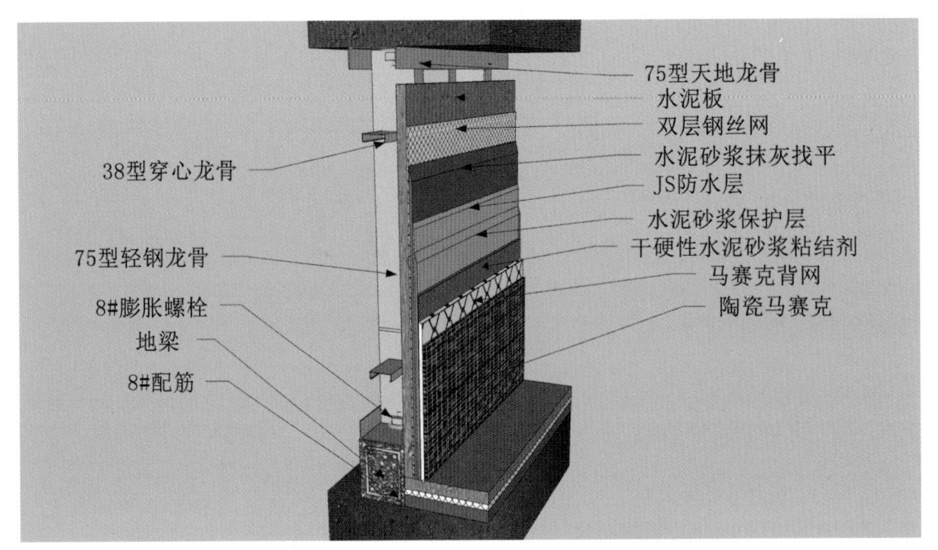

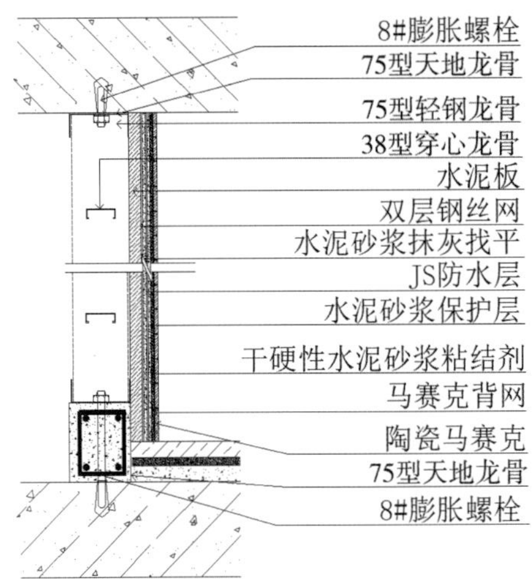

图 4-3-2　陶瓷马赛克隔墙(墙面)

3. 墙砖与木饰面相接(墙面)

(1)选用指定墙砖;

(2)定制成品木饰面和基础材料木龙骨;

(3)用墙砖专用胶干挂;

(4)木饰面与墙砖接口用实木线条收口；
(5)墙砖不易与木饰面直接拼接，需做修饰或用其他材质收口；
(6)控制砖、基层的厚度，使厚度相互协调；
(7)做好成品保护，如图 4-3-3 所示。

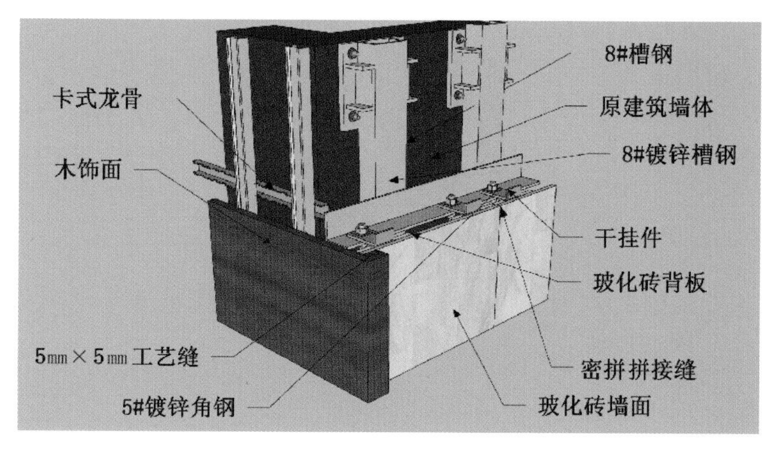

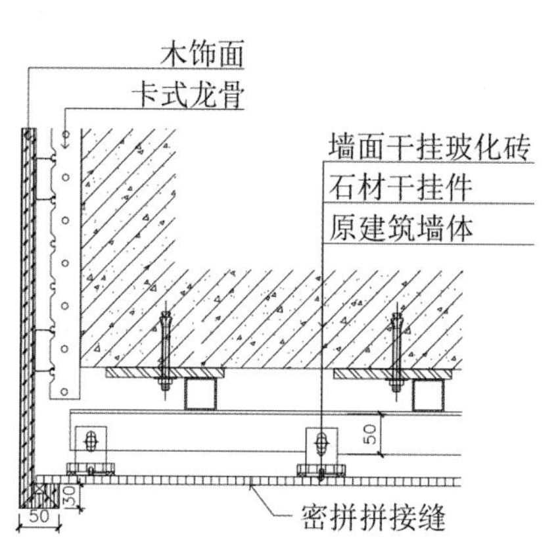

图 4-3-3 墙砖与木饰面相接(墙面)

4. 墙砖与乳胶漆相接(墙面)

(1)用轻钢龙骨防水石膏板隔墙，墙厚 150 mm，内含隔音棉；
(2)墙砖用专用胶泥铺贴；
(3)三地两面；
(4)墙面墙砖与乳胶漆直接碰接时，墙砖上口需做倒角处理，必要时做收边处理，如图 4-3-4 所示。

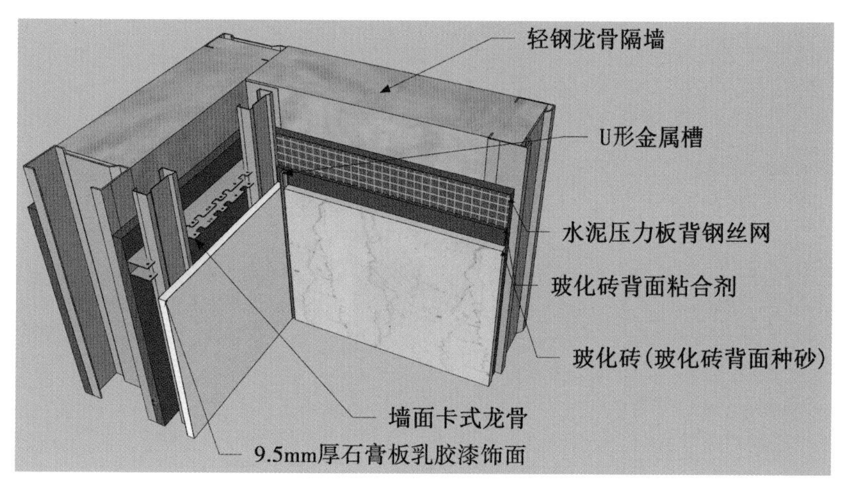

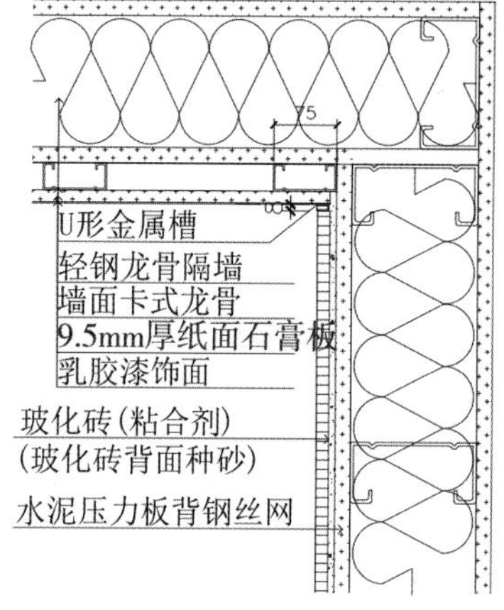

图 4-3-4 墙砖与乳胶漆相接(墙面)

5. 墙砖与不锈钢相接(墙面)

(1)准备镀锌槽钢、镀锌角铁及配件；
(2)选用指定墙砖干挂；
(3)固定木龙骨和防火夹板；
(4)加工不锈钢，注意不锈钢与墙砖收口；
(5)刷涂墙砖用专用胶，固定墙砖(图 4-3-5 和图 4-3-6)。

需要注意的是：不锈钢易于变形，安装时不可用硬物直接打在不锈钢面上，需增大其受力面积，以此保证不锈钢面无变形。

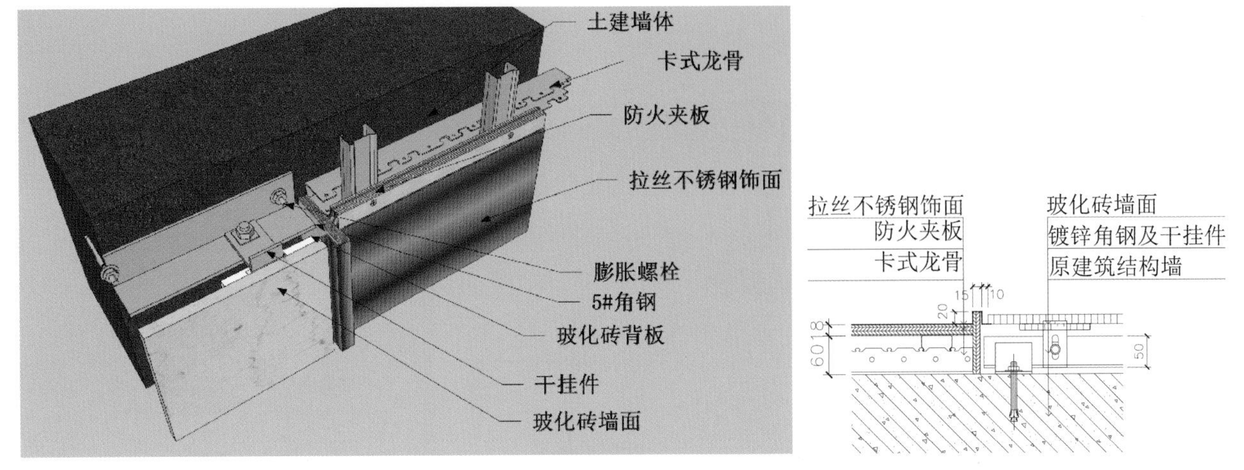

图 4-3-5 墙砖与不锈钢相接（墙面）的构造形式一

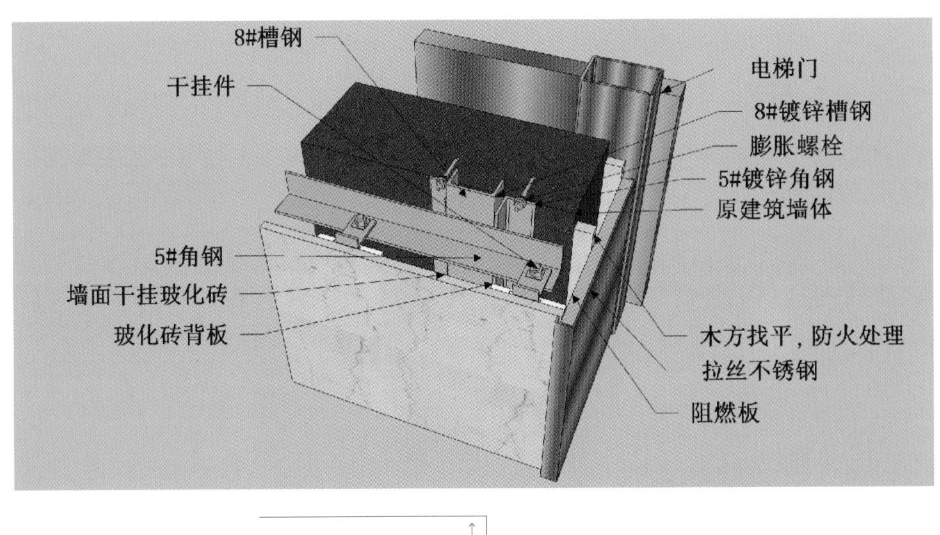

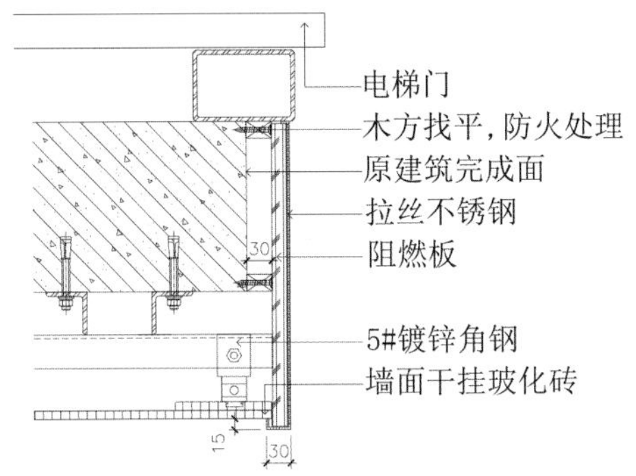

图 4-3-6 墙砖与不锈钢相接（墙面）的构造形式二

6. 墙砖与不锈钢、墙纸相接（墙面）

(1) 选用指定墙砖铺贴；

(2) 固定防火板基层、木基层；

(3) 墙砖用普通硅酸盐水泥或胶泥铺贴；

(4) 墙纸与墙砖建议做压条处理，墙纸需做防潮、防水处理（图 4-3-7）。

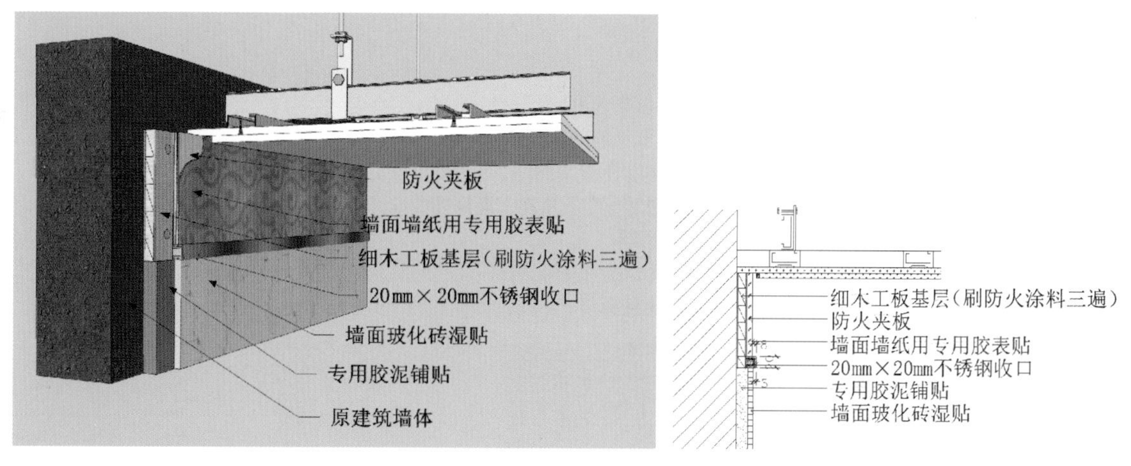

图 4-3-7 墙砖与不锈钢、墙纸相接（墙面）

7. 地砖（地面）的构造形式一

从上到下主要结构面或结构工艺依次如下：

(1)铺设的地砖；

(2)20 mm 厚 1∶3 水泥砂浆找平层；

(3)10 mm 厚水泥砂浆保护层；

(4)1.5 mm 厚 JS 或聚氨酯涂膜防水层；

(5)30 mm 厚 C20 细石混凝土找平层；

(6)80 mm 厚 CL7.5 轻集料混凝土垫层；

(7)防水层；

(8)界面剂一道；

(9)原建筑钢筋混凝土楼板(图 4-3-8)。

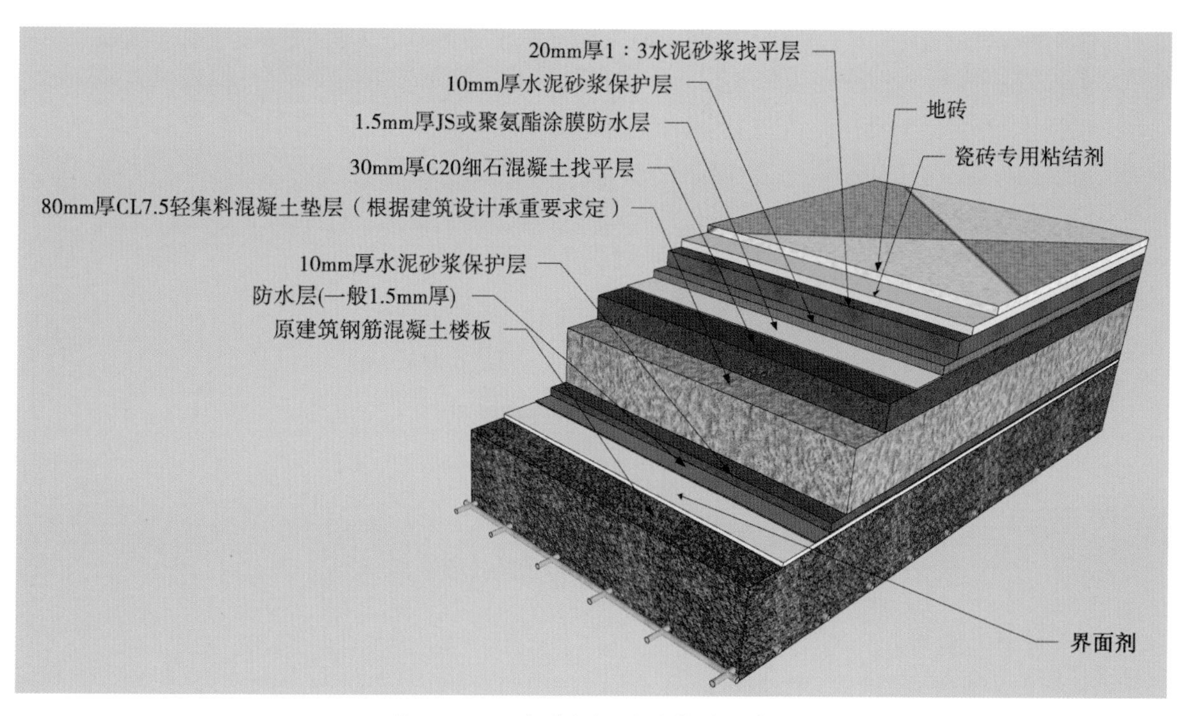

图 4-3-8 地砖（地面）的构造形式一

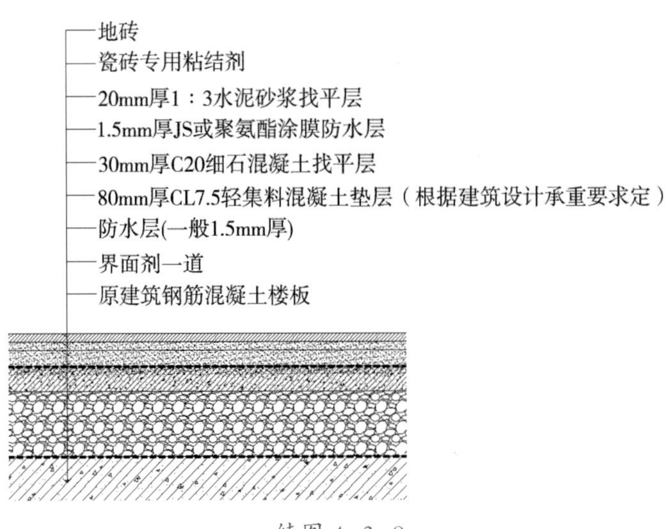

续图 4-3-8

8. 地砖(地面)的构造形式二

从上到下主要结构面或结构工艺依次如下：

(1) 铺设的地砖；

(2)20 mm 厚水泥砂浆结合层；

(3)40 mm 厚 1：3 水泥砂浆找平层；

(4) 界面剂一道；

(5) 原建筑钢筋混凝土楼板(图 4-3-9)。

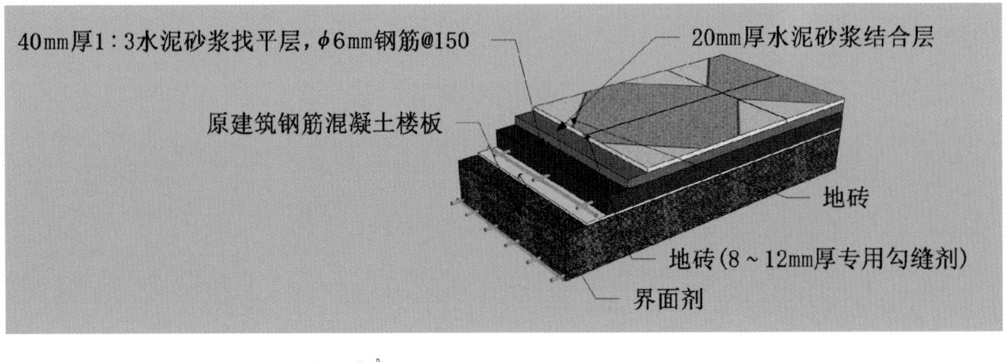

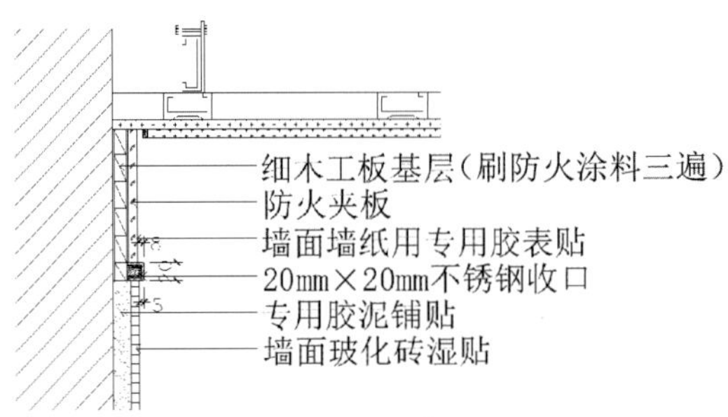

图 4-3-9 地砖(地面)的构造形式二

9. 地砖地暖(地面)

从上到下主要结构面或结构工艺依次如下：

(1) 地砖，DTG 擦缝，刷涂瓷砖专用粘结剂；

(2) 20 mm 宽膨胀缝，间距 6000 mm；

(3) 钢筋细石混凝土填充层（通常 50～60 mm）；

(4) 加热水管（通常为 ϕ16 mm PE 聚乙烯管）；

(5) 低碳钢丝网片；

(6) 铝箔反射热层；

(7) 绝热层（40～50 mm 挤塑成型聚苯乙烯保温板）；

(8) 10 mm 厚水泥砂浆保护层；

(9) 1.5 mm 厚聚合物水泥基防水涂料；

(10) 界面剂；

(11) 原建筑钢筋混凝土楼板（图 4-3-10）。

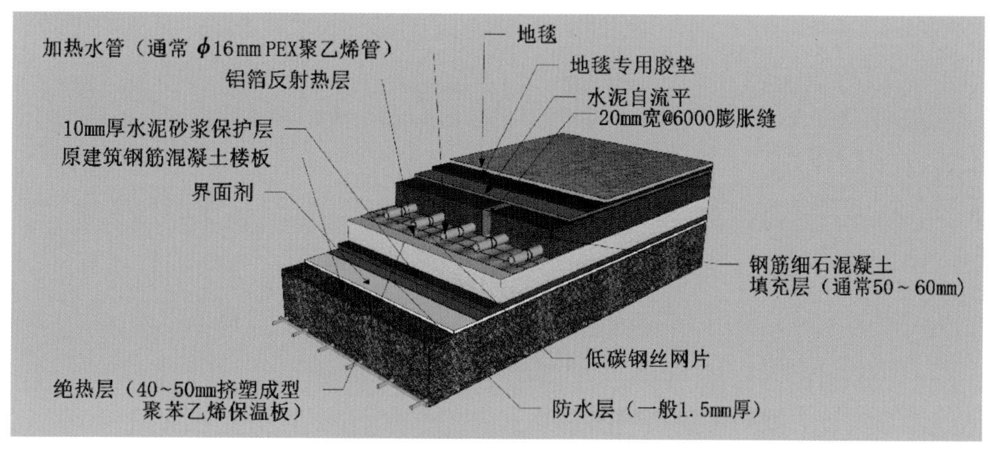

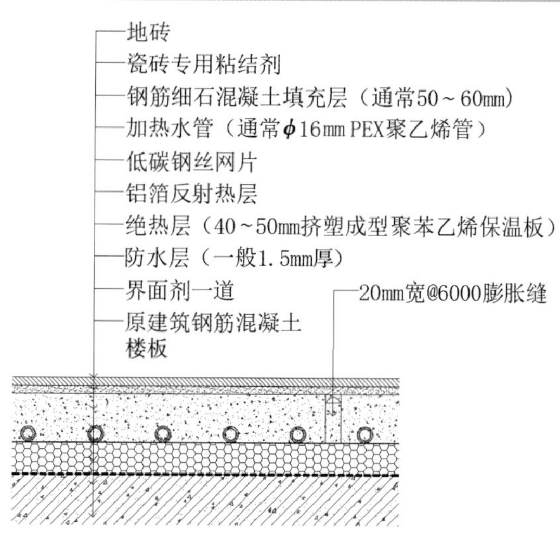

图 4-3-10　地砖地暖（地面）

10. 马赛克（地面）

从上到下主要结构面或结构工艺依次如下：

(1) 马赛克，5 mm 厚 DTG 砂浆粘结层；

(2) 10 mm 厚 1∶3 水泥砂浆保护层；

(3) 钢筋细石混凝土填充层（通常 50～60 mm）；

(4) 1.5 mm 厚 JS 或聚氨酯涂膜防水层；

(5) C20 细石混凝土垫层,厚度见设计要求;

(6)界面剂一道;

(7)原建筑钢筋混凝土楼板(图 4-3-11)。

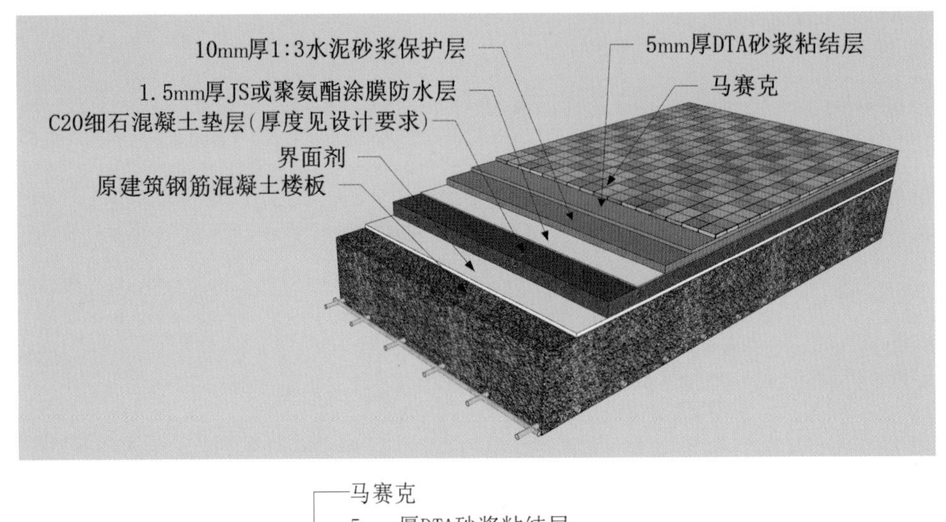

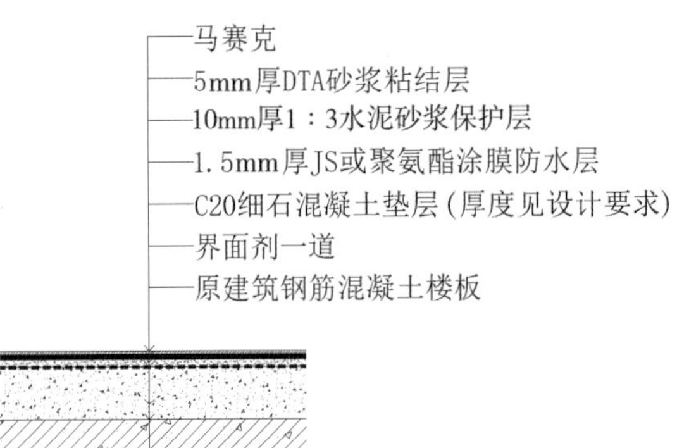

图 4-3-11　马赛克(地面)

11. 地砖地沟做法(厨房地面排水沟)(地面)

(1)最低处增加暗藏地漏和暗沟,防止第二层防水渗满;

(2) ϕ50 mm 水管,用丝扣固定;

(3)其余工艺要点如图 4-13-12 所示。

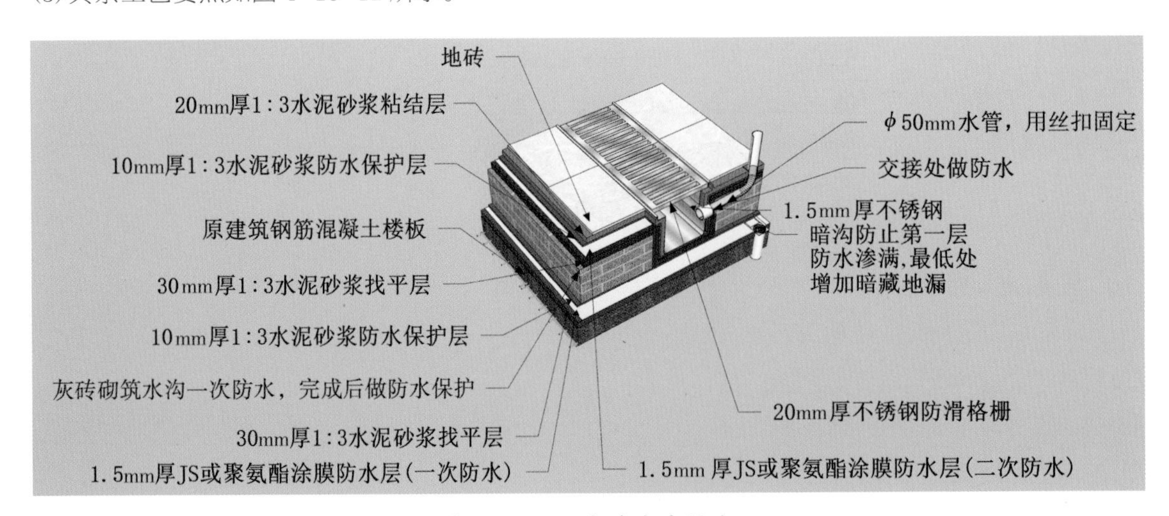

图 4-3-12　地砖地沟做法

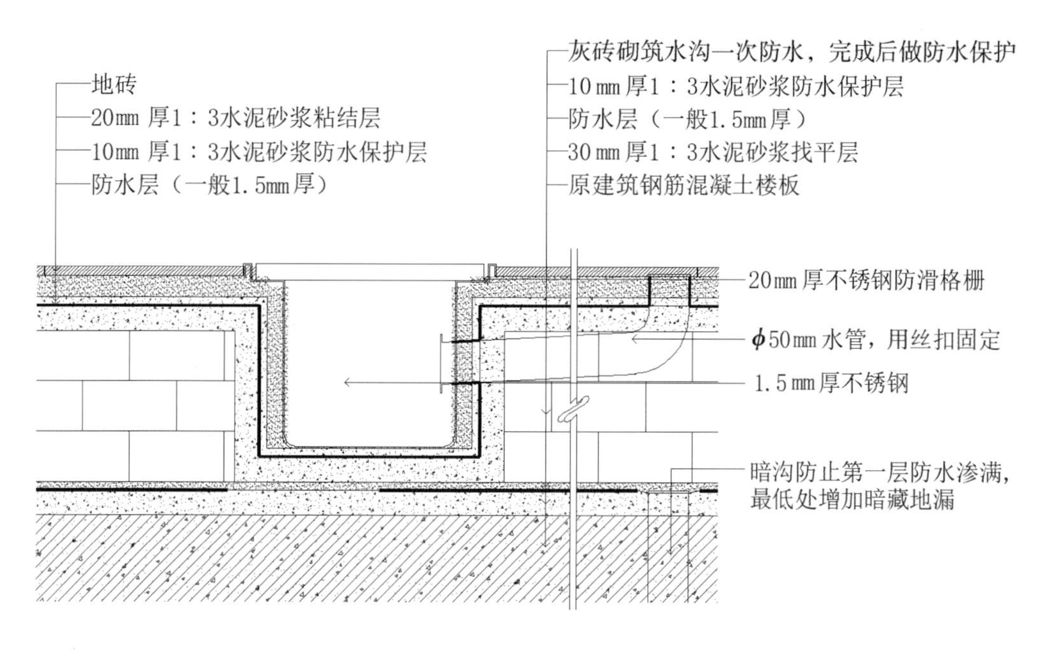

续图 4-3-12

12. 地砖与木地板相接(地面)

(1)基于原建筑钢筋混凝土楼板做 30 mm 厚 1：3 水泥砂浆找平层，做 20 mm 厚 1：3 水泥砂浆结合层；

(2)铺地砖(8～12 mm 厚，干水泥擦缝或用专用勾缝剂勾缝)；

(3)安装 T 形不锈钢嵌条；

(4)做 1：3 水泥砂浆找平层(厚度依现场情况确定)；

(5)铺地板专用消音垫，安装企口型复合木地板(图 4-3-13)。

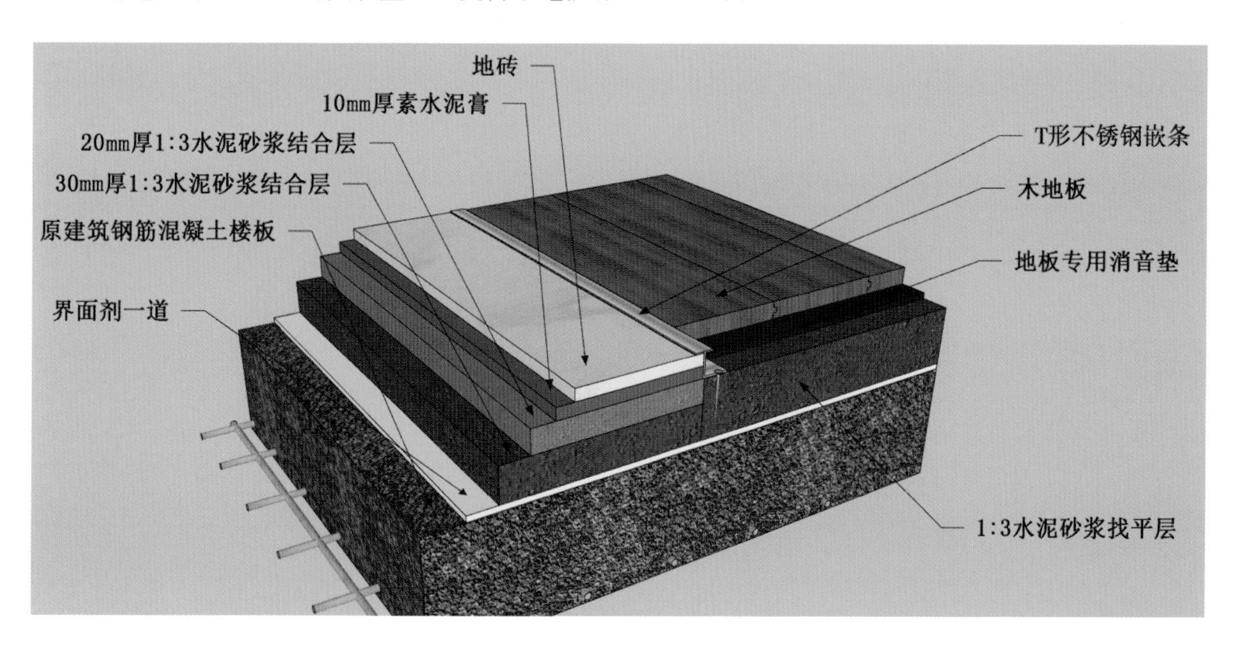

图 4-3-13　地砖与木地板相接(地面)

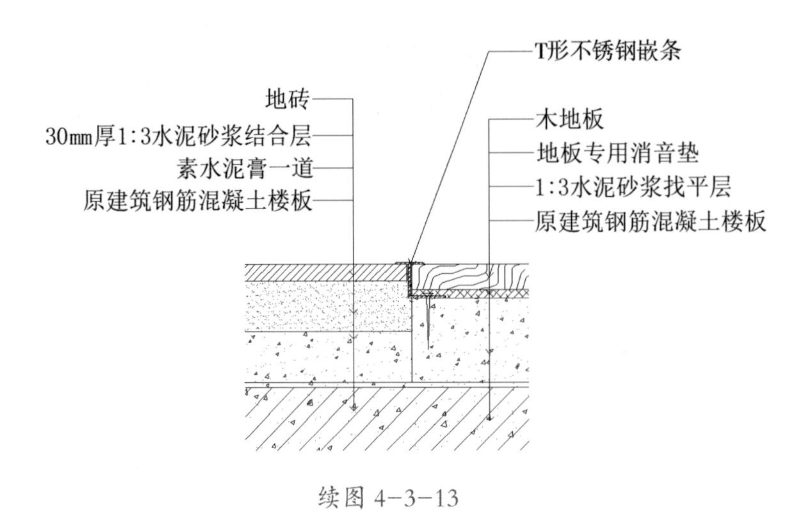
T形不锈钢嵌条
地砖
30mm厚1:3水泥砂浆结合层
素水泥膏一道
原建筑钢筋混凝土楼板
木地板
地板专用消音垫
1:3水泥砂浆找平层
原建筑钢筋混凝土楼板

续图 4-3-13

第五章 玻璃类

5.1 玻璃的特点及加工

玻璃是一种熔融时形成连续网络结构,冷却过程中黏度逐渐增大并硬化但不结晶的硅酸盐类非金属材料。玻璃的主要成分是二氧化硅,广泛应用于室内外建筑装饰中,具有隔风、透光等功能。

在装饰装修迅速发展的今天,玻璃由过去主要用于采光的单一功能向着装饰、隔热、保温等多功能方向发展,已经成为一种重要的装饰材料。

5.1.1 玻璃的特点

玻璃在室内装饰装修中得到广泛使用,且随着各种需求的增加和制作工艺的改进,如今的玻璃向着多品种、多功能方向发展。玻璃功能从单纯的采光、装饰逐渐发展到可控制光线、调节热量、控制噪声、降低建筑自重、节约能源、改善建筑环境等方面。新型玻璃为室内装饰装修工程提供了更多的可能性。

5.1.2 玻璃的加工

成型后的玻璃制品,除了极少数能符合使用要求外(如瓶罐等),大多数须做进一步的加工(如图 5-1-1 所示)。玻璃制品的二次加工可分为冷加工、热加工和表面处理三大类。

(1)玻璃制品的冷加工:是指在常温下通过机械方法来改变玻璃制品外形和表面状态的工艺过程。冷加工的基本方法包括研磨、抛光、切割、喷砂、钻孔和车刻等。

(2)玻璃的热加工:常见的热加工方法有火焰切割、火抛光、烧口等。

(3)玻璃的表面处理:常见的表面处理有研磨、抛光、喷砂、雕花、蚀刻、彩饰等(如图 5-1-2 所示)。

图 5-1-1 玻璃的加工车间

图 5-1-2 玻璃的加工工艺

5.2 玻璃的分类

5.2.1 普通玻璃

1. 普通平板玻璃

普通平板玻璃(如图 5-2-1 所示)是指用引上法、平拉法、压延法和浮法等工艺生产的板状玻璃。普通平板玻璃具有良好的透光透视性能,透光率达到 85% 左右,对紫外线的透光率较低,具有一定的机械强度,质性较脆。平板玻璃是建筑玻璃中生产量最大、使用最多的一种,主要用于门窗,起采光、围护、保温、隔声等作用,可二次深加工制成钢化玻璃、夹丝玻璃、夹层玻璃、中空玻璃和特种玻璃,用作高级建筑、火车、汽车、船舶的门窗挡风采光玻璃以及电气设备的屏幕等。普通平板玻璃的常见品种有引拉法玻璃和浮法玻璃。

(1) 引拉法玻璃:是将玻璃液通过特定设备制成玻璃带,并向上或水平牵引,经退火、冷却等工艺生产出的一种平板玻璃。引拉法玻璃按厚度不同分为 2 mm、3 mm、4 mm、5 mm、6 mm 五类。一般引拉法玻璃的长宽比不应大于 2.5,其中 2 mm、3 mm 厚玻璃的尺寸不得小于 400 mm × 300 mm,4 mm、5 mm、6 mm 厚玻璃的尺寸不得小于 600 mm × 400 mm。

(2) 浮法玻璃(如图 5-2-2 所示):是将玻璃液漂浮在金属液面上,控制成不同厚度的玻璃带,经退火、冷却而制成的一种平板玻璃。浮法玻璃表面光滑,厚度均匀,且成形方法简易、质量好,易于实现自动化生产,是目前生产量较大、应用面较广的一种玻璃。浮法玻璃按厚度不同分为 3 mm、4 mm、5 mm、6 mm、8 mm、10 mm、12 mm。按国家标准规定,浮法玻璃尺寸规格一般不小于 1000 mm × 1200 mm,不大于 2500 mm × 3000 mm。

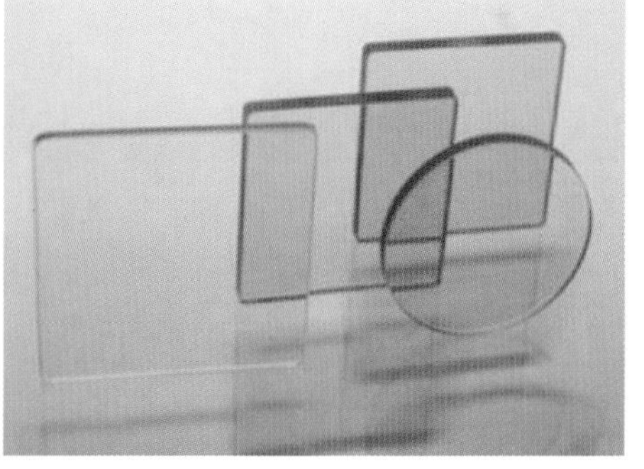

图 5-2-1 普通平板玻璃

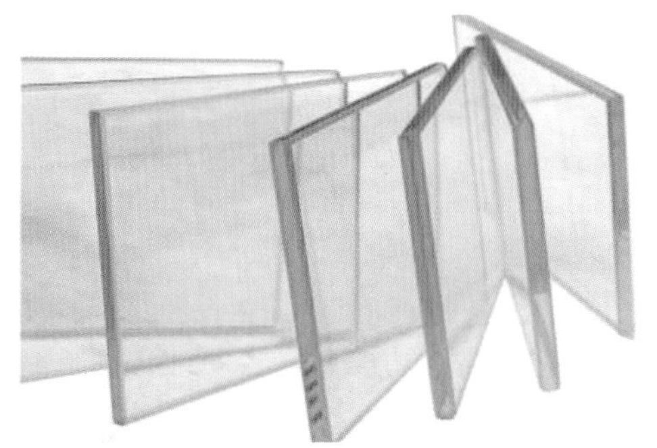

图 5-2-2 浮法玻璃

2. 装饰平板玻璃

装饰平板玻璃的表面具有一定色彩、图案和质感，与其他类型玻璃相比更具有装饰效果。

(1) 磨砂玻璃(如图 5-2-3 所示)。

磨砂玻璃又称毛玻璃，是以手工研磨、机械喷砂或氢氟酸腐蚀的方法，将普通平板玻璃的表面处理成不同程度的粗糙面而制成的。由于表面粗糙，当光照射到毛玻璃上时会产生漫反射，因此毛玻璃具有透光而不透视的效果。毛玻璃可用于有遮挡视线要求的部位，如卫生间、浴室和办公室的门窗上，也可作为黑板或室内灯箱的面层板。毛玻璃在安装时应将毛面朝向室内。

图 5-2-3　磨砂玻璃

(2) 彩色玻璃(如图 5-2-4 所示)。

彩色玻璃又称有色玻璃，具有丰富的色彩。在室内应用彩色玻璃，不仅玻璃本身具有装饰性，而且能改变光线的色彩。由于制作工艺的不同，彩色玻璃可呈现出不同的透明效果，包括透明、半透明和不透明三种。彩色玻璃有各种颜色，不仅可以单色使用，还可以拼成一定的图案花纹，以取得某种艺术效果。彩色玻璃主要用于建筑物的门窗、内外墙面和对光线有色彩要求的部位，如教堂的门窗和采光屋顶、幼儿园的活动室内门窗等处。

图 5-2-4　彩色玻璃

(3) 花纹玻璃。

花纹玻璃是在玻璃表面用各种不同的制作方法而形成的具有花纹图案的玻璃，可以产生特殊的装饰效果。花纹玻璃的品种主要有压花玻璃、雕花玻璃、印刷玻璃、冰花玻璃和激光玻璃等。

①压花玻璃(如图 5-2-5 所示)是将熔融的玻璃液在冷却过程中用带花纹图案的辊轴压延而成的。压花玻璃可制成单面压花和双面压花两种。由于压花玻璃具有透光不透视的特点，因此它能够起到一定的遮挡视线的作用。

②雕花玻璃(如图 5-2-6 所示)是采用机械加工或经化学制剂腐蚀，使普通平板玻璃的表面呈现出各种花形图案的一种装饰性玻璃。雕花玻璃图案丰富、立体感强，有很强的装饰效果，可用在商业、娱乐、休闲场所的隔断及吊顶等部位。花形图案也可根据设计要求制定。雕花玻璃的常见厚度规格有 5 mm、6 mm、

8 mm、10 mm。

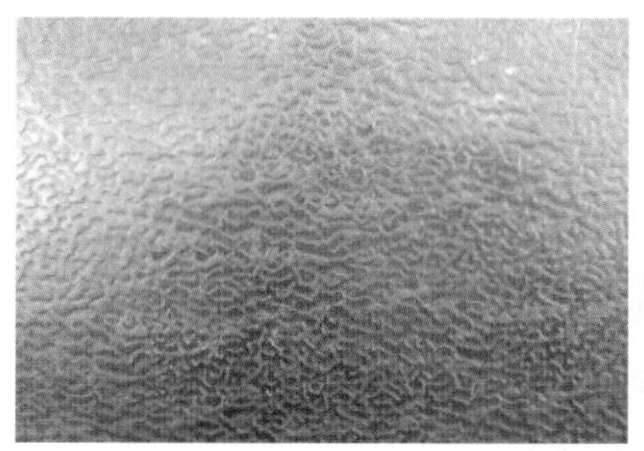

图 5-2-5　压花玻璃

图 5-2-6　雕花玻璃

③印刷玻璃(如图 5-2-7 所示)是利用印刷技术将特殊的材料印制在普通平板玻璃上的一种装饰玻璃。其特点是印刷处不透光,而镂空处透光,有特殊的装饰效果。

图 5-2-7　印刷玻璃

④冰花玻璃(如图 5-2-8 所示)的表面具有天然冰花纹理。其花纹自然,装饰感强,且有透光不透视的特点。冰花玻璃多用于宾馆、酒店、茶楼、餐厅和家庭居室等场所的门窗及隔断处。

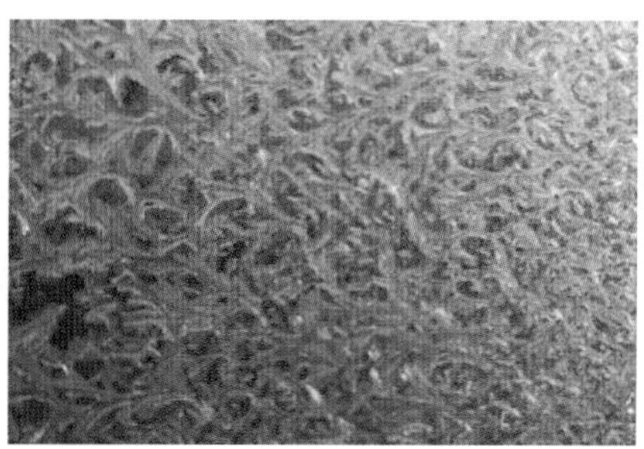

图 5-2-8　冰花玻璃

⑤激光玻璃(如图 5-2-9 所示)以平板玻璃为基材,采用高稳定性的材料,将玻璃表面经特殊工艺处理形成光栅。激光玻璃可分为两大类,一类以普通平板玻璃为基材制成,主要用于墙面、窗户和顶棚等部位的装饰;另一类以钢化玻璃为基材制成,主要用于地面装饰,此外还有专门用于柱面装饰的曲面激光玻璃。其特点在于,它经任何光源照射,都将因衍射作用而产生色彩的变化。对于同一受光点或受光面而言,随着入射光角度及人的视角的不同,所产生的光的色彩及图案也不同。激光玻璃经照射所产生的艳丽色彩和图案可因光线的变化而变化,适用于休闲场所,如商场的装饰部位。

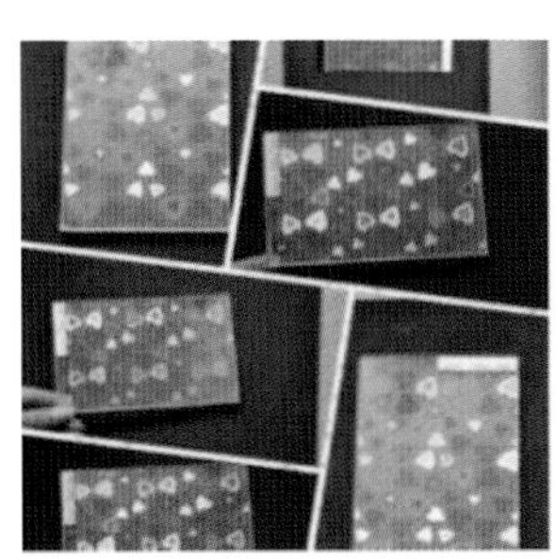

图 5-2-9 激光玻璃

(4)镜面玻璃(如图 5-2-10 所示):又称磨光玻璃,是用平板玻璃经过抛光后制成的玻璃,分单面磨光和双面磨光两种,表面平整光滑且有光泽。透光率大于 84%,厚度为 4~6 mm。从玻璃的一面能够看到对面的景物,而从玻璃的另一面则看不到景物,可以说在这一面是不透明的。汽车的贴膜玻璃、墨镜等基本都是镜面玻璃。原理是在普通玻璃上面加层膜,或者上色,或者在热塑成形时加入一些金属粉末等,使光既能透过去还能使里面反射物的反射光出不去。

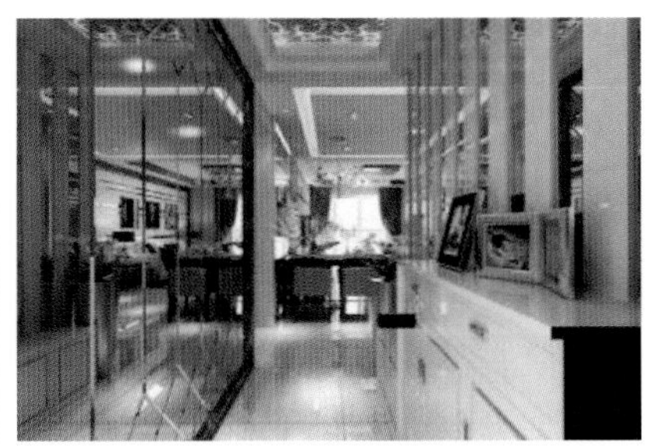

图 5-2-10 镜面玻璃

(5)玻璃砖(如图 5-2-11 所示):又称特厚玻璃,分为实心砖和空心砖两种。有较好的保温隔热、隔音、防水、耐磨等性能,能控光、防结露和减少灰尘透过,具有抗压强度高、不燃烧和透光不透视的特点。表面花纹图案丰富,有橘皮纹、平行纹、斜条纹、花格纹、水波纹、流星纹、菱形纹和钻石纹等。玻璃砖多用于商场、宾馆、舞厅、住宅、展厅、办公楼等场所的外墙、内墙、隔断、采光天棚、地面和门面。当玻璃空心砖的砌筑高度较高时,可用彩钢板或木材等材料制作框架,以直径较细的钢筋作为骨架材料,以白水泥作为粘结材料进行砌筑,这样可保证墙体的整体稳定性;当玻璃空心砖高度较低时,可用专用的塑料连接构件和玻璃胶进行砌筑。

(6)玻璃马赛克(如图 5-2-12 所示):又称玻璃锦砖,质地坚硬、性能稳定、表面不易受污染,雨天能自涤、耐久性好,耐冲击性差。玻璃马赛克有透明、半透明和不透明三种,还有金色、银色等丰富颜色,表面有斑点或条纹状质感。

图 5-2-11　玻璃砖

图 5-2-12　玻璃马赛克

(7)彩绘玻璃(如图 5-2-13 所示):主要有两种,一种是用现代数码科技经过工业胶粘贴合成的,另一种是采用纯手绘的传统手法制作的。它可以在有色玻璃上绘画,也可以在无色玻璃上绘画。把玻璃当作画布,运用特殊颜料绘制,再经过低温烧制即可制成彩绘玻璃。彩绘玻璃可定制,尺寸、色彩、图案可随意搭配,安全而彰显个性,不易雷同同时又制作迅速。其优点是操作简单,价格便宜;缺点是容易掉色,时间保持不长久。

图 5-2-13　彩绘玻璃

(8)热熔玻璃(如图 5-2-14 所示):又称水晶立体艺术玻璃,是装饰行业中的新元素。热熔玻璃源于西方国家,近几年进入我国市场。热熔玻璃以其独特的装饰效果成为设计单位、玻璃加工业主、装饰装潢业主关注的焦点。热熔玻璃跨越现有的玻璃形态,充分发挥了设计者和加工者的艺术构思,把现代或古典的艺术形态融入玻璃之中,使平板玻璃加工出各种凹凸有致、彩色各异的艺术效果。热熔玻璃产品种类较多,已经有热熔玻璃砖、门窗用热熔玻璃、大型墙体嵌入玻璃、隔断玻璃、一体式卫浴玻璃洗脸盆、成品镜边框、玻璃艺术品等,应用范围因其独特的材质和艺术效果而十分广泛。热熔玻璃优点显著,图案丰富、立体感强、装饰华丽、光彩夺目,解决了普通装饰玻璃立面单调呆板的问题,使玻璃面具有很生动的造型,满足了人们对装饰风格多样和美感的追求。

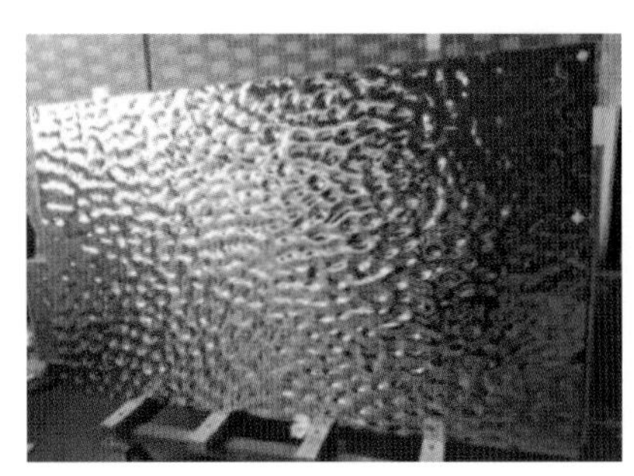

图 5-2-14　热熔玻璃

5.2.2　安全玻璃

1. 钢化玻璃

钢化玻璃(如图 5-2-15 所示)属于安全玻璃。钢化玻璃其实是一种预应力玻璃,为提高玻璃的强度,通常使用化学或物理的方法,在玻璃表面形成压应力,玻璃承受外力时首先抵消表层应力,从而提高了承载能力,增强玻璃自身抗风压性和抗冲击性等。钢化玻璃的最大宽度为 2.0 ~ 2.5 m,最大长度为 4.0 ~ 6.0 m,厚度在 2 ~ 19 mm 之间。透光性与普通玻璃无异,抗拉强度是普通平板玻璃的 3 倍,抗冲击强度是普通平板玻璃的 5 倍以上,不易碎裂。

图 5-2-15　钢化玻璃

2. 夹丝玻璃

夹丝玻璃(如图 5-2-16 所示)又称防碎玻璃,是将预热处理好的金属丝或金属网压入加热到软化状态的玻璃中。常用厚度有 6 mm、7 mm、10 mm,尺寸规格(长 × 宽)有 1000 mm × 800 mm、1200 mm × 900 mm、2000 mm × 900 mm、1200 mm × 1000 mm、2000 mm × 1000 mm 等。夹丝玻璃可用于建筑物的防火门窗、天窗、采光屋面、阳台等。

图 5-2-16　夹丝玻璃

3. 夹层玻璃

夹层玻璃(如图 5-2-17 所示)指用柔软透明的有机胶合层将两片或两片以上的玻璃黏合在一起的玻璃制品。夹层玻璃的品种较多,按玻璃的层数分有普通夹层玻璃(双层夹片)和多层夹片玻璃;按玻璃原片的品种和功能不同可分为彩色夹层玻璃、钢化夹层玻璃、热反射夹层玻璃、屏蔽夹层玻璃(胶合层中带屏蔽金属网)和防火夹层玻璃等。夹层玻璃通过使用不同玻璃原片或者胶合层,起隔音、防紫外线、防震、防台风和防弹等不同作用(防弹玻璃总厚度在 20 mm 以上,有时可达到 50 mm 以上)。夹层玻璃常用规格有 2 mm+3 mm、3 mm+3 mm、5 mm+5 mm 等,层数有 2、3、5、7 等层,最多可达 9 层。厚度一般在 6 ~ 10 mm,尺寸规格(长 × 宽)为 1000 mm × 800 mm、1800 mm × 850 mm。

图 5-2-17 夹层玻璃

5.2.3 特种玻璃

1. 吸热玻璃

吸热玻璃(如图 5-2-18 所示)是能吸收大量红外线辐射能,并保持较高可见光透过率的平板玻璃,多用于建筑门窗、玻璃幕墙、博物馆、纪念馆等。吸热玻璃有灰色、茶色、蓝色、绿色、古铜色、青铜色、粉红色和金黄色等多种颜色,厚度有 2 mm、3 mm、4 mm、6 mm 四种。吸热玻璃可加工制成磨光、钢化、夹层或中空玻璃,具有一定透明度,能清晰观察室外景物。

图 5-2-18 吸热玻璃

2. 热反射玻璃

热反射玻璃(即单面透视玻璃)也称镀膜玻璃,有较高反射能力,良好的透光性,通常在玻璃表面镀 1 ~ 3 层膜形成,即在玻璃表面涂敷一层金属、合金和金属氧化物使玻璃呈现出不同色彩,颜色有灰色、青铜色、茶色、金色、浅蓝色、棕色和褐色等。热反射玻璃根据不同性能结构分为热反射玻璃、减反射玻璃、中空热反射玻璃、夹层热反射玻璃等,常用厚度为 6 mm,规格尺寸有 1600 mm × 2100 mm、1800 mm × 2000 mm 和 2100 mm × 3600 mm 等。热反射玻璃适合于炎热地区的门窗、玻璃幕墙以及需要私密隔离的建筑装饰部位,如中央电视台新大楼玻璃幕墙(如图 5-2-19 所示)。

图 5-2-19　热反射玻璃

3. 低辐射镀膜玻璃

低辐射镀膜玻璃(如图 5-2-20)是镀膜玻璃的一种,又称 LOW-E 玻璃,在浮法玻璃基片上镀一层或多层金属或金属氧化物、金属氮化物薄膜,从而达到控制光线、调节热量、节约能源、改善环境等多种功能,在夏季能够隔热、冬季能够保温,同时具有良好的透光率、安全性、隔音性和舒适性,还具有防雾、单面透视功能。这种玻璃有无色透明、海洋蓝、浅蓝、翡翠绿、金色等几十种颜色。

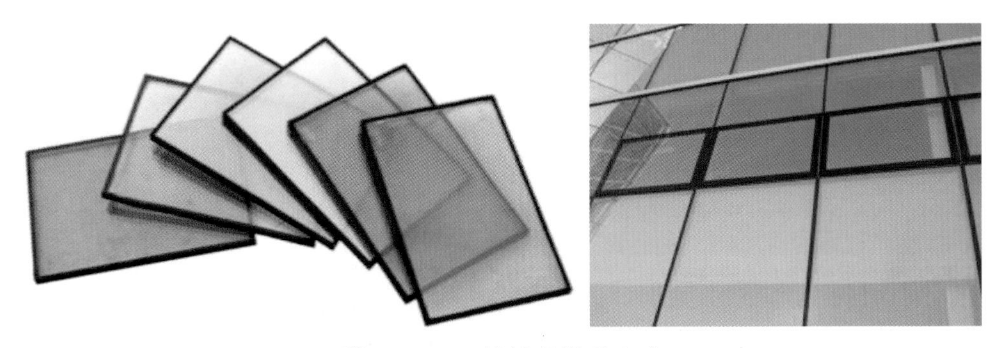

图 5-2-20　低辐射镀膜玻璃

4. 中空玻璃

中空玻璃(如图 5-2-21)有双层中空玻璃及多层中空玻璃,具有保温隔热、隔音、防霜露等性能。主要用于需要采暖、防止噪声和防止结霜露的建筑物上,如北方住宅、宾馆、商场、医院、办公楼、车船门窗、玻璃幕墙等。中空玻璃一般不能切割,需要向厂家定制。

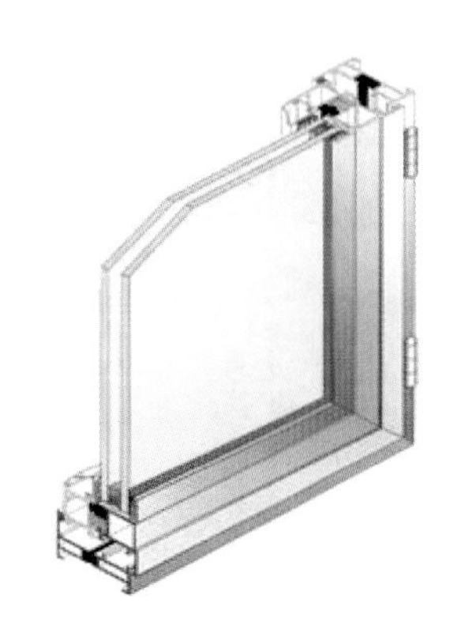
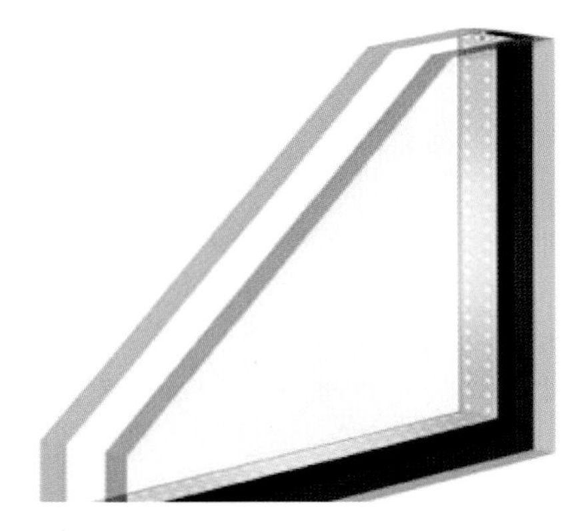

图 5-2-21　中空玻璃

5. 变色玻璃

变色玻璃(如图 5-2-22 所示)即随外部条件改变自身颜色的玻璃。变色玻璃能够自动控制进入室内的太阳辐射能，从而降低能耗，改善室内的自然采光条件，具有防窥视、防眩目的作用，多用于高档建筑的门窗和隔断。

图 5-2-22　变色玻璃

6. 泡沫玻璃

泡沫玻璃（如图 5-2-23 所示）是由玻璃碎片和发泡剂按比例配比而制成的，具有防水、防火、无毒、耐腐蚀、防蛀、无放射性、绝缘、防电磁波、防静电、机械强度高、施工方便（可锯、钉、钻）的特点，可作为吸音材料使用。泡沫玻璃适用于烟道、窑炉、冷库，以及图书馆、地铁、影剧院等各种需要隔音隔热的场所。

图 5-2-23　泡沫玻璃

7. 自发光玻璃

自发光玻璃（如图 5-2-24 所示）即中间夹自发光物体的夹胶玻璃、清玻璃。自发光玻璃厚度为 8.5 mm（3 mm+3 mm）至 40.5 mm（19 mm+19 mm），最大尺寸为 1600 mm × 2500 mm，广泛应用于各种设计领域，如商业或家具室内外装潢、家具设计、灯光照明设计、室外景观设计、室内淋浴间、诊所、门牌号、紧急指示标志设计、会议室隔断、室外幕墙玻璃、商店橱窗、专柜设计、奢侈品柜台设计、天窗设计、3C 产品玻璃面板设计、室内外广告牌设计等广阔领域，同时可用于黑暗室内或公共环境中起疏散引导作用。

图 5-2-24　自发光玻璃

8. 隔音玻璃

隔音玻璃(如图 5-2-25 所示)是一种可对声音起一定屏蔽作用的玻璃产品,通常是双层或多层复合结构的夹层玻璃,夹层玻璃中间的隔音阻尼胶(膜)对声音传播的弱化和衰减起到关键作用,具有隔音功能。

图 5-2-25　隔音玻璃

9. 槽形玻璃

槽形玻璃(如图 5-2-26 所示)是形状较为特殊的玻璃,纵向呈条形,横截面为槽形。槽形玻璃透光性能、隔音效果好,机械强度高,施工工艺简单,经济实用。槽形玻璃分有色和无色两种,多用于办公楼、教学楼、博物馆、体育馆、厂房、车站码头、住宅和温室等建筑的围护结构以及楼梯间、天窗、阳台及隔断等部位的装饰。

图 5-2-26　槽形玻璃

5.2.4　特殊玻璃

1. 防火玻璃

防火玻璃(如图 5-2-27 所示)是经过特殊工艺加工和制造的玻璃,在耐火试验中不仅能够有效控制火势的蔓延,还能起到一定的隔烟效果,同时能保持玻璃的完整性,避免因高温爆裂对人造成次生伤害,并具有隔热效应。防火玻璃的原片多采用浮法平面玻璃、钢化玻璃等。按结构形式可分为防火夹层玻璃、薄涂型防火玻璃、单片防火玻璃和防火夹丝玻璃。其中防火夹层玻璃按生产工艺特点又可分为复合防火玻璃和灌注防火玻璃。按耐火极限可分 5 个等级:0.5h、1.0h、1.5h、2.0h、3.0h。按耐火性能可分为隔热型防火玻璃(A 类)、非隔热型防火玻璃(C 类)和部分隔热型防火玻璃(B 类)。防火玻璃主要用于防火门窗、防火隔断等装饰部分。

2. 防爆玻璃

防爆玻璃(如图 5-2-28 所示)是一种能够防止暴力冲击的玻璃,它是利用特殊的添加剂和中间的夹层由机器加工做成的特种玻璃。防爆玻璃以透明色为主,也可以依据用户实际需求采用有色玻璃制作生产,可以形成法国绿、伏特蓝、灰茶色、欧洲灰、金茶色等颜色。防爆玻璃所采用的胶片厚度有 0.76 mm、1.14 mm、1.52 mm 等,胶片厚度越厚,玻璃的防爆效果越好。防爆玻璃具有安全性高、功效更多、节能更强等特点,适用于工业厂房、幼儿园、学校、体育馆、私人住宅、别墅、银行、珠宝店、证券公司、保险公司、邮局、博物馆、监狱等场所。

图 5-2-27　防火玻璃

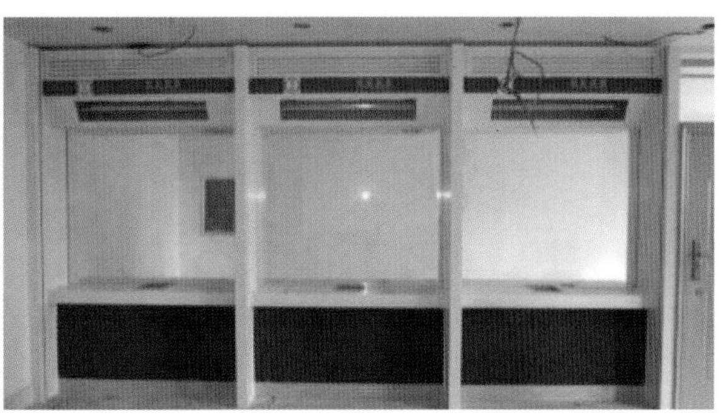

图 5-2-28　防爆玻璃

5.3　玻璃的装修构造

5.3.1　玻璃构造

1. 钢化玻璃隔断

(1) 玻璃隔断下部固定方法：将 50 ~ 100 mm 长的 4# 角钢短料焊接在 5# 槽钢的两侧，然后用 M10 金属膨胀螺栓与地面固定。

(2) 玻璃隔断上部固定方法：5# 槽钢和 4# 角钢组合成钢架单片（间隔 900　mm），与顶面楼板用 M10 金属膨胀螺栓固定。

(3) 安装玻璃：在上下的 5# 槽钢内安装 12 mm 厚钢化玻璃，玻璃下面需加牛筋垫块，最后用泡沫条和玻璃胶将间隙密封。

2. 成品玻璃隔断

在许多办公空间，用成品的玻璃隔断非常方便，既容易安装，又容易拆卸，可以充分满足现代化办公环境的需求。玻璃隔断产品是现代工业技术与传统手工技艺相结合的典范，优质的隔断材料造就的隔断墙产品，能够同时满足建筑物理学在防火、隔音、稳定性、环保等方面的所有要求，广泛用于办公空间、商业空间、工业建筑等。

5.3.2 玻璃构造图例

1. 夹膜玻璃与石膏板相接(顶棚)

(1)用 ϕ8 mm 吊筋和配件固定 50 型或 60 型主龙骨,中距 900 mm;

(2)依次固定 50 型次龙骨,中距 400 mm;

(3)根据实际情况焊吊玻璃的钢架,用吊筋配合相关配件吊住玻璃,注意需加胶垫,需计算荷载后确定方案;

(4)依次封平石膏板,与玻璃交接处对玻璃进行软处理,如图 5-3-1 所示。

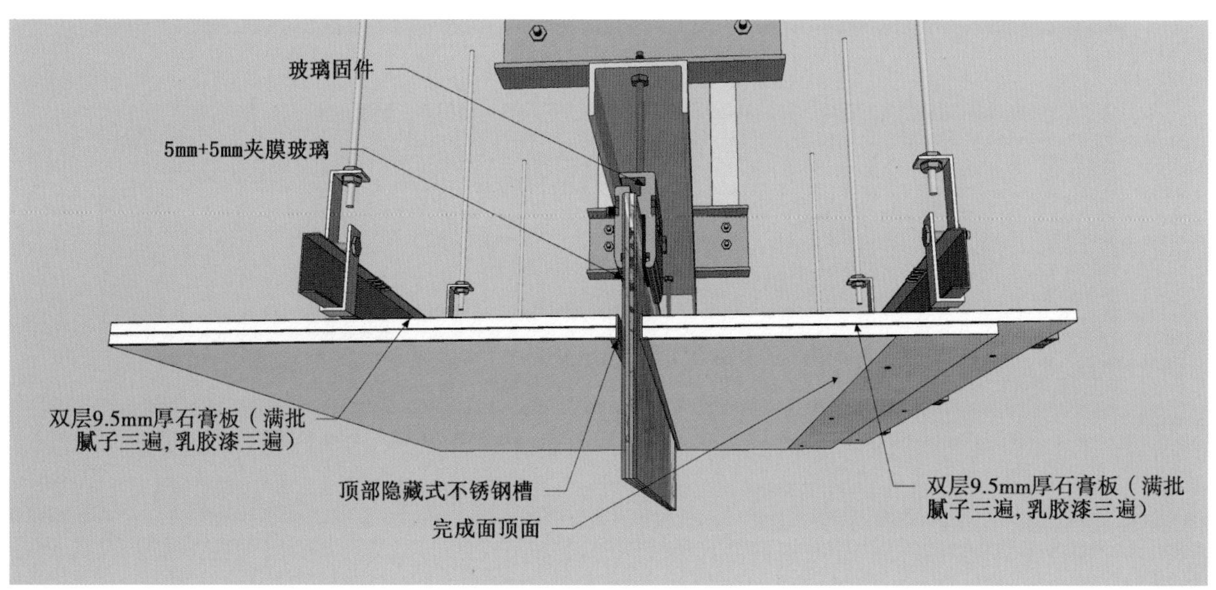

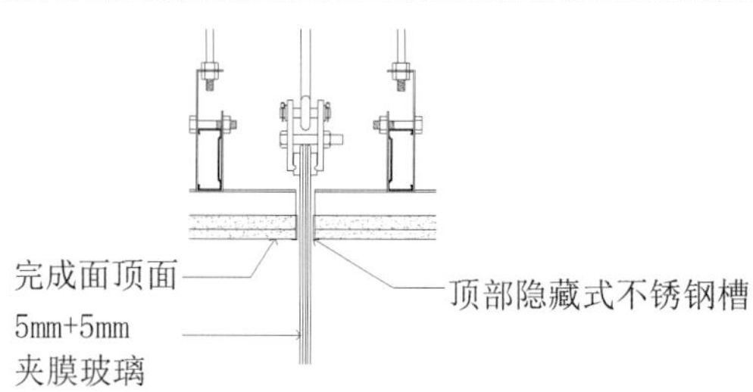

图 5-3-1 夹膜玻璃与石膏板相接(顶棚)

2. 玻璃与石膏板相接(顶棚)

(1)龙骨吸顶吊件用膨胀螺栓与钢筋混凝土板或钢架转换层固定;

(2)用 ϕ8 mm 吊筋和配件固定 50 型或 60 型主龙骨,中距 900 mm;

(3)依次固定 50 型次龙骨;

(4)根据实际情况焊吊玻璃的钢架,用吊筋配合相关配件吊住玻璃,注意需加胶垫,需计算荷载后确定方案;

(5)依次封平石膏板,与玻璃交接处对玻璃进行软处理,如图 5-3-2 所示。

3. 钢化玻璃隔断与铝板相接(顶棚)

(1)在顶棚和地面弹出玻璃隔断的位置线;

(2)安装固定下部的锚固件;

(3)完成隔断上部的安装；

(4)中间填充橡皮垫或填充剂；

(5)最后用密封胶密封(图 5-3-3)。

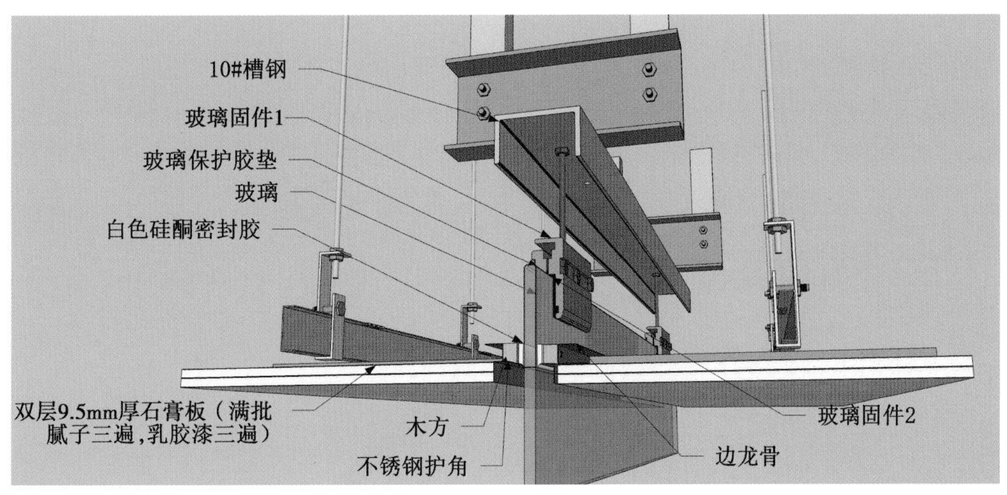

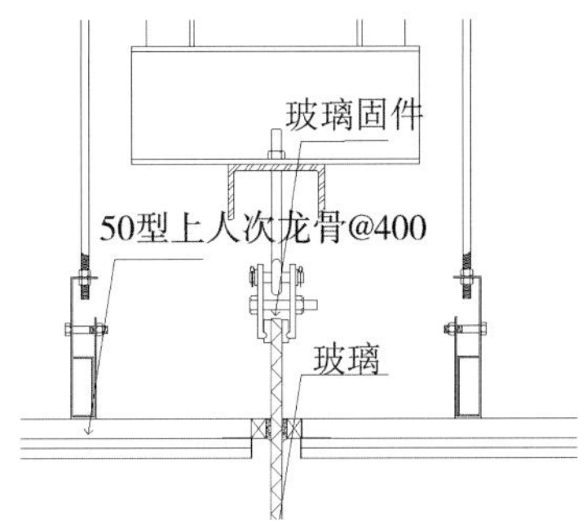

图 5-3-2 玻璃与石膏板相接(顶棚)

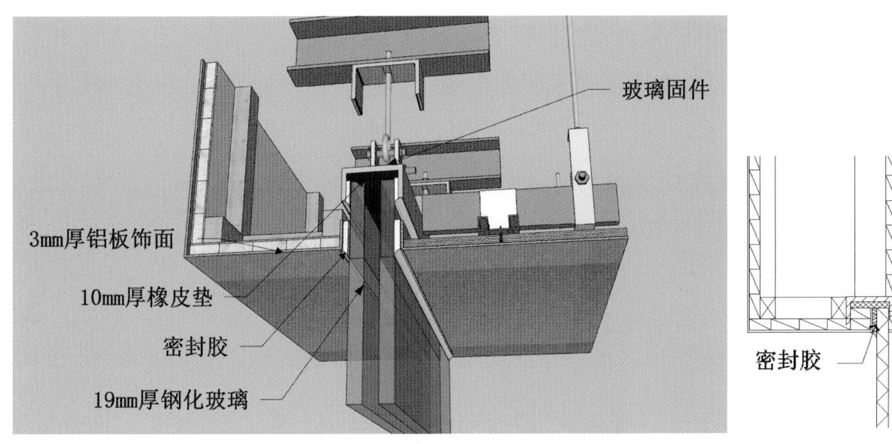

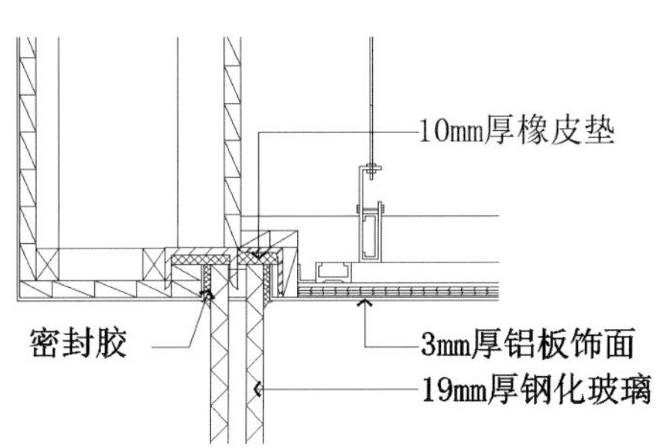

图 5-3-3 钢化玻璃隔断与铝板相接(顶棚)

4. 透光玻璃与石膏板相接(顶棚)

(1)制作轻钢主、次龙骨基层；

(2)5# 镀锌角钢用膨胀螺栓与钢筋混凝土板固定；

(3)灯箱处用镀锌方管焊接基层；

(4)18 mm 厚细木工板(刷防火涂料三遍)用自攻螺钉固定于方管上；

(5) 9.5 mm 或 12 mm 厚纸面石膏板，用自攻螺钉与龙骨固定；
(6) 制作木基层（刷防火涂料三遍）；
(7) 满刷氯偏乳液或乳化光油防潮涂料 2 道；
(8) 石膏板边缘处用 U 形不锈钢收边；
(9) 透光玻璃放置在不锈钢上方，无须打胶处理，以方便检修（图 5-3-4）。

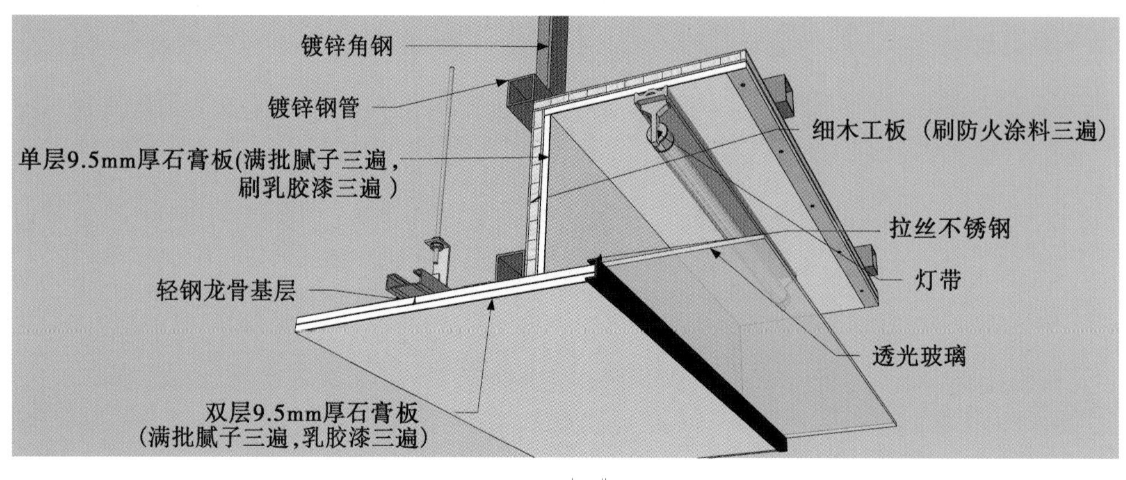

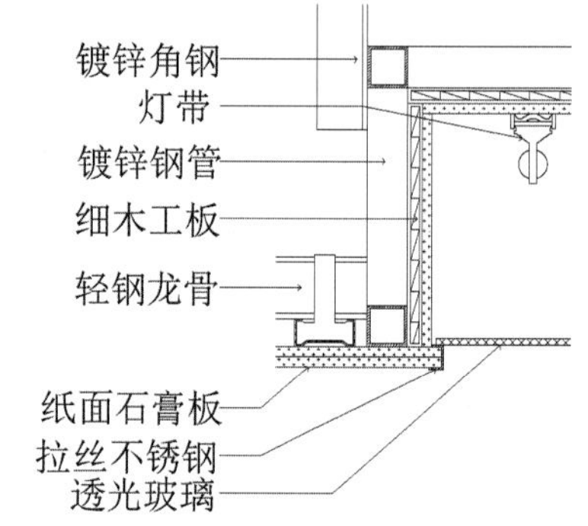

图 5-3-4　透光玻璃与石膏板相接（顶棚）

5. 玻璃幕墙与窗帘盒相接（顶棚）

(1) 龙骨吊件与钢架转换层焊接固定，连接处满焊，刷防锈漆三遍；
(2) 50 型主龙骨间距 900 mm，50 型次龙骨间距 300 mm，次龙骨横撑间距 600 mm；
(3) 18 mm 厚细木工板刷防火涂料三遍，与吸顶吊件采用 35 mm 长的自攻螺钉固定；
(4) 9.5 mm 厚纸面石膏板，用自攻螺钉与龙骨固定；
(5) 满批耐水腻子三遍；
(6) 乳胶漆涂料饰面；
(7) 安装幕墙型材，如图 5-3-5 所示。

6. 双层烤漆玻璃隔断与石膏板相接（顶棚）

(1) 在顶棚和地面弹出玻璃隔断的位置线；
(2) 安装固定下部的锚固件；
(3) 完成隔断上部的安装；
(4) 中间填充橡皮垫或填充剂；

(5)最后用密封胶密封,如图 5-3-6 所示。

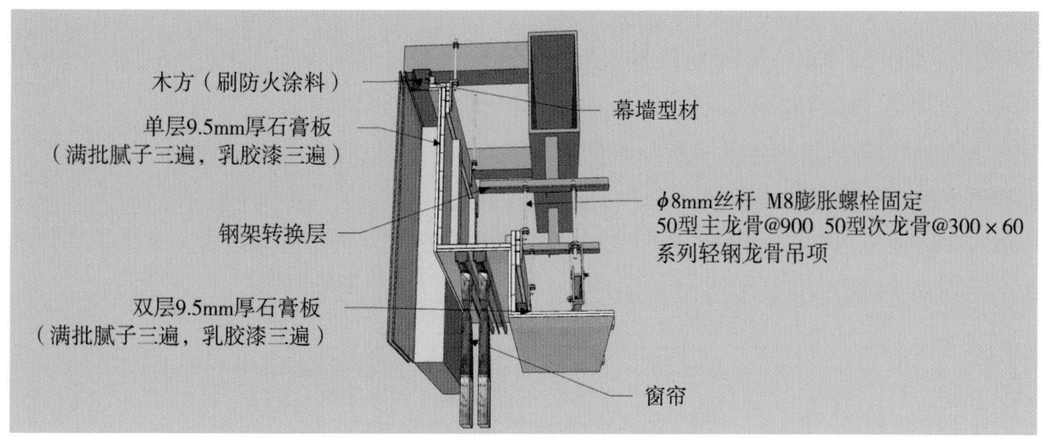

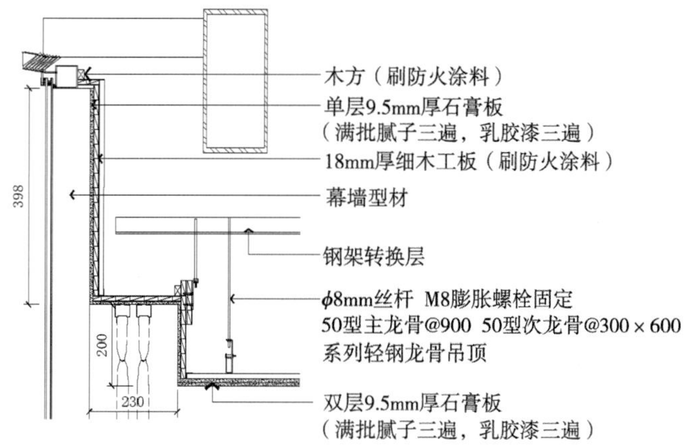

图 5-3-5 玻璃幕墙与窗帘盒相接(顶棚)

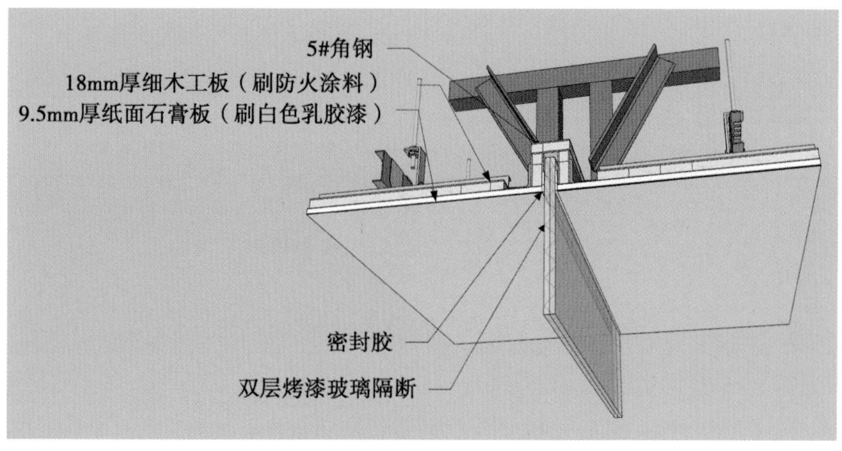

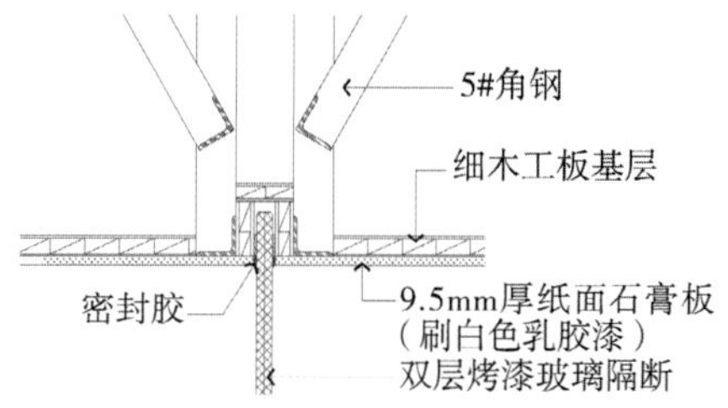

图 5-3-6 双层烤漆玻璃隔断与石膏板相接(顶棚)

7. 茶镜与木饰面板相接(顶棚)

(1) 龙骨吸顶吊件用膨胀螺栓与钢筋混凝土板固定;

(2) 50 型主龙骨间距 900 mm,50 型次龙骨间距 300 mm,次龙骨横撑间距 600 mm,木饰面与茶镜基层(9 mm 厚多层板)用自攻螺钉与龙骨固定,9 mm 厚多层板刷防火涂料三遍;

(3) 18 mm 细木工板刷防火涂料三遍,与吸顶吊件采用 35 mm 长的自攻螺钉固定;

(4) 成品木饰面采用挂条安装固定;

(5) 茶镜采用玻璃胶与基层板粘接固定;

(6) 茶色镜面不锈钢采用玻璃胶与基层板粘接固定,如图 5-3-7 所示。

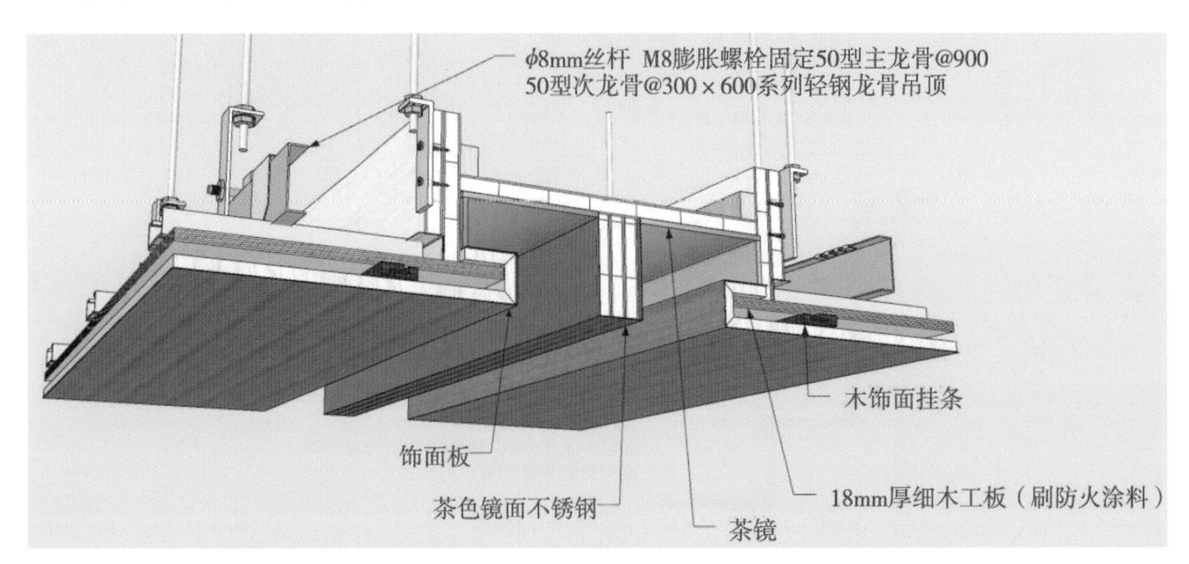

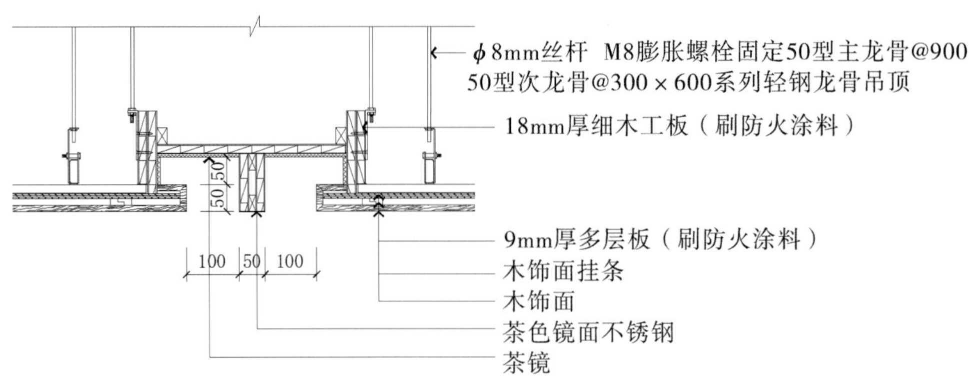

图 5-3-7 茶镜与木饰面板相接(顶棚)

8. 银色镜子与木饰面板相接(顶棚)

(1) 龙骨吸顶吊件用膨胀螺栓与钢筋混凝土板或钢架转换层固定;

(2) ϕ8 mm 吊筋和配件固定 50 型或 60 型主龙骨,中距 900 mm;

(3) 依次固定 50 型次龙骨;

(4) 木工板基层表面粘贴 9.5 mm 或 12 mm 厚纸面石膏板,用自攻螺钉或气排钉固定;

(5) 放线,打中性硅胶(图 5-3-8)。

注意:镜子的硅胶打法需根据镜子自重确定,不能杂乱打胶,粘贴后需用固定物固定 24 小时后方可拿走固定物。

9. 玻璃窗户与墙体相接(墙面)

(1)玻璃物料选样,应无划痕,无损伤;

(2)钢架基层预埋;

(3)U 形槽的焊接安装;

(4)弹性胶垫填充;

(5)安装玻璃,用透明胶条填充;

(6)距离收口处 3 mm 的位置打胶处理;

(7)清理,做好保护措施(图 5-3-9 和图 5-3-10)。

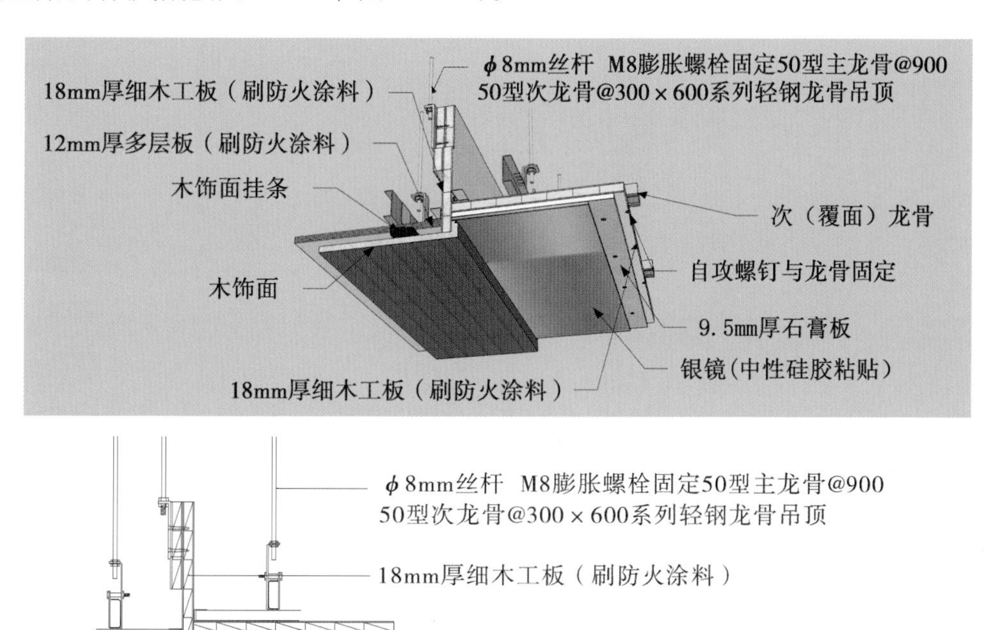

图 5-3-8　银色镜子与木饰面板相接(顶棚)

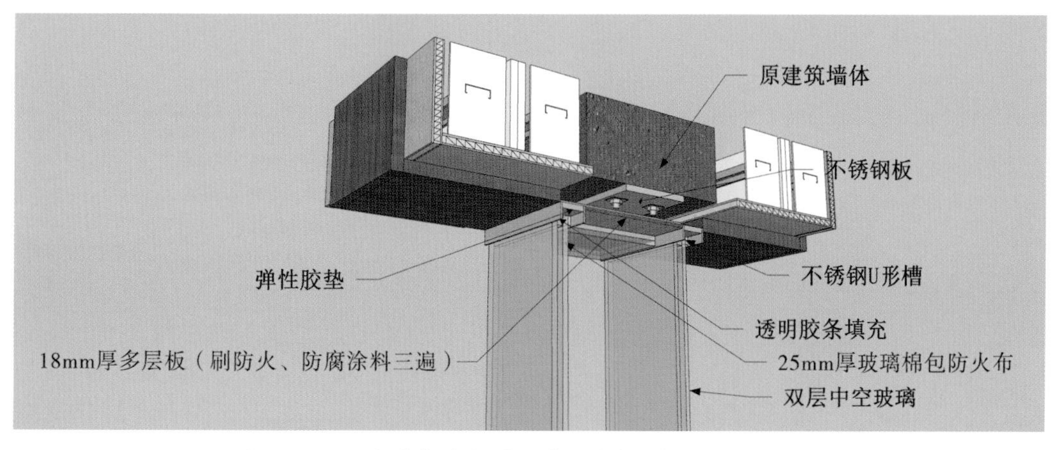

图 5-3-9　玻璃窗户与墙体相接(墙面)的构造形式一

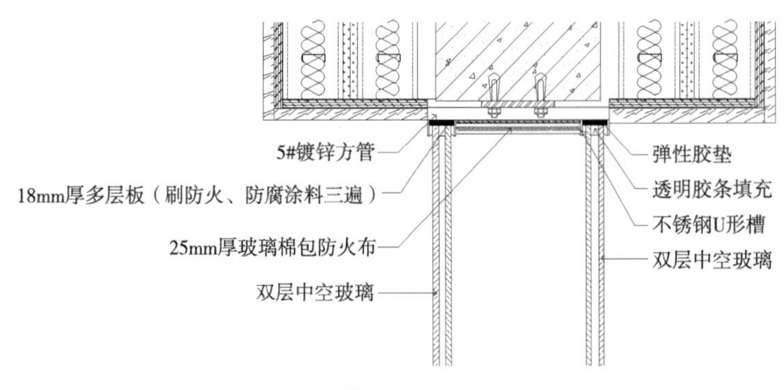

续图 5-3-9

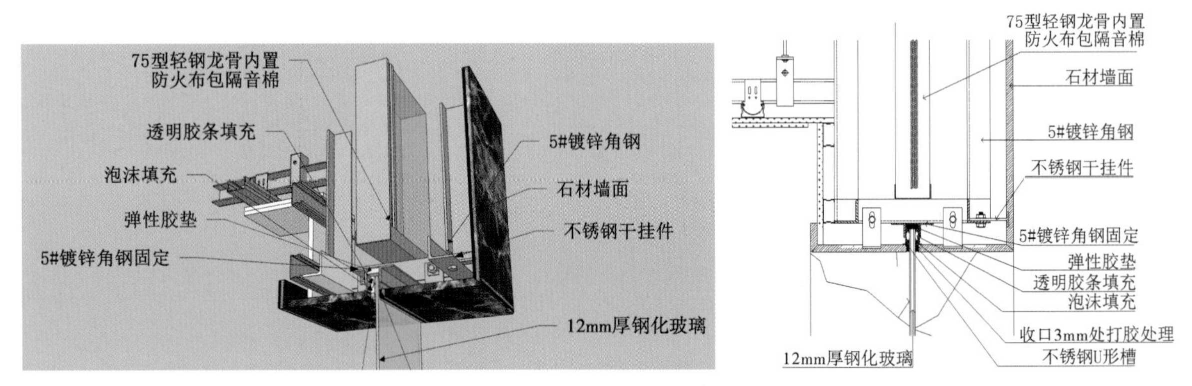

图 5-3-10　玻璃窗户与墙体相接(墙面)的构造形式二

10. 玻璃栏杆扶手(墙面)

工艺要点与“玻璃窗户与墙体相接(墙面)”的情形一致,如图 5-3-11 和图 5-3-12 所示。

11. 艺术玻璃与墙面相接(墙面)

(1)玻璃物料选样,应无划痕,无损伤;

(2)钢架基层预埋;

(3)钢架基层焊接;

(4)使用结构胶安装艺术玻璃;

(5)安装完成,清理,保护(图 5-3-13)。

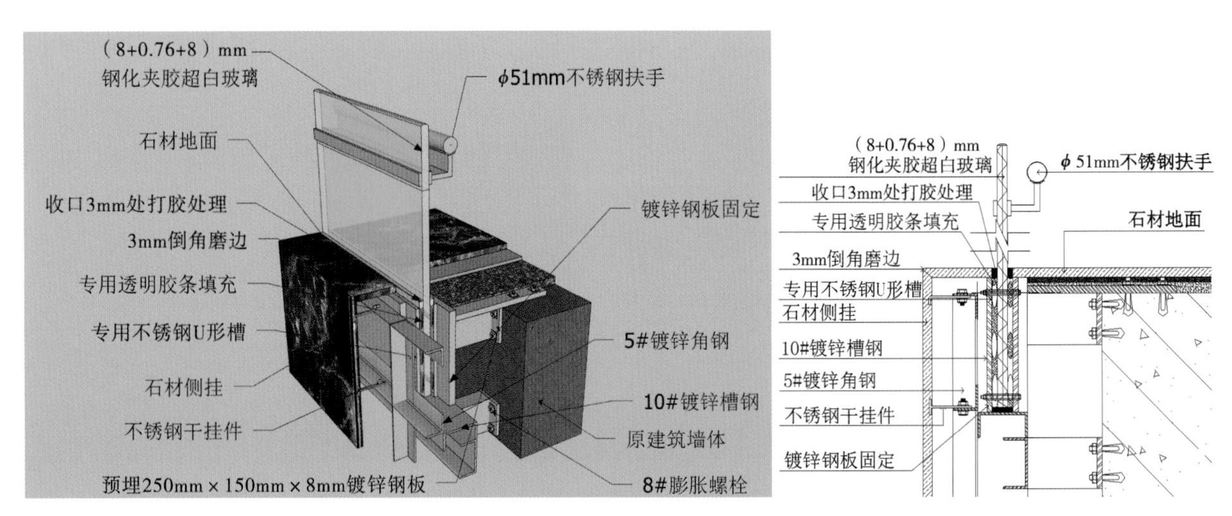

图 5-3-11　玻璃栏杆扶手(墙面)的构造形式一

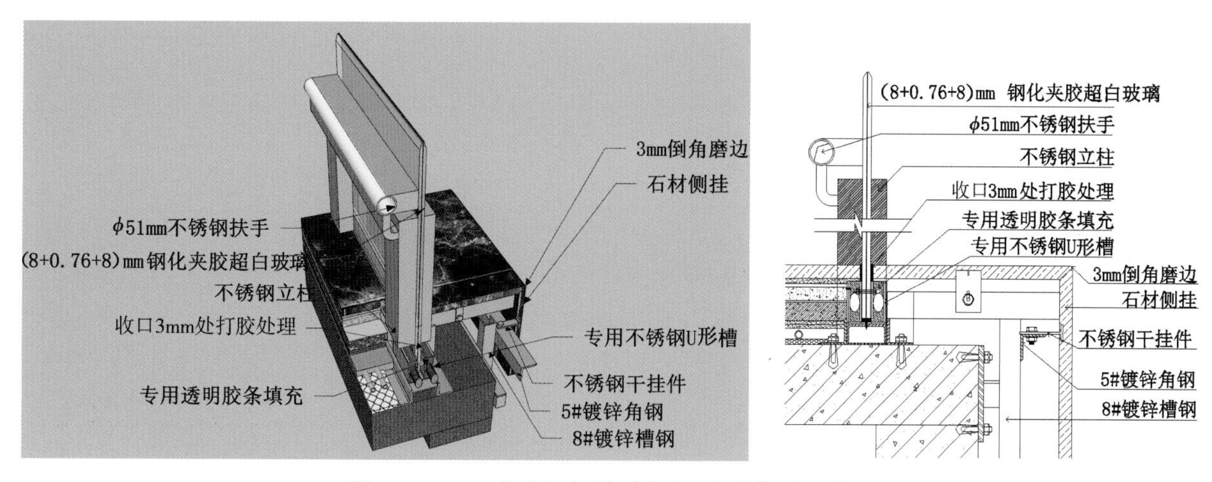

图 5-3-12　玻璃栏杆扶手(墙面)的构造形式二

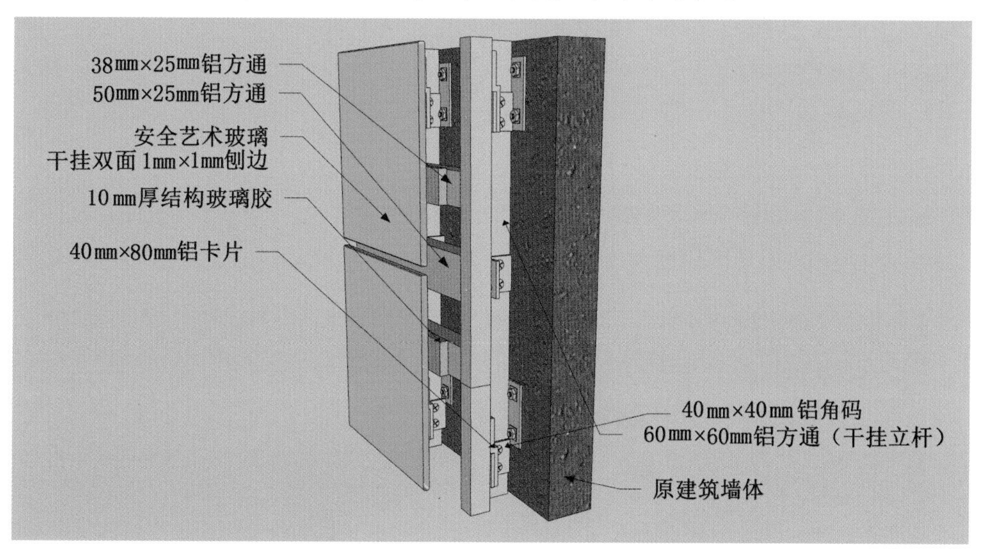

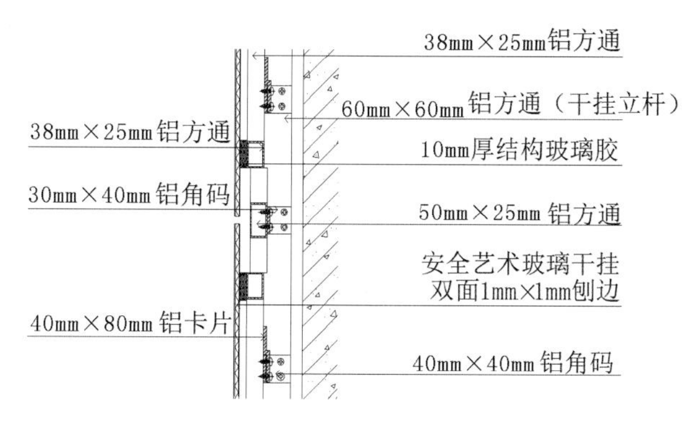

图 5-3-13　艺术玻璃与墙面相接(墙面)

12. 艺术玻璃与隔墙相接(墙面)

(1)玻璃物料选样,应无划痕,无损伤;

(2)隔墙轻钢龙骨基层安装;

(3)基层板做防火防腐处理,进行安装;

(4)使用艺术玻璃专用胶安装;

(5)安装完成,清理,保护(图 5-3-14)。

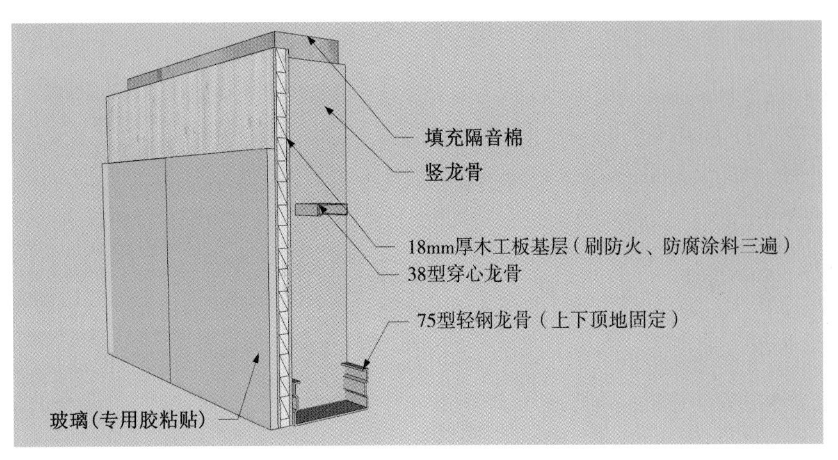

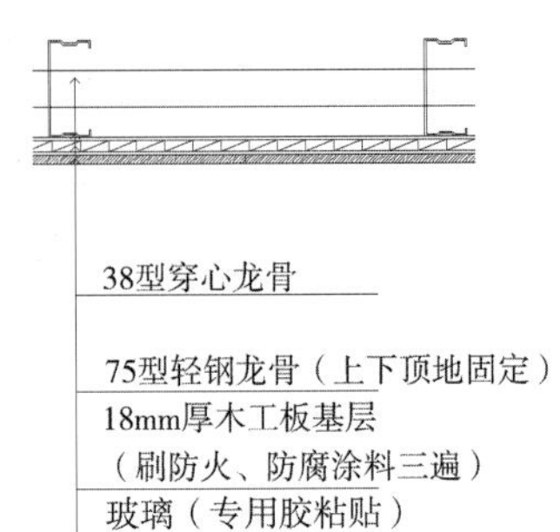

图 5-3-14　艺术玻璃与隔墙相接(墙面)

13. 镜面玻璃与实木线框相接(墙面)

(1)选用 10 mm 厚镜面玻璃;

(2)选用 12 mm 厚木饰面;

(3)木饰面选用 9 mm 厚干挂件;

(4)银镜车边处理,自攻螺钉点需做防锈处理(图 5-3-15)。

注:玻璃的高度应安全;对不同材质应加以区分;收口应完整;玻璃与灯带要有足够的距离以散射光源。

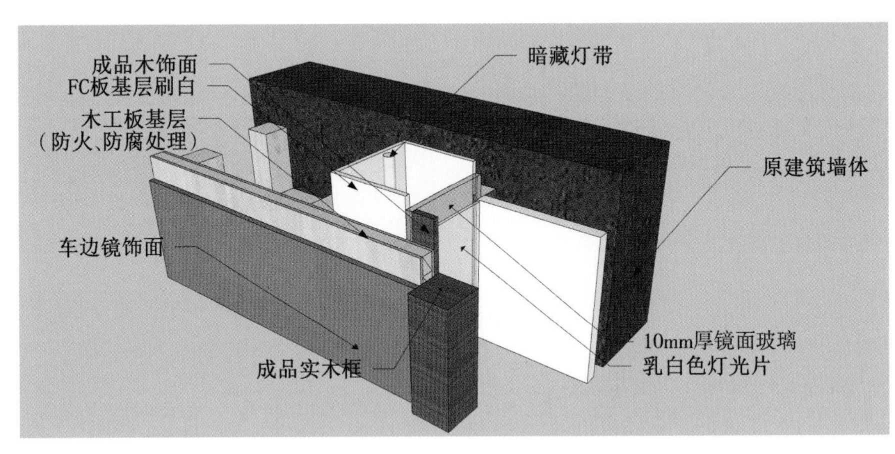

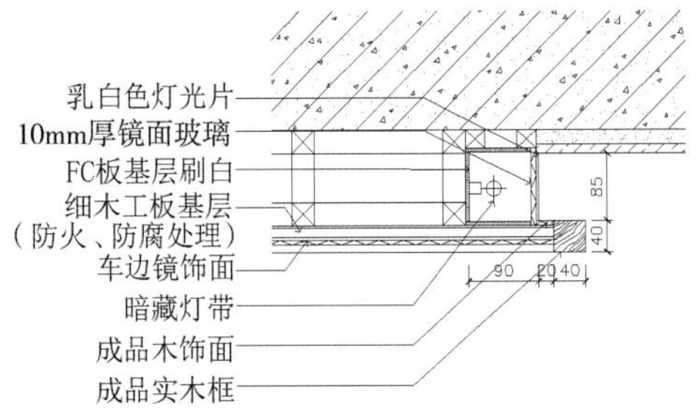

图 5-3-15　镜面玻璃与实木线框相接(墙面)

14. 银色镜面玻璃与实木线条(墙面)

(1)选用 12 mm 厚指定木饰面及加工线条;

(2)选用 5 mm 厚玻璃镜面;

(3)选用卡式龙骨做框架,固定,安装,调平;

(4)自攻螺钉点需做防锈处理;

(5)细木工板需做防火、防腐处理(图5-3-16)。

注:玻璃粘贴工艺应与荷载匹配;对不同材质应加以区分;木饰面线条与玻璃间的拼接关系应可靠,收口应完整;木饰面压玻璃镜面处必须见光处理,防止反射。

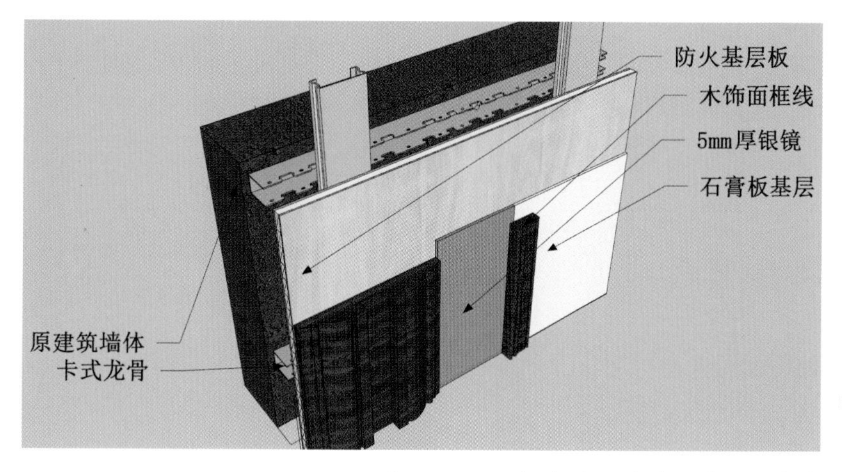

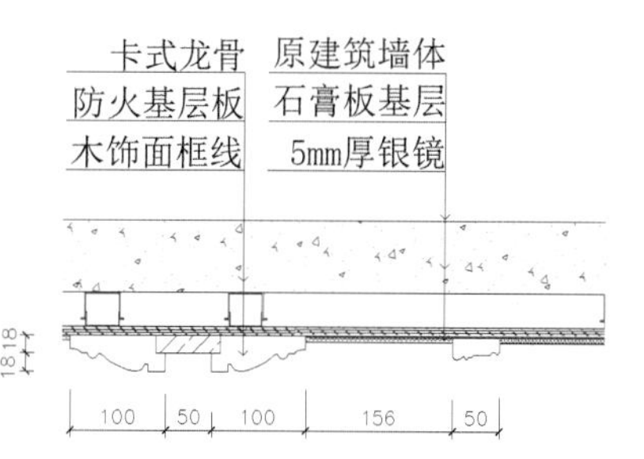

图5-3-16 银色镜面玻璃与实木线条(墙面)

15. 烤漆玻璃与不锈钢相接(墙面)

(1)木龙骨做三防处理,选用细木工板加工,固定框架;

(2)用专用胶固定安装玻璃不锈钢;

(3)安装时玻璃车边;

(4)细木工板基层做三防处理(图5-3-17)。

注:①不锈钢需要注意折边;②玻璃与不锈钢之间如果是包裹玻璃,不锈钢应折边到玻璃下口,防止反射;③不锈钢特性与玻璃相似,可以反射光线,要求凹槽玻璃磨边处理,留缝让不锈钢折边好收边。

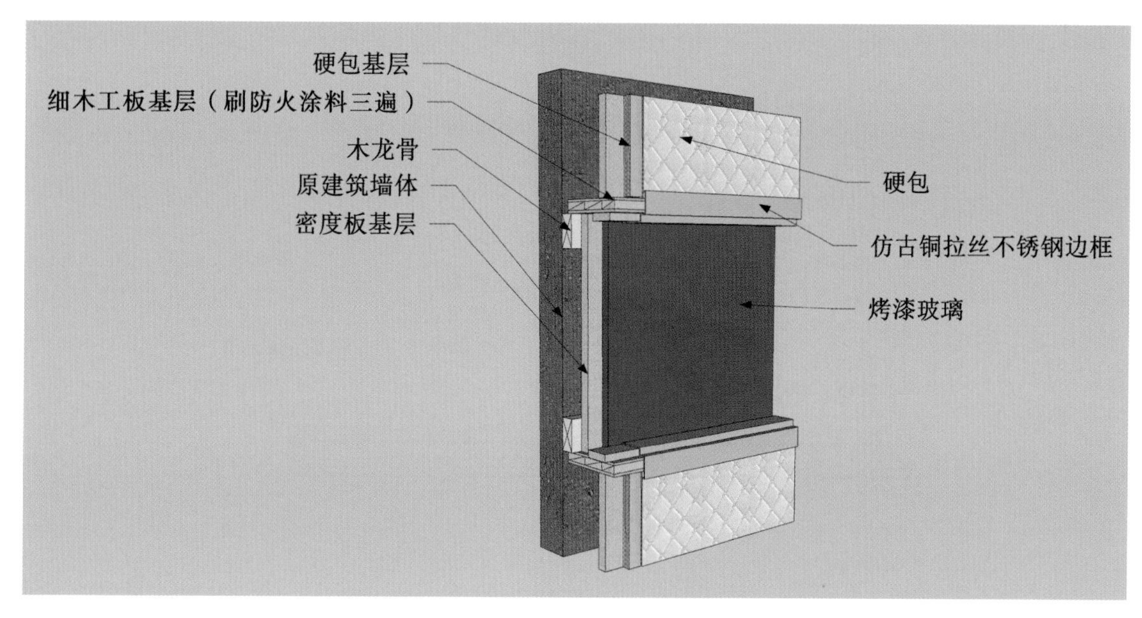

图5-3-17 烤漆玻璃与不锈钢相接(墙面)

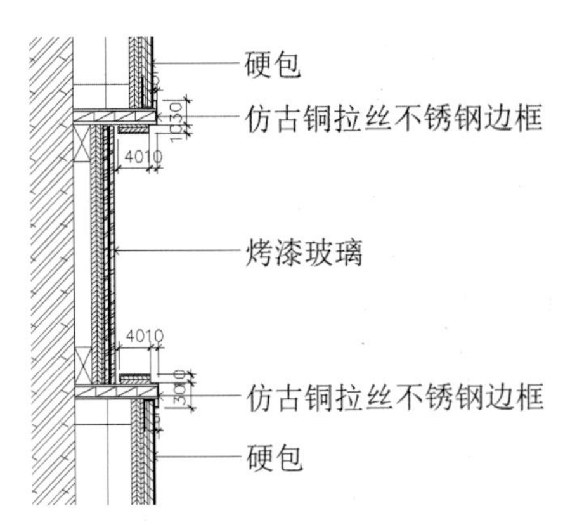

续图 5-3-17

16. 钢化夹胶玻璃与木地板相接(地面)

(1)基于原建筑钢筋混凝土楼板做 30 mm 厚 1∶3 水泥砂浆找平层;

(2)做 1.5 mm 厚 JS 或聚氨酯涂膜防水层;

(3)做 10 mm 厚 1∶3 干硬性水泥砂浆防水保护层;

(4)铺地板专用消音垫;

(5)安装企口型复合木地板,如图 5-3-18 所示。

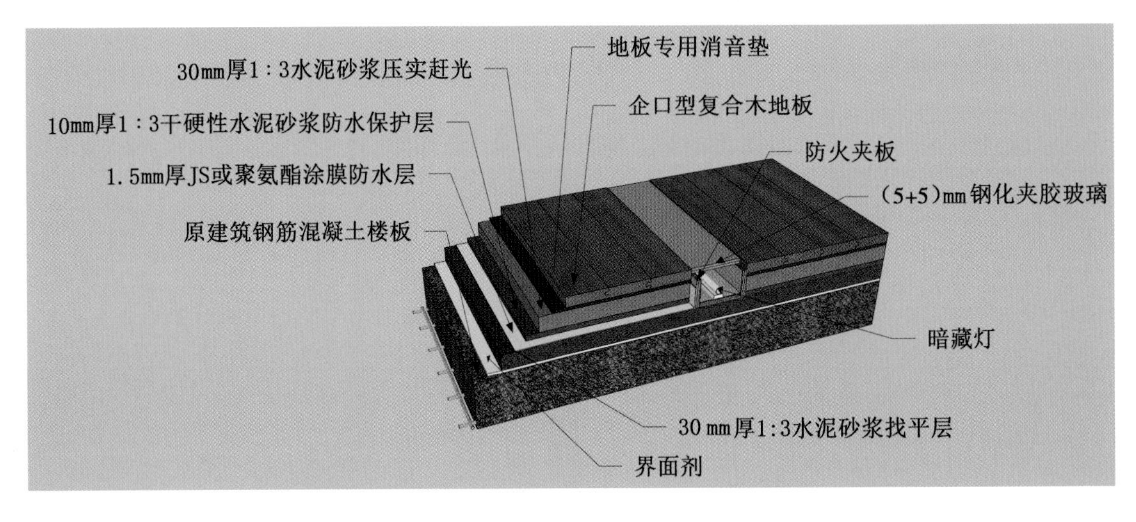

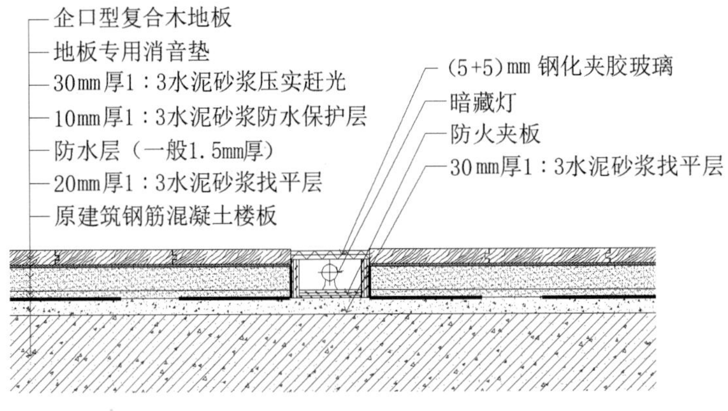

图 5-3-18 钢化夹胶玻璃与木地板相接(地面)

第六章 金属类

6.1 金属的特点及分类

6.2 金属材料的应用

6.3 金属的装修构造

6.1 金属的特点及分类

金属材料是指由金属元素或以金属元素为主构成的、具有金属特性的材料，包括纯金属、合金、金属间化合物和特种金属材料等。

金属材料一般是指工业应用中的纯金属或合金。自然界中有70多种纯金属，其中常见的有铁、铜、铝、锡、镍、金、银、铅、锌等。而合金常指由两种或两种以上的金属或金属与非金属结合而成，且具有金属特性的材料。常见的合金有由铁和碳所组成的钢合金，由铜和锌所组成的黄铜合金等（如图6-1-1所示）。

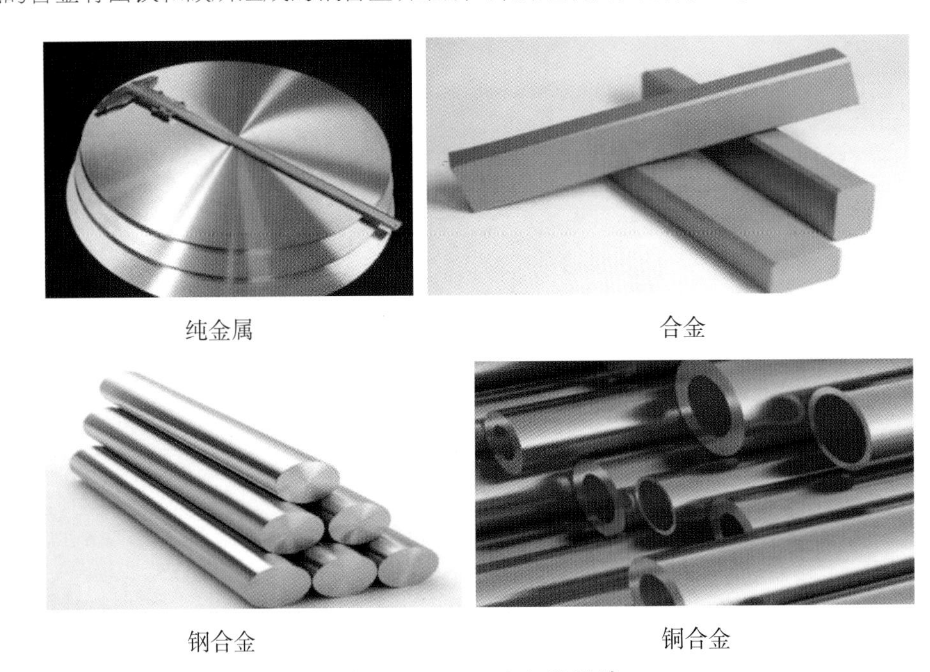

图6-1-1 不同金属材料

6.1.1 金属材料的特点

1. 塑性

塑性是指金属材料在外力载荷的作用下，产生永久变形（塑性变形）而不被破坏的能力。金属材料在受到拉伸时，长度和横截面积都要发生变化，因此，金属的塑性可以用延伸率（长度的伸长）和断面收缩率（断面的收缩）两个指标来衡量。金属材料的延伸率和断面收缩率越大，表示该材料的塑性越好，即材料能承受较大的塑性变形而不破坏。一般把延伸率大于5%的金属材料称为塑性材料（如低碳钢等），而把延伸率小于5%的金属材料称为脆性材料（如灰口铸铁等）。塑性好的材料，能在较大的宏观范围内产生塑性变形，并在塑性变形的同时使金属材料因塑性变形而强化，从而提高材料的强度，保证了零件的安全使用。此外，塑性好的材料可以顺利地进行某些成型工艺加工，如冲压、冷弯、冷拔、校直等。因此，选择金属材料作机械零件时，必须满足一定的塑性指标。

2. 硬度

硬度是衡量金属材料软硬程度的一个力学性能指标，它表示金属表面上的局部体积内抵抗变形的能力。硬度不是一个简单的物理概念，而是材料弹性、塑性、强度和韧性等力学性能的综合指标。硬度试验由于具有试验方法简单、快速、不破坏零件、与其他力学性能存在一定关系等特点，因此在生产实践和科学研究中得到广泛的应用，并用以检验和评价金属材料的性能。

6.1.2 金属的分类

金属材料主要分为黑色金属和有色金属两大类。黑色金属主要是指铁、铬、锰及其合金，如钢、铁合金、生铁（如图6-1-2所示）、锰合金等。有色金属是指铁、铬、锰以外的其他金属，如铝、铜（如图6-1-3所示）、铅、镁及其合金。

在装饰装修中，金属材料按应用部位的不同，可分为结构承重材料和饰面材料两大类；按加工形式的不同，分为波纹板、压型板、冲孔板等（如图 6-1-4 所示）。

图 6-1-2　铁合金和生铁

图 6-1-3　铝和黄铜

图 6-1-4　波纹板、压型板和冲孔板

6.1.3 常用金属

1. 铁

铁是一种高强度、高密度的金属，用于建造人工环境中最耐久的部分。铸铁经常用作井盖、水渠箅子等地面开口的覆盖物，承担繁重的交通负荷。铺装区域的树池箅子也是我们熟悉的铸铁用途。铸铁，顾名思义，就是将熔融状态的铁灌注到模具中，然后冷却形成的铁合金。树池箅子（如图 6-1-5 所示）能够兼顾给树干浇水和高密度城市交通的要求，在选择箅子的时候要考虑树干的生长规律。锻铁是将加热的铁块锻造塑形而成的。现在很多看起来是锻铁的构件实际都是用铸模的方法制成的。

图 6-1-5　树池箅子

2. 钢

钢是由生铁冶炼而成的，理论上凡含碳量在 2% 以下、有害杂质较少的铁碳合金都称为钢。生铁也是一种铁碳合金，其中碳的含量为 2.06%～6.67%。生铁硬而脆，塑性和韧性差，不能进行焊接、锻造、轧制等加工。钢材质均匀，抗拉、抗压、抗弯、抗剪强度都很高，具有一定的塑性和韧性，常温下能承受较大的冲击和振动荷载，具有良好的加工性，可以锻造、锻压、焊接、铆接或螺栓连接，便于装配，但易锈蚀、维修费用大、耐火性差。工程中所用的钢材包括各种型钢、钢板、钢筋与钢丝。工程上一般将直径为 6～1 mm 的钢称为钢筋，将直径为 2.5～5 mm 的钢称为钢丝(如图 6-1-6 所示)。

图 6-1-6　钢筋和钢丝

3. 铝

铝及铝合金是人们熟知且广泛应用的金属材料(如图 6-1-7 所示)。铝质轻、密度低、耐腐蚀、抗氧化，具有良好的导电性和导热性，可用于制造反射镜；具有良好的延展性和可塑性，可加工成铝板、铝管、铝箔等，广泛应用于室内外装饰装修中。在铝中加入镁、铜、锰、锌、硅等元素制成铝合金后，其化学性质发生了变化，既能保持铝原有质量轻的特性，又能明显提高其机械性能。铝合金装饰材料具有重量轻、不燃、耐腐、不易生锈、施工方便、美观等优点。

图 6-1-7　铝合金

6.2 金属材料的应用

金属装饰材料分为黑色金属和有色金属两大类。黑色金属包括铸铁、钢材，其中的钢材主要用作房屋、桥梁等的结构材料，钢材中的不锈钢则通常作为装饰物使用。有色金属包括铝及铝合金、铜及铜合金、金、银等，它们广泛地用于建筑装饰装修中。 现代金属装饰材料用于建筑物中更是多种多样，丰富多彩。这是因为金属装饰材料具有独特的光泽和颜色，作为建筑装饰材料，可以产生庄重华贵的视觉感受，经久耐用，优于其他各类建筑装饰材料。

在室内装饰装修工程中常用的钢材制品主要包括彩色不锈钢板、镜面不锈钢板、不锈钢包覆钢板、不锈钢微孔吸音板、复合钢板、浮雕艺术装饰板、钛金镜面板、彩色涂层钢板、彩色压型板、搪瓷装饰板以及轻钢龙骨等。

6.2.1 不锈钢

不锈钢制品包括薄钢板、管材、型材及各种异型材等。常用尺寸规格(mm)有 1000×2000、1220×2440、1250×2500、1500×6000 等；厚度为 0.8 mm、1 mm、1.2 mm、1.5 mm 等。

1. 拉丝不锈钢板

拉丝不锈钢板是通过相关的加工工艺，使表面具有丝状纹理的不锈钢。拉丝不锈钢板表面为亚光，平顺光滑，而且要比一般亮面的不锈钢耐磨(如图 6-2-1 所示)。拉丝不锈钢板常用于厨卫精装、高档室内装修面板等。

2. 镜面不锈钢板

镜面不锈钢板是经抛光处理的不锈钢板，分 8K 和 8S 两种。镜面不锈钢板光洁明亮，永不生锈，易于清洁，可用于宾馆、商场、办公大楼等场所的装饰装修(如图 6-2-2 所示)。

3. 彩色不锈钢板

彩色不锈钢板是表面用特殊工艺做出各种绚丽色彩的不锈钢，有蓝、灰、紫、红、青、绿、金、橙及茶色等，它会随着光照角度不同而变换色彩效果(如图 6-2-3 所示)。彩色不锈钢板的耐腐蚀性好，彩色压层可耐 200 ℃的高温，色彩经久不褪，主要用作高级建筑的室内墙板、电梯厢板、车厢板、吊顶饰面板等。

图 6-2-1 拉丝不锈钢板

图 6-2-2 镜面不锈钢板

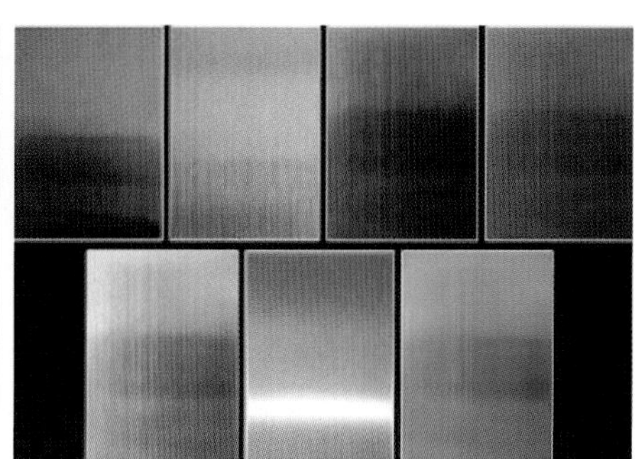

图 6-2-3 彩色不锈钢板

4. 不锈钢包覆钢板

不锈钢包覆钢板是在普通钢板的表面加一层不锈钢、铜、镍、钛等金属复合而成的。这种板材可以替代价格昂贵的不锈钢。不锈钢包覆钢板制作工艺简单、成本低、加工性能优于纯不锈钢板，主要用于室内外装饰部件,可完全替代不锈钢板。

5. 不锈钢微孔吸音板

不锈钢微孔吸音板是在不锈钢板上加工出微孔组成图案而形成的,既有吸音作用,又有一定的装饰效果。不锈钢微孔吸音板吸音性好,装饰效果好(如图 6-2-4 所示),可用于电梯、计算机房、各种控制室、精密车间、影剧院、宾馆、播音室等室内吊顶和墙面。

6. 不锈钢花纹板

不锈钢花纹板是指采用特殊加工工艺,使表面形成凹凸感的不锈钢板(如图 6-2-5 所示)。不锈钢花纹板具有耐腐蚀性和防滑性,因此得到了广泛的应用。早期的不锈钢花纹板的花纹样式为交错式横竖条纹,目前已经衍生出方格、菱形、皮革、瓷砖、石砖、涟漪等多种样式的产品。不锈钢花纹板主要应用在有防滑和防腐要求的部位。

7. 钛金镜面板

钛金镜面板是用特殊加工工艺在不锈钢板表面形成钛氮化合物膜层的不锈钢板。膜层有金黄色、亮灰色等各种颜色。钛金镜面板不氧化、不变色、耐磨、硬度高,有金碧辉煌、雍容华贵的装饰效果(如图 6-2-6 所示),可用于高档建筑的室内装饰。

图 6-2-4　不锈钢微孔吸音板

图 6-2-5　不锈钢花纹板

图 6-2-6　钛金镜面板

6.2.2　铝合金

铝合金具有密度低、力学性能好、加工性能好、无毒、易回收、导电性优、传热性好及抗腐蚀性能优良等特点,在船用行业、化工行业、航空航天、金属包装、交通运输等领域广泛使用。铝合金广泛用于建筑工程结构和装饰装修中,如屋架、屋面板、幕墙、门窗框、活动式隔墙、顶棚、阳台、楼梯扶手及五金件等。

1. 铝合金花纹板

铝合金花纹板是以防锈铝合金为基质,用特制的花纹轧制而成的(如图 6-2-7 所示)。它具有精致的花纹,不易磨损,防滑性能好,防腐性强,便于冲洗。铝合金花纹板表面经处理可呈现不同的颜色,广泛用于墙面、电梯门等部位的装饰装修。常用尺寸规格(mm)有 1000×2000×0.5、1000×2000×0.8、1000×2000×1、1000×2000×1.2、1220×2440×2、1220×2440×3、1220×2440×4 等。

2. 铝质浅花纹板

铝质浅花纹板是以冷作硬化后的铝板为基质,表面处理成浅花纹的装饰板。它除具有普通铝板的优点之外,刚度提高了 20%,且抗污、抗划伤、抗擦,多用于室内、车厢、飞机、电梯等内饰面(如图 6-2-8 所示)。常用尺寸规格(mm)有 1000×2000×0.8、1000×2 000×1、1000×2000×1.2 等。

3. 铝合金波纹板

铝合金波纹板具有自重轻、色彩丰富、防火、防潮、耐腐蚀等优点，既有较好的装饰效果，又有很强的光反射能力，经久耐用，可用 20 年无须更换，且拆卸下的波纹板仍可重复使用（如图 6-2-9 所示）。铝合金波纹板多应用于商场、酒店、会所、别墅等建筑的墙面和顶棚装饰。常用尺寸规格(mm)有 826 × 3200 × 0.8、826 × 3200 × 1、826 × 3200 × 1.2。

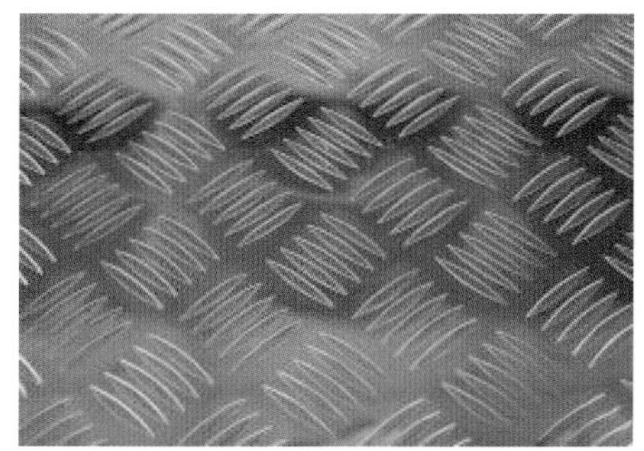

图 6-2-7　铝合金花纹板

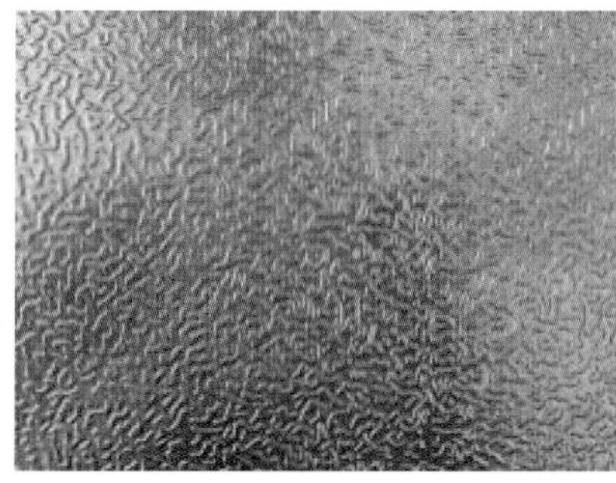

图 6-2-8　铝质浅花纹板

图 6-2-9　铝合金波纹板

4. 铝合金穿孔吸音板

铝合金穿孔吸音板是铝合金平板经机械冲孔后制作而成的（如图 6-2-10 所示）。孔径 6 mm，孔距 10 ~ 14 mm，孔型有圆孔、方孔、长圆孔、长方孔、三角孔、组合孔等。铝合金穿孔吸音板材质轻、耐高温、耐腐蚀、防火、防潮、防震，化学性能稳定，色泽雅致、美观，装饰性好，组装方便，在其内部放置吸音材料后可起到吸音、降噪的作用。该板材主要用于影剧院、商场、车间控制室、机房等场所的顶棚墙面，可以改善空间的音质。常用尺寸规格(mm)有 600 × 600、600 × 1200。

5. 铝合金单板

铝合金单板是按一定尺寸、形状和结构形式对铝合金进行加工，并对表面加以涂饰处理而成的一种高档装饰材料（如图 6-2-11 所示）。其厚度有 2 mm、2.5 mm、2.7 mm、3 mm 等，最大尺寸规格(mm)为 1600 × 4500。铝合金单板多用于各类公共建筑墙面、壁板、隔断、顶棚等部位。

6. 铝塑复合板

铝塑复合板有三层，其表层和底层为 2 ~ 5 mm 厚高强度铝合金薄板，中间层为聚乙烯芯材（或其他材料芯层），它们经高温高压压制在一起。铝塑复合板的表面是一层氟碳树脂或聚酯涂料（如图 6-2-12 所示）。铝塑复合板耐候性强，耐酸碱、耐摩擦、耐清洗，自重轻，成本低，防水、防火、防蛀，色彩丰富，表面花色多样，隔音隔热效果好，使用安全，弯折造型方便，装饰效果较好。这种板材广泛应用于建筑的内外墙体、门面、柱面、壁板、顶棚、展台等部位的装饰。厚度一般为 4 mm，长宽尺寸规格为 2440 mm × 1220 mm。

图 6-2-10　铝合金穿孔吸音板

图 6-2-11　铝合金单板

图 6-2-12　铝塑复合板

7. 铝合金包装制品

铝合金可用于金属包装，具有以下优良特点：力学性能好，质轻，抗压强度高，经久耐用，便于储存和运输商品；阻隔性能好，可阻挡阳光、氧气和潮湿环境对物品的破坏，可延长物品的保质期；质地好、有美感，铝合金用作包装有独特的金属光泽，触摸感好、美观，能提升商品品质；无毒易回收，可循环利用，节约资源，减少环境污染。铝合金被广泛用作啤酒、饮料及其他食品的包装罐，多为冲压拉延成型结构。铝箔器皿美观、质轻、传热性好，用于快餐食品的包装时具有保鲜、保味、无毒的功效，被越来越多的食品行业使用（如图 6-2-13 所示）。铝合金金属软管可挤压变形，内装物挤压即可使用，简单方便，常用于膏状化妆品包装。

图 6-2-13 铝箔器皿

8. 铝质顶棚

铝质顶棚分为铝单板顶棚和铝扣板顶棚两类。

(1) 铝单板顶棚系列（厚度在 1.5 mm 以上的铝板）。

采用优质铝合金面板为基材，运用先进的数控折弯技术，确保板材在加工后平整不变形。

(2) 铝扣板顶棚系列（厚度在 1.2 mm 以下的铝板）。

铝扣板顶棚主要分为条形、方形、栅格三种，另外还有长方形、弧形铝扣板。条形烤漆铝扣板顶棚为长条形的铝扣板，一般适用于走道、卫生间等地方。方形铝扣板（如图 6-2-14 所示）主要有 300 mm × 300 mm、600 mm × 600 mm 两种规格。300 mm × 300 mm 规格的铝扣板适用于厨房、厕所等容易脏污的地方，而其他尺寸规格的铝扣板可使用在会议室、商场等空间。方形铝扣板又分微孔和无孔两种。微孔式铝扣板最主要的好处是可通潮气，使洗手间等高潮湿地区的湿气通过孔隙进入顶部，避免在板面形成水珠痕迹。栅格铝扣板（如图 6-2-15 所示）适用于商业空间、阳台及过道的装饰，尺寸规格有 100 mm × 100 mm、150 mm × 150 mm 等。

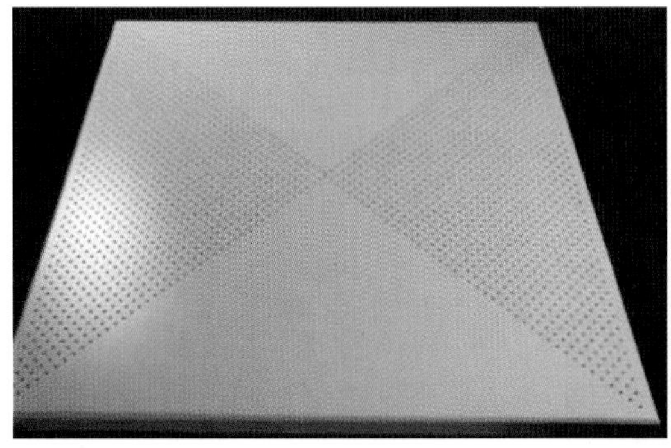

图 6-2-14 方形铝扣板

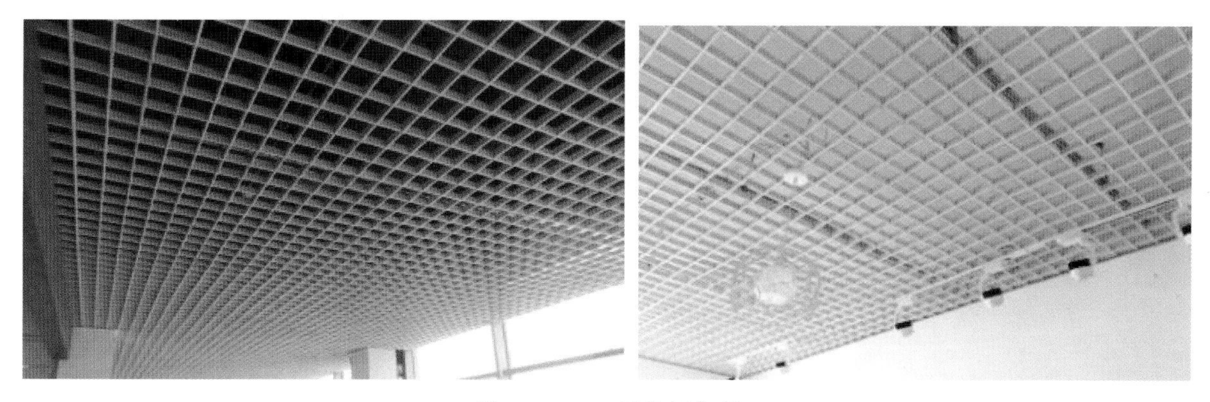

图 6-2-15　栅格铝扣板

6.2.3　铜和铜合金

铜是我国历史上使用较早、用途较广的一种有色金属。在古建筑装饰中，铜材是一种高档的装饰材料，多用于宫廷、寺庙、纪念性建筑等场景。在现代建筑中，铜仍是高档装饰材料，可使建筑物显得富丽堂皇。

1. 铜的特性与应用

铜属于有色重金属，密度为 8.92 g/cm^3。纯铜由于表面氧化而生成紫红色氧化铜薄膜，故常称紫铜。在现代建筑装饰中，铜材仍是一种集古朴和华贵于一身的高档装饰材料，可用于扶手、栏杆、防滑条等需要装饰点缀的部位。在寺庙建筑中，还可用铜包柱，使建筑物光彩照人、光亮耐久，并烘托出华丽、神秘的氛围（如图 6-2-16 所示）。除此之外，园林景观的小品设计中，铜材也有着广泛的应用。

图 6-2-16　不同铜材装饰

2. 铜合金的特性与应用

纯铜由于强度不高，不宜用作结构材料，由于纯铜的价格贵，工程中广泛使用的是铜合金（即在铜中掺入锌、锡等元素形成的合金）。铜合金既保持了铜的良好塑性和高抗蚀性，又改善了纯铜的强度、硬度等机械性能。常用的铜合金有黄铜（铜锌合金）、青铜（铜锡合金）等。

长久以来，青铜都以其丰富的外表美化着我们的人造环境。青铜一直被认为是适合铸造室外雕塑的金属材料。在景观中，它的用途与铸铁相似，可制成树池箅子、水槽、排水渠盖、井盖、矮柱、灯柱，以及其他固定装置（如图 6-2-17 所示）。不过，青铜的美观性、强度和耐久性是有代价的，青铜铸件在景观要素价格范围中处于上限位置。

青铜井盖

青铜树池箅子

图 6-2-17　青铜铸造品

青铜是一种合金，主要元素为铜，其他的金属元素则有多种选择，锡是主要的添加元素。铝、硅和锰也可以与铜一起构成铜合金。像纯铜一样，青铜的氧化仅仅发生在表面，被氧化的表面形成一个防止内部被氧化的保护屏障，因此，青铜承受室外环境压力的能力在各种金属中比较优异。青铜的氧化结果——铜绿，也是各种金属氧化效果中最受欢迎的。

6.2.4　装饰五金件

装饰五金件是指金、银、铜、铁、锡五类金属材料。五金材料通常分为大五金和小五金两大类：大五金指钢板、钢筋、扁铁、万能角钢、槽铁、工字铁及各类型制钢铁材料；小五金则为建筑五金、白铁皮、铁钉、铁丝、钢铁丝网、钢丝剪、家庭五金、各种工具等。

在装饰工程中，五金材料主要用于连接、开关、活动、装饰等细节部位，因此五金配件是装饰装修的闪亮点，其光洁的金属质感与浑厚的木质家具相搭配，具有一定的装饰效果。

1. 钉子

(1) 圆钢钉：分为圆钉和钢钉。圆钉是以铁为主要原料，根据不同规格形态加入其他金属的合金材料，而钢钉则加入碳元素，使硬度加强(如图 6-2-18 所示)。

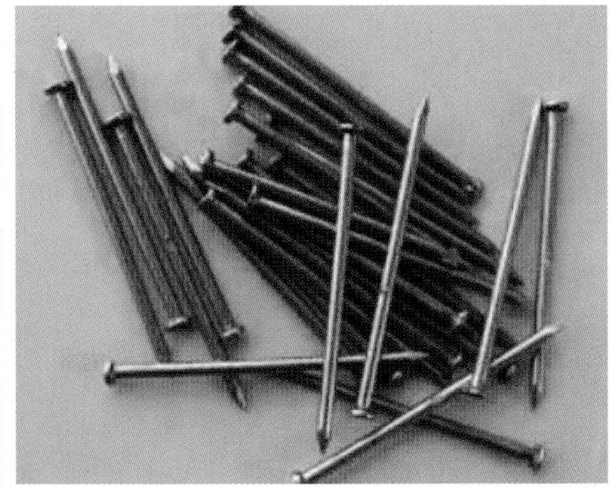

图 6-2-18　圆钢钉

圆钢钉的规格、形态多样，目前用在木质装饰施工中的圆钢钉都是平头锥尖型，以长度来划分时，规格多达几十种，例如 20 mm、25 mm、30 mm 等，每增加 5～10 mm 为一种规格。圆钢钉主要用于木、竹制品零部件的接合，称为钉接合。钉接合由于接合强度较小，所以常在被接合的表面上涂上胶液，以增强接合强度。钉接合的强度跟钉子的直径和钉入长度及接合件的握钉力呈正比关系。

(2) 气排钉：又称为气枪钉，根据使用部位分有多种形态，如平钉、T 形钉、马口钉等，长度从 10 mm 到

40 mm 不等。钉子之间使用胶水连接,每颗钉子纤细,截面呈方形,末端平整,头端锥尖。气排钉要配合专用射钉枪使用,射钉枪通过气压发射气排钉,隔空射程达 20 多米。气排钉用于钉制板式家具部件、实木封边条、实木框架、小型包装箱等。气排钉经射钉枪钉入木材中而不漏痕迹,不影响木材继续刨削加工及表面美观,且速度快,质量好,故应用日益广泛(如图 6-2-19 所示)。

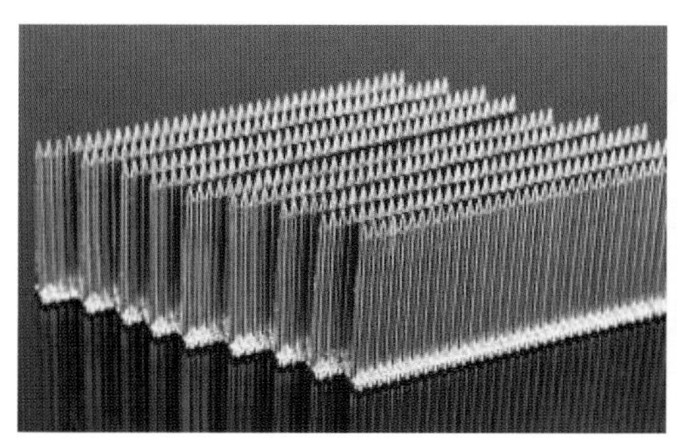
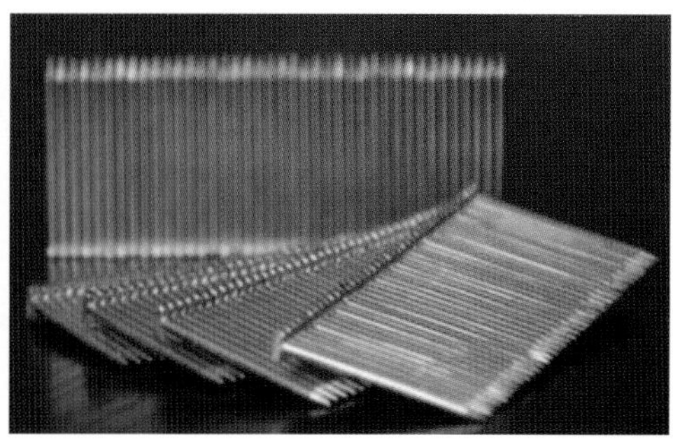

图 6-2-19　气排钉

(3) 螺钉:是在圆钢钉的基础上改进而成的,将圆钢钉加工成螺纹状,钉头开十字凹槽,使用时需要配合螺钉旋具(起子),螺钉的形式主要有平头螺钉、圆头螺钉、盘头螺钉、沉头螺钉、焊接螺钉等(图 6-2-20)。螺钉的长度规格主要有 10 mm、20 mm、25 mm、35 mm、45 mm、60 mm 等。螺钉可以使木质构造之间衔接更紧密,不易松动脱落,也可以用于金属与木材、塑料与木材、金属与塑料等不同材料之间的连接。螺钉主要用于拼板、家具零部件装配及铰链、插销、拉手、锁的安装,应该根据使用要求而选用适合的样式与规格,其中以沉头螺钉应用最为广泛。

(4) 射钉:又称为水泥钢钉,相对于圆钉而言质地更坚硬,可以钉至钢板、混凝土和实心砖上。为了方便施工,这种类型的钉子中后部带有塑料尾翼,采用火药射钉枪(击钉器)发射,射程远,威力大。射钉的规格主要有 30 mm、40 mm、50 mm、60 mm 等。射钉用于固定承重力量较大的装饰结构,例如吊柜、吊顶、壁橱等家具,既可以使用锤子钉接,又可以配合火药射钉枪使用(如图 6-2-21 所示)。

图 6-2-20　螺钉

图 6-2-21　射钉

(5)膨胀螺栓:是一种大型固定连接件,它由带孔螺帽、螺杆、垫片、空心壁管四大金属部件组成,一般采用铜合金、铁合金、铝合金制造,体量较大,长度规格主要为 30~180 mm 之间不等(如图 6-2-22 所示)。膨胀螺栓可以将厚重的构造物件固定在顶板、墙壁和地面上,广泛用于装饰装修。施工时,先采用管径相同的电钻机在基层上钻孔,然后将膨胀螺栓插入孔洞中,使用扳手将螺帽拧紧,螺帽向前的压力会推动壁管在钻孔内向四周扩张,从而牢牢地固定在基层上。

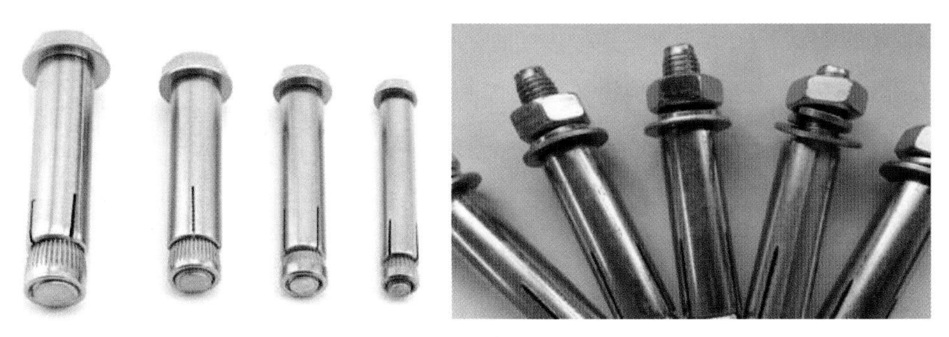

图 6-2-22　膨胀螺栓

2. 拉手

拉手主要用于家具、门窗的开关部位,是必不可少的功能配件(如图 6-2-23 所示)。

拉手的材料有锌合金、铜合金、铝合金、不锈钢、塑胶、原木、陶瓷等,为了与家具配套,拉手的形状、色彩更是千姿百态。高档拉手要经过电镀、喷漆或烤漆工艺,具有耐磨和防腐蚀作用,选择时除了要与室内装饰风格相吻合外,还要能承受较大的拉力,一般拉手要能承受 6 kg 以上的拉力。

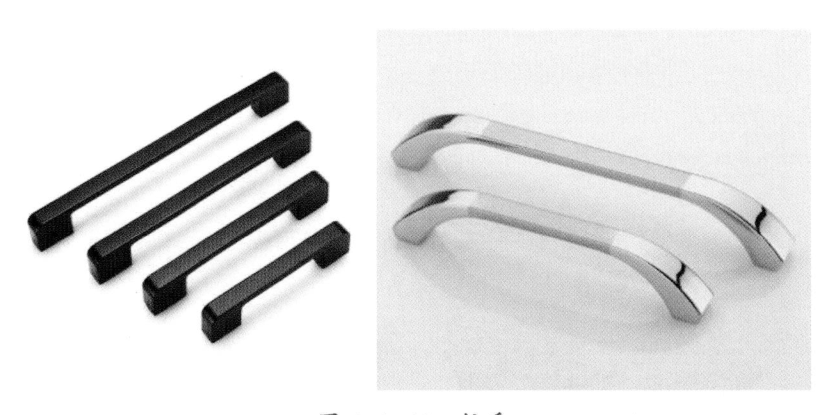

图 6-2-23　拉手

3. 门锁

市场上所销售的门锁品种繁多,传统锁具一般分为复锁和插锁两种。复锁的锁体装在门扇的内侧表面,如传统的大门锁。插锁又称为插芯门锁,装在门板内,例如房间门的执手锁(如图 6-2-24 所示)。

(1)大门锁(金属门的防盗锁):大门锁最主要的功能是防盗。锁芯一般为磁性原子结构或电脑芯片,面板的材质是锌合金或者不锈钢,锁舌有防手撬、防插功能,兼具多层反锁功能,防盗锁反锁后从门外面是不能够开启的。

(2)大门锁(木门的防盗锁):防盗锁一般都具有反锁功能,反锁后外面用钥匙无法开启,面板材质为锌合金(锌合金造型多,外面经电镀后颜色鲜艳,光滑),组合舌的舌头有斜舌与方舌,高档门锁具有层次转动反锁方舌的功能。

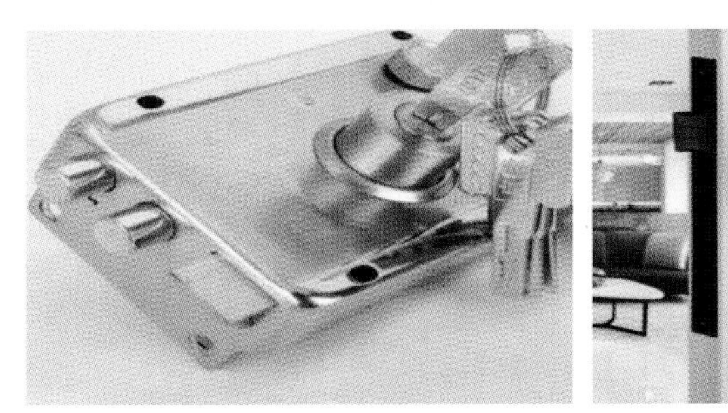

金属门防盗锁

房门锁

图 6-2-24　不同门锁分类

(3) 房门锁：房门锁的防盗功能不太强，侧重装饰效果，突出耐用、开启方便、关门声小等特点，具有反锁功能，把手具有人体力学设计，手感较好，容易开关门。

(4) 浴室锁与厨房锁：这种锁的特点是在内部锁住，在外面可用螺钉旋具等工具随意拨开。由于洗手间与厨房比较潮湿，门锁的材质一般为陶瓷材料，把手为不锈钢材料。

(5) 通道锁：这种锁一般结构简单，开门与关门的声音小，力度轻，把手与面板之间牢固，面板大方、得体。

4. 合页铰链

(1) 合页：又称为轻薄型铰链，房门合页材料一般为全铜和不锈钢两种(如图 6-2-25 所示)。单片合页的尺寸规格为 100 mm × 30 mm 和 100 mm × 40 mm，中轴直径在 11 ~ 13 mm 之间，合页壁厚为 2.5 ~ 3 mm。为了在使用时开启轻松无噪声，高档合页中轴内含有滚珠轴承，安装合页时也应选用附送的配套螺钉。

(2) 铰链：在家具构造的制作中使用最多的是家具体柜门的烟斗铰链，它具有开合柜门和扣紧柜门的双重功能。目前用于家具门板上的铰链为二段力结构，其特点是关门时门板在 45°以前可以任一角度停顿，45°后自行关闭，当然也有一些厂家生产出 30°或 60°后就自行关闭的。柜门铰链分为脱卸式和非脱卸式两种，又以柜门关上后遮盖位置的不同分为全遮、半遮、内藏三种，一般以半遮为主(如图 6-2-26 所示)。

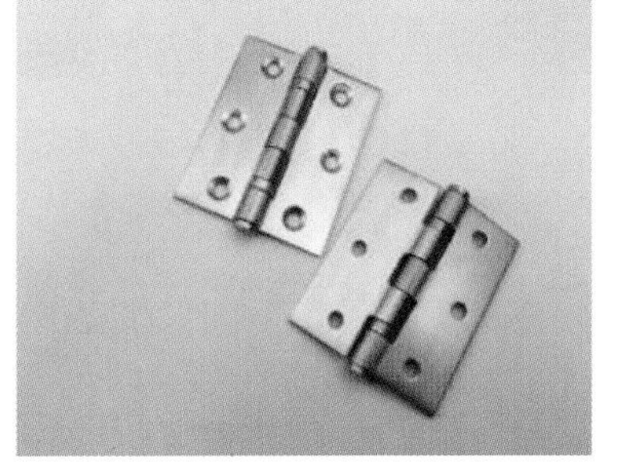

图 6-2-25　合页

大弯/不盖　　中弯/半盖　　直臂/全盖

图 6-2-26　铰链的三种形式

5. 滑轨

滑轨一般使用优质铝合金、不锈钢或工程塑料制作，按功能一般分为梭拉门吊轮滑轨和抽屉滑轨两种（如图 6-2-27 所示）。

梭拉门吊轮滑轨

抽屉滑轨

图 6-2-27 不同种类滑轨

① 梭拉门吊轮滑轨：由滑轨道和滑轮组安装于梭拉门上方边侧。滑轨厚重，滑轮粗大，可以承载各种材质门扇的重量。滑轨长度有 1200 mm、1600 mm、1800 mm、2400 mm、2800 mm、3600 mm 等，可以满足不同门扇的需要。

② 抽屉滑轨：由动轨和定轨组成，分别安装于抽屉与柜体内侧。新型滚珠抽屉导轨分为二节轨、三节轨两种，要求外表油漆和电镀质地光亮，承重轮的间隙和强度决定了抽屉开合的灵活度和噪声，应挑选耐磨且转动均匀的承重轮。常用规格（长度）一般为 300 mm、350 mm、400 mm、450 mm、500 mm、550 mm。

6. 开关插座面板

目前在装饰领域使用的开关插座面板主要是采用聚碳酸酯等合成树脂材料制成的，聚碳酸酯又称防弹胶，这种材料硬度高，强度高，表面相对不会泛黄，耐高温。开关插座面板从外观形态上可分为 75 型、86 型、118 型、120 型、146 型等。

中高档开关插座面板的防火性能、防潮性能、防撞击性能等都较好，表面光滑，面板要求无气泡、无划痕、无污迹。开关拨动的手感轻巧而不紧涩，插座的插孔须装有保护门，内部的铜片是开关最关键的部分，具有相当的重量。

现代装饰装修所选用的一般是暗盒开关插座面板，线路都埋藏在墙体内侧，开关的款式、颜色应该与室内的整体风格相吻合。白色开关是主流，大部分装修的整体色调是浅色，也有特殊装饰风格选用黑色、棕色等深色开关（如图 6-2-28 所示）。

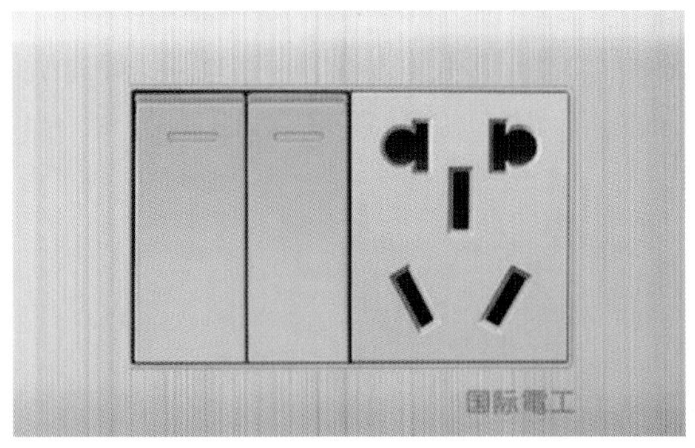

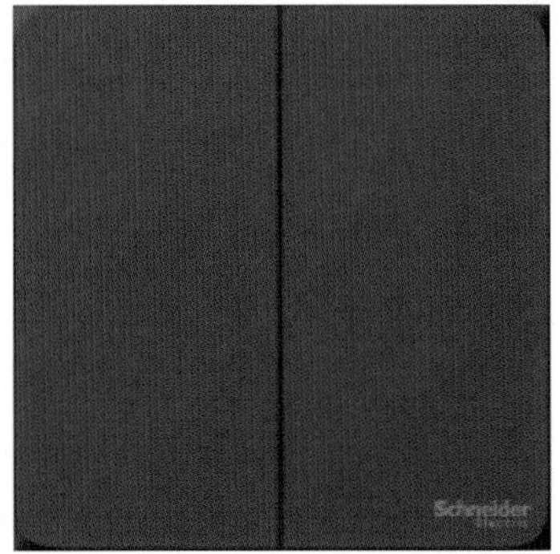

图 6-2-28 开关插座面板

6.3 金属的装修构造

6.3.1 金属构造

1. 轻钢龙骨吊顶

轻钢龙骨吊顶是以薄壁轻钢龙骨作为支撑框架,配以轻型装饰罩面板材组成的顶棚骨架体系,对其内部设备、设施起着覆盖、美化和连接固定的作用,同时具有强度高、重量轻、设置灵活、安装方便、节约钢材和防火防腐等特点,常用于公共建筑的大厅、会议室、楼道走廊、停车场等处的顶棚装饰。轻钢龙骨的骨架分为上人型和不上人型两种。上人型骨架由复层结构及相应配件构成,其吊点和龙骨间距较密集,材料规格较大。不上人型骨架由单层龙骨结构组成,其吊点间距一般为 1200 mm,龙骨间距根据覆面材料尺寸而定。

(1)轻钢龙骨吊顶构造。

轻钢龙骨吊顶是由支撑框架材料和罩面板材组成。支撑框架材料有吊杆、主龙骨、次龙骨、横撑龙骨、边龙骨、吊件、挂件等。罩面板材有纸面石膏板、岩棉板、石膏板、胶合板等装饰板材。

(2)轻钢龙骨支撑框架材料。

轻钢龙骨是以冷轧钢板(带)、镀锌钢板(带)或彩色涂层钢板(带)为原料,采用冷弯工艺生产的薄壁型钢。它是由主龙骨(承载龙骨)、次龙骨(覆面龙骨)、横撑龙骨、固定连接构件和吊筋及配件组成。主龙骨是起主干作用的龙骨,是轻钢龙骨体系中的受力构件,整个吊顶的荷载通过主龙骨传给吊杆。次龙骨与主龙骨配套使用,依靠挂件置于主龙骨下方,主要作用是固定饰面板。横撑龙骨与次龙骨搭配使用,并与次龙骨形成长(方)格状结构,它是覆面材料的基层骨架。固定连接构件也称连接件,是轻钢龙骨骨架固定、连接的配件。根据适用装饰空间环境的不同,纸面石膏板可采用普通纸面石膏板、防火纸面石膏板、防水纸面石膏板等。

(3)施工构造。

根据设计规定,顶的吊点间距一般为 900 ~ 1200 mm,按龙骨中距弹出纵横分格线并确定吊点位置。楼板有预埋时应与之相对应,使吊点均匀分布,有造型要求的吊顶在交接面处应设置吊点。有与吊顶构造相关联的特殊部位,如上人检修口、吊挂轻型设备等,需要增设吊点,注意吊杆位置与吊顶内的管道及设备不要相互影响。以上这些位置需要一一标出。施工顺序:固定吊杆—安装龙骨—安装面板(纸面石膏板)。

2. 铝合金(T 形)龙骨吊顶

铝合金龙骨吊顶属轻型活动式装配吊顶,其材质轻、刚度大,是以铝合金为支撑骨架配以装饰罩面板组装而成的新型顶棚体系。铝合金龙骨一般为 T 形轻质龙骨,由大龙骨、中龙骨、小龙骨及各种龙骨配件组成。龙骨可采用垂直挂件吊挂方式(使铝合金龙骨的断面为倒 T 形),将铝合金龙骨垂直连接,并固定于承载龙骨下。吊顶的轻质罩面板(装饰石膏板、矿棉吸音板)可直接搁置在龙骨的支架上,并用卡具卡压固定。一般铝合金(T 形)龙骨吊顶的框格尺寸有 600 mm × 600 mm 和 600 mm × 1200 mm 两种。

(1)材料(活动式装配吊顶的 T 形龙骨)。

主龙骨有钢制和铝制两种,一般钢制主龙骨应用较多,侧面设有长方形和圆形孔,长方形孔供次龙骨穿插连接,圆形孔供悬吊固定。次龙骨是与主龙骨配套使用的龙骨,应根据罩面板的规格下料、选材,其长度为易于插入主龙骨的方眼中的尺寸。次龙骨的两端应加工成凸形,为使多根次龙骨在穿插连接中保持顺直,次龙骨的凸形部位应弯成一定的角度,使两根龙骨在一个方孔中保持中心线重合。边龙骨即封口角铝,其作用是为吊顶毛边及检查部位封口,使边角部位保持整齐顺直。边龙骨有等肢和不等肢两种,与轻钢龙骨组合拼装成 T 形龙骨吊顶时,连接件与轻钢龙骨配件相同。吊杆选用 $\phi4 \sim \phi8$ mm 的钢筋。

(2)铝合金龙骨吊顶施工构造。

应根据图纸的要求进行铝合金(T 形)龙骨长度的裁切,如图纸要求特殊造型,应根据图纸尺寸下料。铝合金(T 形)龙骨吊顶的弹线放样、吊杆的设置以及排板分格的方法与轻钢龙骨吊顶的操作工艺相同。施工顺序:固定悬吊—龙骨安装—安装装饰板。

T 形龙骨吊顶装饰面板的安装大体分为明装形式、暗装形式和半隐形式三种。明装形式是指 T 形龙骨外露、饰面板只是搁置在 T 形龙骨的两翼上。暗装形式是指饰面板边部有企口(带暗槽),饰面板从侧面企口(凹槽)插入 T 形龙骨中,从而使 T 形龙骨隐蔽在企口凹槽内。半隐形式是指饰面板安装后外露部分骨架,主龙骨呈现为暗装形式,次龙骨呈现为明装形式。

6.3.2 金属构造图例

1. 不锈钢(顶棚)

(1)龙骨吸顶吊件用膨胀螺栓与钢筋混凝土板或钢架转换层固定;

(2)用 $\phi10$ mm 吊筋和配件固定 50 型或 60 型主龙骨,中距 900 mm;

(3)依次固定 50 型次龙骨;

(4)逐步干挂安装不锈钢,点焊时需考虑间隙缝;

(5)根据不锈钢设计情况,基层也可加方管固定,如图 6-3-1 所示。

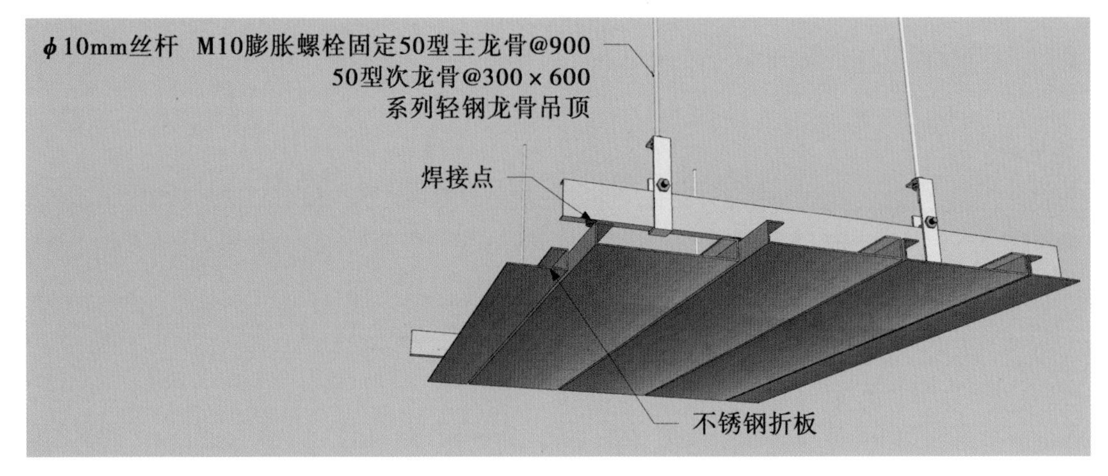

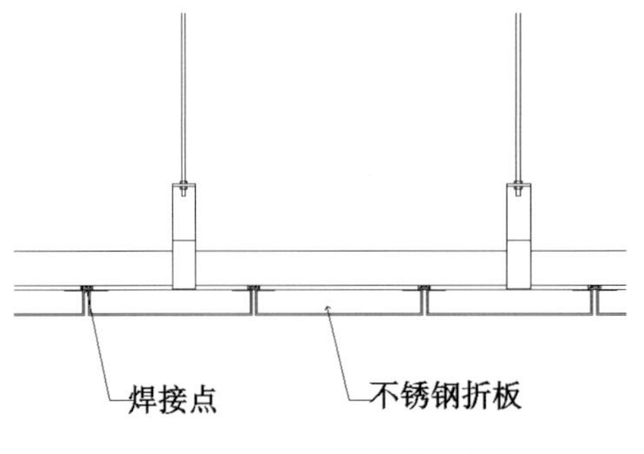

图 6-3-1 不锈钢(顶棚)

2. 不锈钢板与石膏板、乳胶漆相接(顶棚)

(1)轻钢主、次龙骨基层制作;

(2)9.5 mm 或 12 mm 厚纸面石膏板,用自攻螺钉与龙骨固定;

(3)制作木基层(刷防火涂料三遍),满刷氯偏乳液或乳化光油防潮涂料两道;

(4)满刮 2 mm 厚面层耐水腻子;

(5)安装不锈钢,用粘结剂与木基层固定,如图 6-3-2 所示。

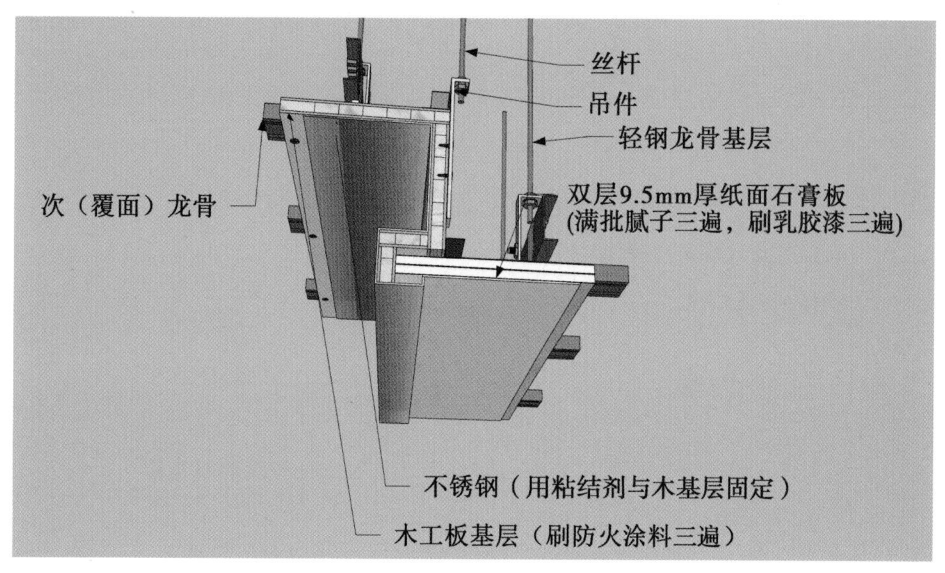

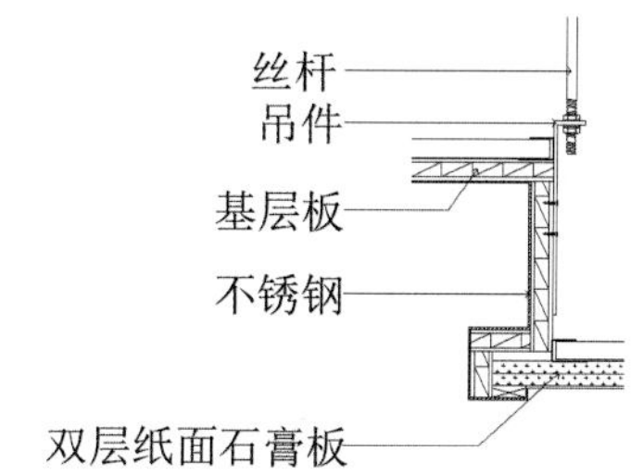

图 6-3-2 不锈钢板与石膏板、乳胶漆相接(顶棚)

3. 金属板与石膏板、乳胶漆相接(顶棚)的构造形式一

(1)根据格栅吊顶平面图,弹出构件材料的纵横布置线,包括造型较复杂部位的轮廓线及吊顶标高线;

(2)固定吊筋吊杆、镀锌铁丝及扁铁吊件;

(3)安装格栅;

(4)格栅安装完成后,进行最后的调平;

(5)格栅与石膏板接口处石膏板上翻处理,注意与格栅留 20 mm 间隙,如图 6-3-3 所示。

4. 金属板与石膏板、乳胶漆相接(顶棚)的构造形式二

(1)根据图纸确认风口的大小和位置;

(2)根据开好的风口与吊顶的高度确认帆布的大小长短;

(3)安装空调系统风管;

(4)安装龙骨;

(5)安装风口,如图 6-3-4 所示。

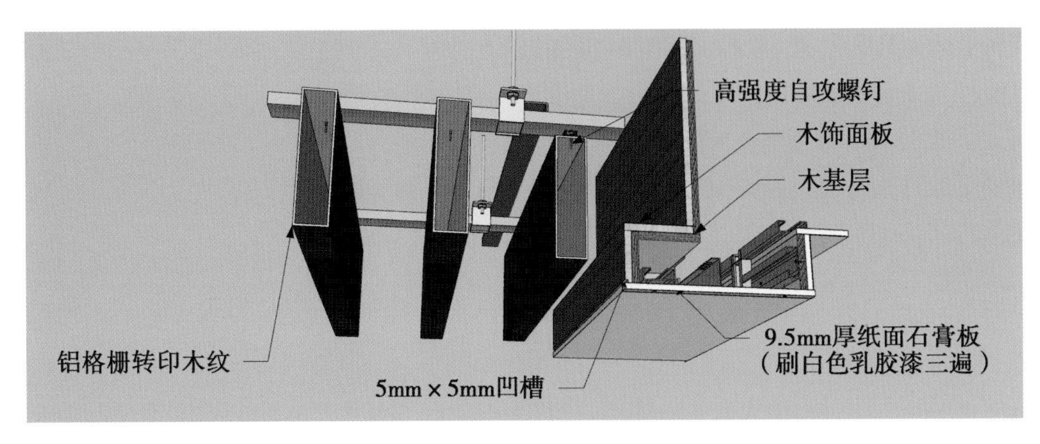

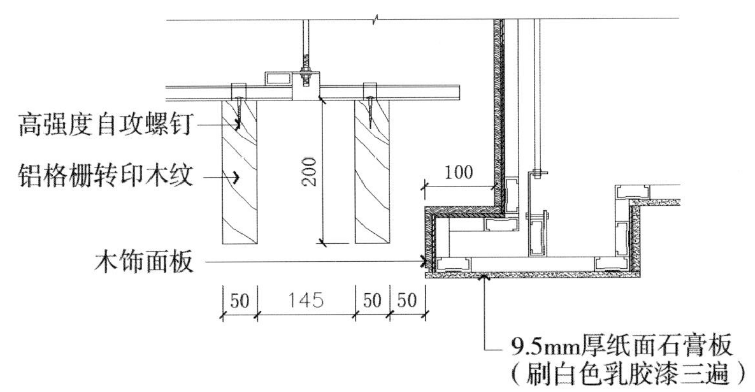

图 6-3-3　金属板与石膏板、乳胶漆相接（顶棚）的构造形式一

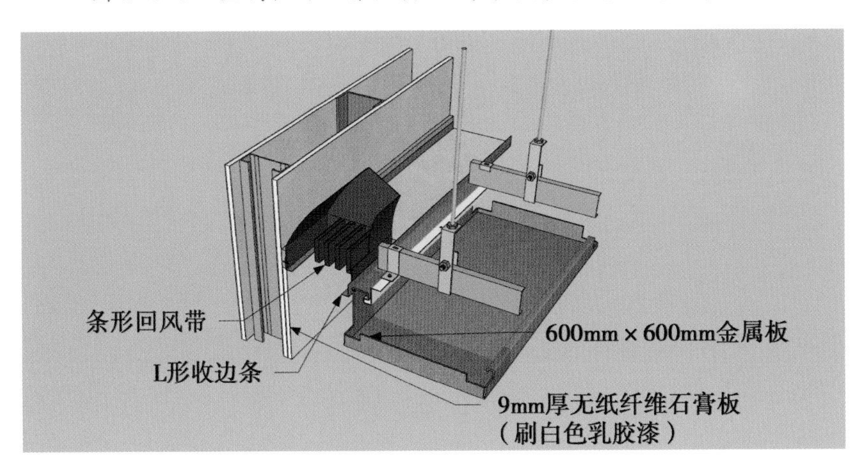

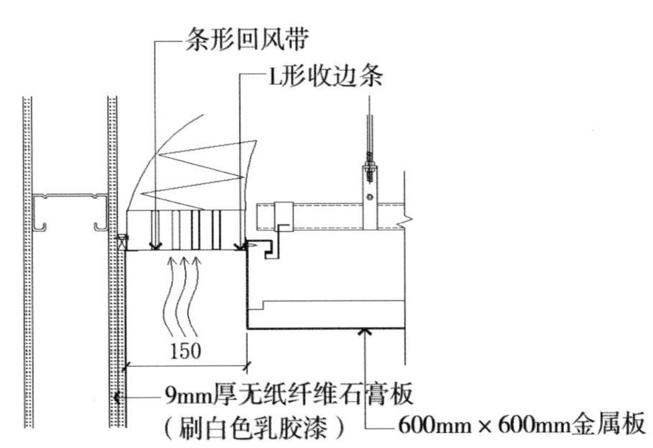

图 6-3-4　金属板与石膏板、乳胶漆相接（顶棚）的构造形式二

5. 金属板与石膏板、乳胶漆相接(顶棚)的构造形式三

(1)轻钢主、次龙骨基层制作;

(2)9.5 mm 或 12 mm 厚纸面石膏板,用自攻螺钉与龙骨固定;

(3)纸面石膏板边缘处增加 U 形铝型材,收边;

(4)满刷氯偏乳液或乳化光油防潮涂料两道,满刮 2 mm 厚面层耐水腻子;

(5)安装镜面黑金属,用粘结剂与基层板固定;

(6)边缘处安装 L 形不锈钢型材,收边,如图 6-3-5 所示。

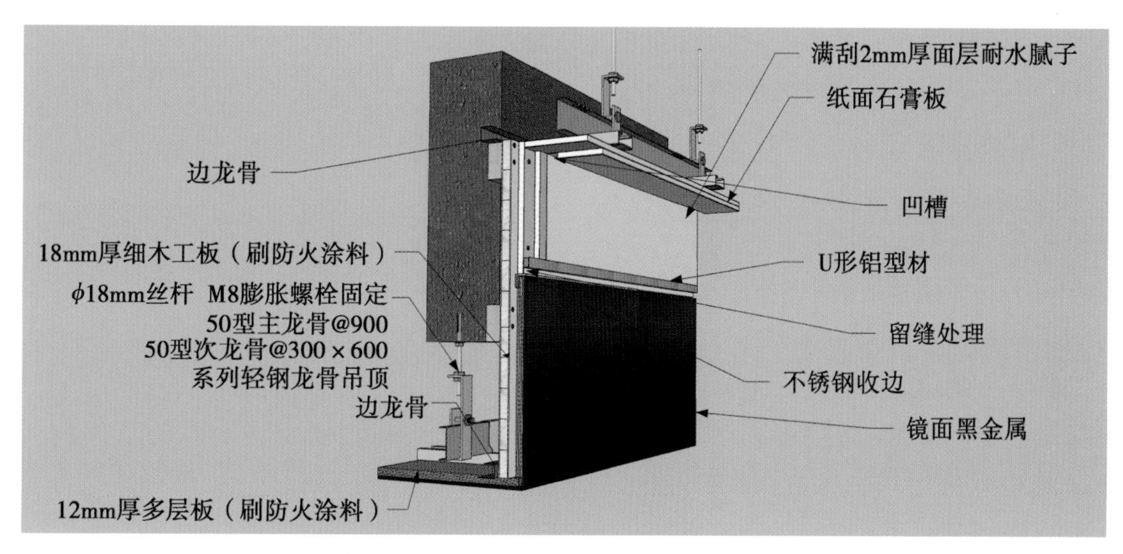

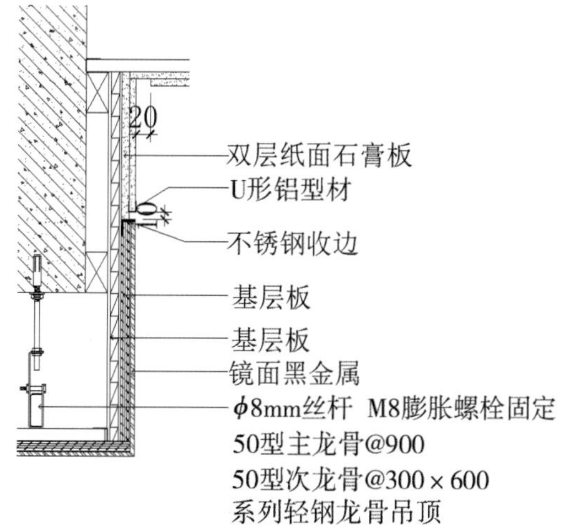

图 6-3-5　金属板与石膏板、乳胶漆相接(顶棚)的构造形式三

6. 铝板与条形吸音板相接(顶棚)

(1)根据设计要求,确定标高基准线;

(2)安装预埋件、连接件;

(3)安装铝板;

(4)安装条形吸音板,与铝板边缘自然接缝;

(5)清理铝板板面,如图 6-3-6 所示。

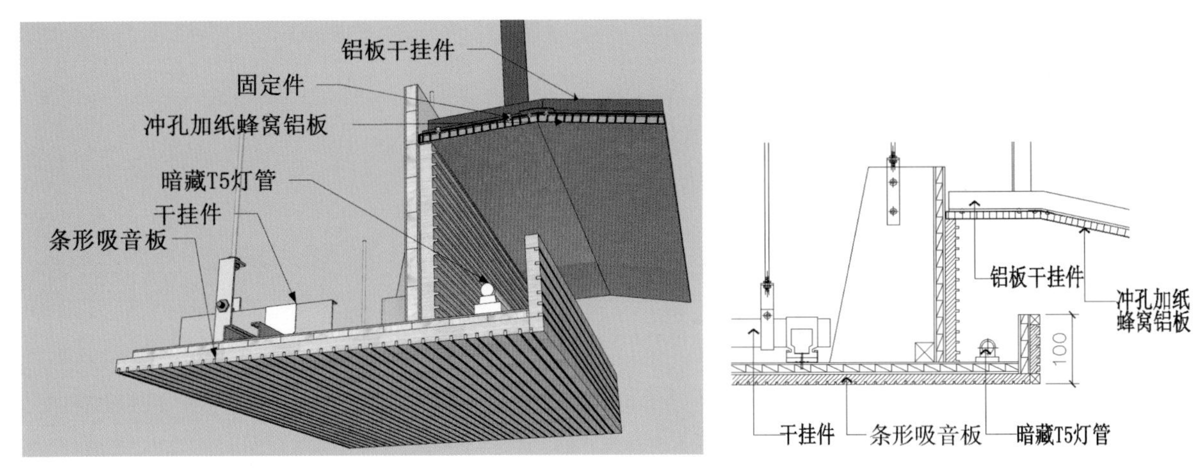

图 6-3-6　铝板与条形吸音板相接(顶棚)

7. 铝板与石膏板、乳胶漆相接(顶棚)

(1)轻钢主、次龙骨基层制作;

(2)9.5 mm 或 12 mm 厚纸面石膏板,用自攻螺钉与龙骨固定;

(3)满刷氯偏乳液或乳化光油防潮涂料两道;

(4)满刮 2 mm 厚面层耐水腻子,涂料饰面;

(5)安装铝板专用吊件,与轻钢龙骨固定;

(6)安装铝板与铝板吊件,用螺栓固定;

(7)铝板边缘处加 L 形铝型材收边,如图 6-3-7 和图 6-3-8 所示。

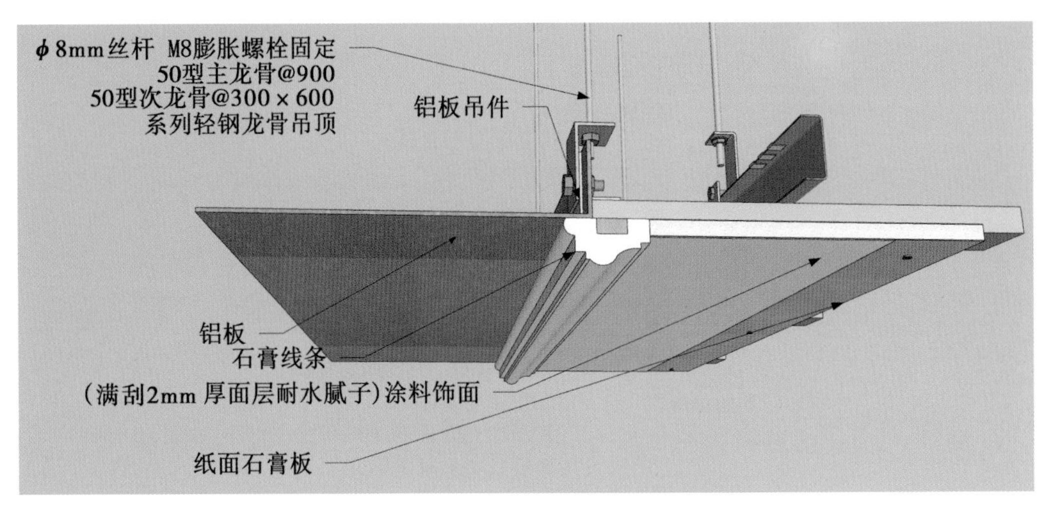

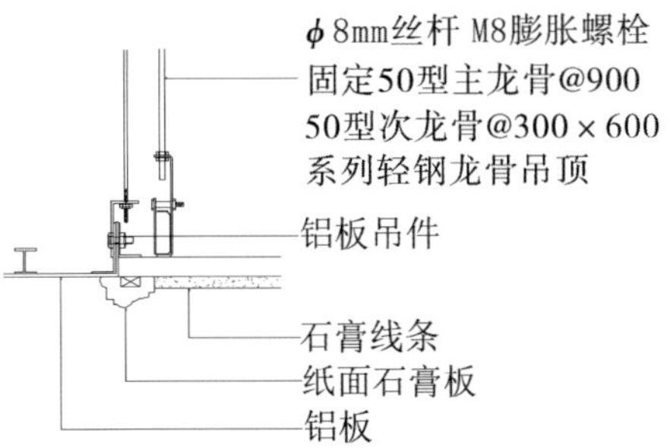

图 6-3-7　铝板与石膏板、乳胶漆相接(顶棚)的构造形式一

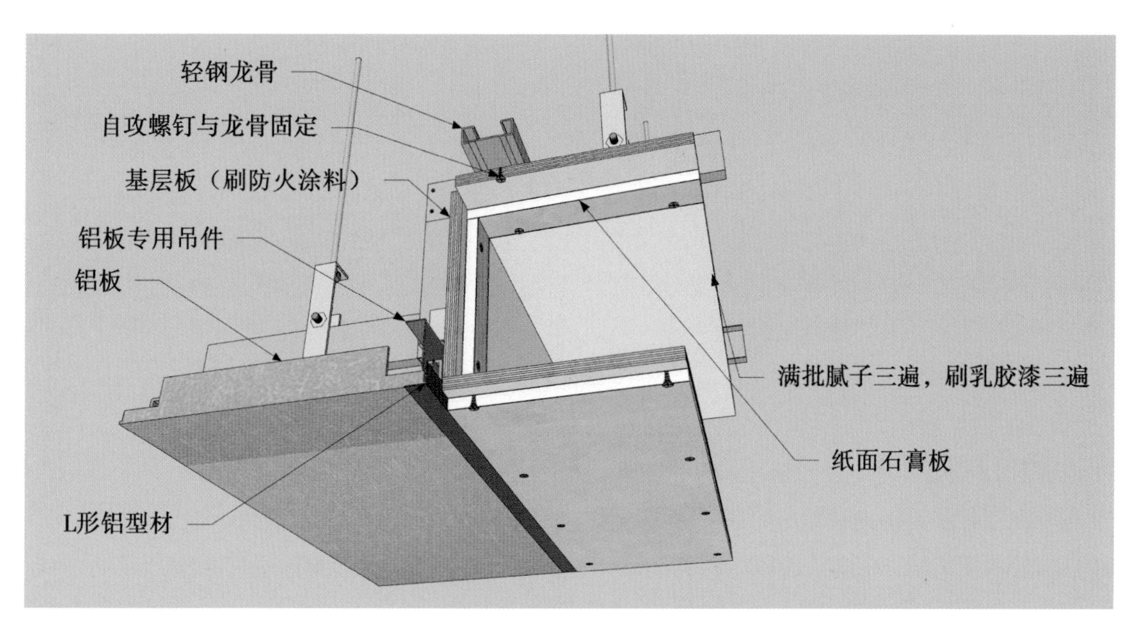

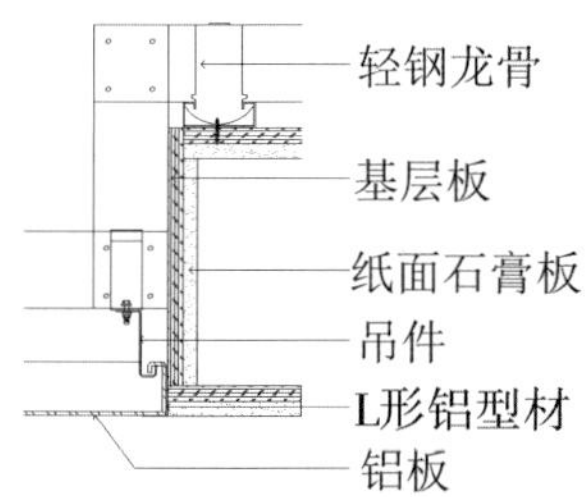

图 6-3-8　铝板与石膏板、乳胶漆相接（顶棚）的构造形式二

8. 成品铝格栅与矿棉板相接（顶棚）

(1) 龙骨吸顶吊件用膨胀螺栓与钢筋混凝土板固定；

(2) 铝扣板基层制作，50 型主龙骨间距 900 mm，次龙骨间距依据铝扣板规格进行调整；

(3) 校正主、次龙骨的位置及水平度，安装铝格栅；

(4) 校正主、次龙骨的位置及水平度，安装矿棉板，如图 6-3-9 所示。

注：面板平整度的处理；密封胶的处理。

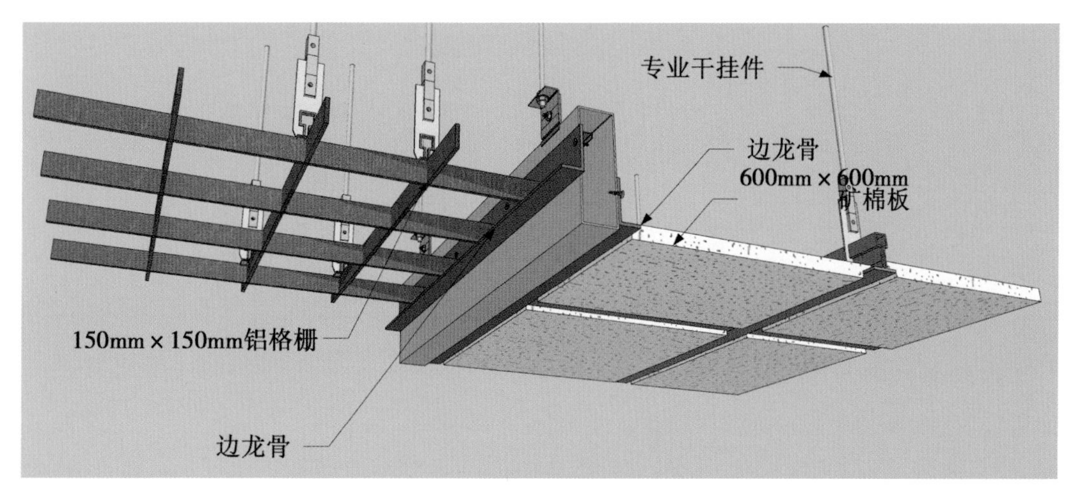

图 6-3-9　成品铝格栅与矿棉板相接（顶棚）

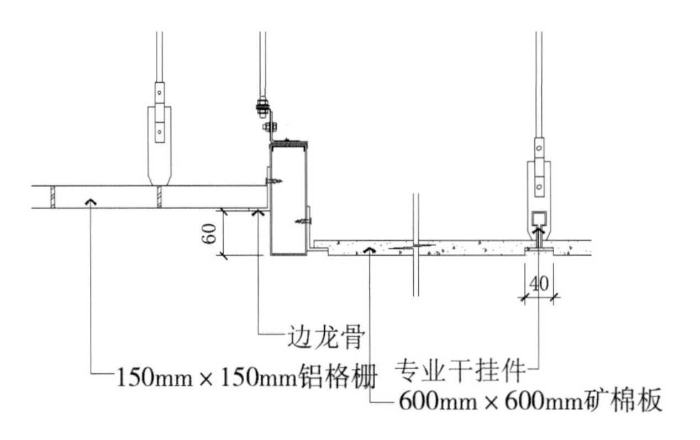

续图 6-3-9

9. 成品铝扣板与建筑伸缩缝(顶棚)

(1)龙骨吸顶吊件用膨胀螺栓与钢筋混凝土板固定;

(2)铝扣板基层制作,50 型主龙骨间距 900 mm,次龙骨间距依据铝扣板规格进行调整;

(3)校正主、次龙骨的位置及水平度,安装铝扣板(图 6-3-10)。

注:面板平整度的处理;密封胶的处理。

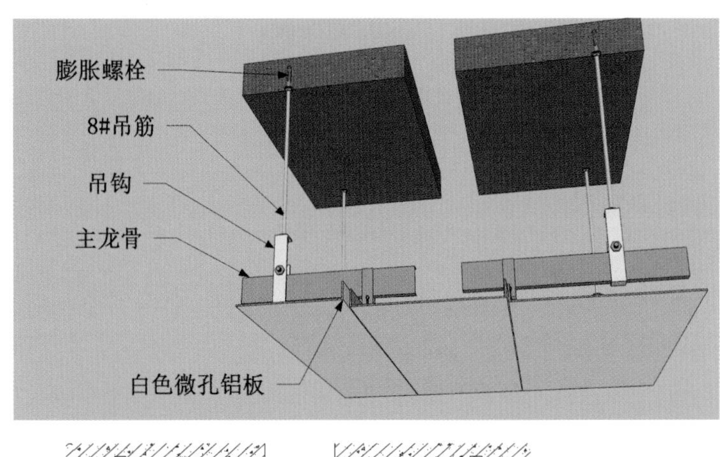

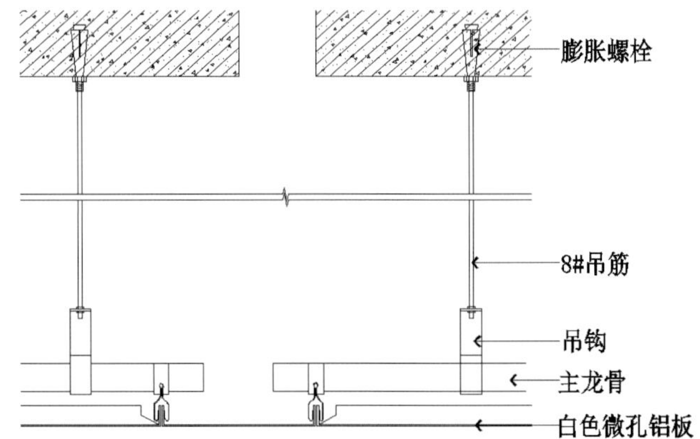

图 6-3-10 成品铝扣板与建筑伸缩缝(顶棚)

10. 成品铝扣板与窗帘盒(顶棚)

(1)龙骨吸顶吊件用膨胀螺栓与钢筋混凝土板固定;

(2)纸面石膏板基层制作,50 型主龙骨间距 900 mm,50 型次龙骨间距 300 mm,次龙骨横撑间距 600 mm,纸面石膏板用自攻螺钉与龙骨固定,满批耐水腻子三遍,乳胶漆饰面;

(3) 18 mm 厚细木工板刷防火涂料三遍，与吸顶吊件采用 35 mm 长的自攻螺钉固定；

(4) 铝扣板基层制作，50 型主龙骨间距 900 mm，次龙骨间距依据铝扣板规格进行调整；

(5) 校正主、次龙骨的位置及水平度，安装铝扣板(图 6-3-11)。

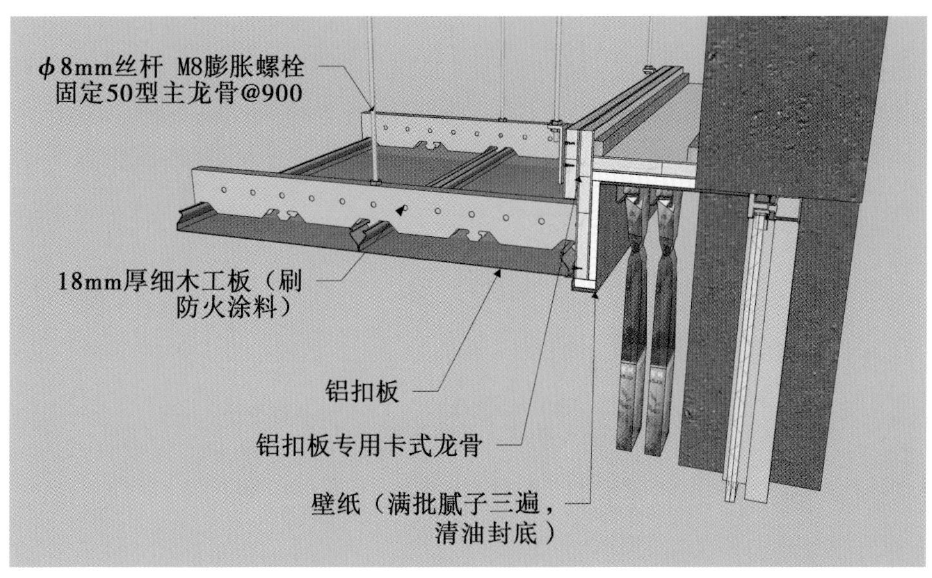

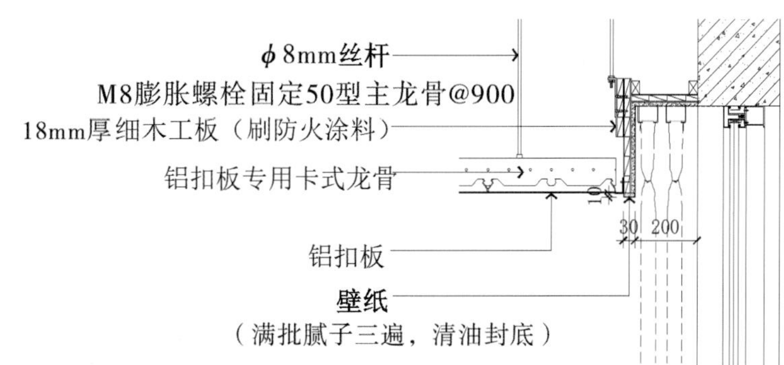

图 6-3-11 成品铝扣板与窗帘盒(顶棚)

11. 成品双铝边检修口(顶棚)

(1) 龙骨吸顶吊件用膨胀螺栓与钢筋混凝土板固定；

(2) 50 型主龙骨间距 900 mm，50 型次龙骨间距 300 mm，次龙骨横撑间距 600 mm；

(3) 检修口周边基层焊接 5# 镀锌角钢加固，连接处满焊接，刷防锈漆三遍；

(4) 9.5 mm 厚纸面石膏板及成品双铝边石膏检修口用自攻螺钉与龙骨固定；

(5) 满批耐水腻子三遍，乳胶漆涂料饰面(图 6-3-12)。

12. 金属空调风管(顶棚)

(1) 根据图纸，先安装空调风口，打吊筋，用膨胀螺栓与钢筋混凝土板或钢架转换层固定，用角铁与吊筋固定，装风管；

(2) 龙骨吸顶吊件用膨胀螺栓与钢筋混凝土板或钢架转换层固定；

(3) 用 ϕ8 mm 吊筋和配件固定 50 型或 60 型主龙骨，中距 900 mm；

(4) 依次固定 50 型次龙骨，中距 400 mm；

(5) 石膏板封平，如图 6-3-13 所示。

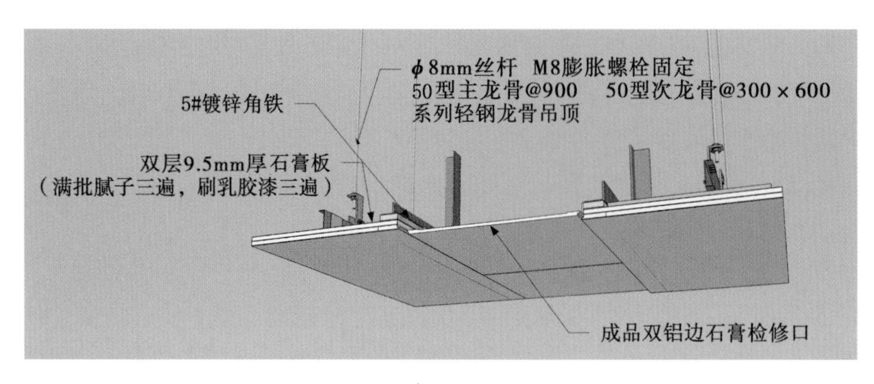

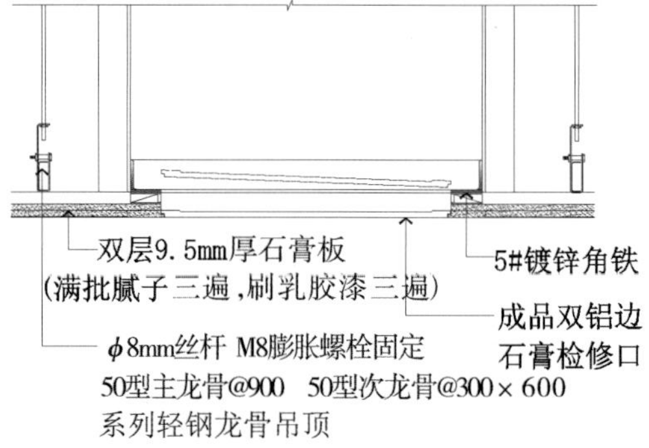

图 6-3-12 成品双铝边检修口(顶棚)

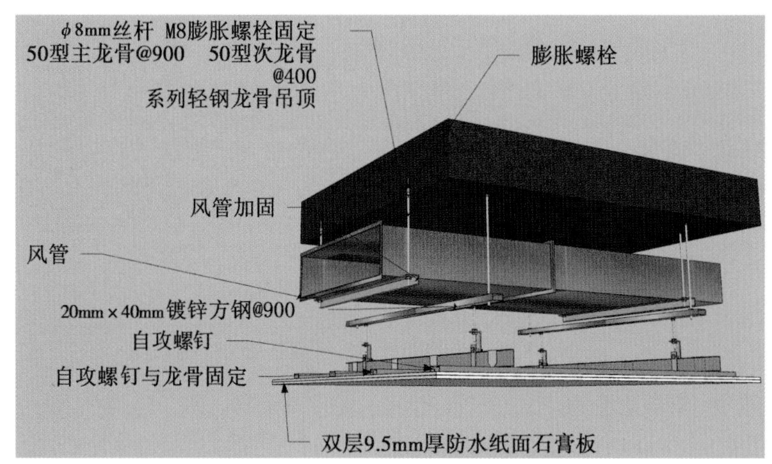

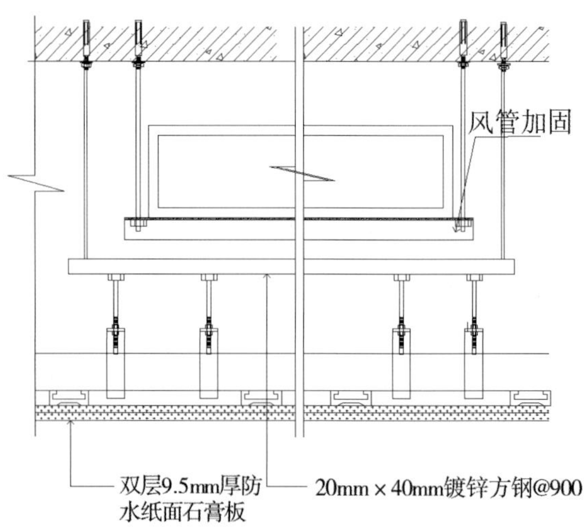

图 6-3-13 金属空调风管(顶棚)

13. 不锈钢与石材相接(墙面)

(1)用槽钢、镀锌角铁制作石材结构框架;

(2)安装定制石材;

(3)制作木龙骨、防火板;

(4)安装不锈钢;

(5)石材用专用胶固定,需做六面防护(图 6-3-14)。

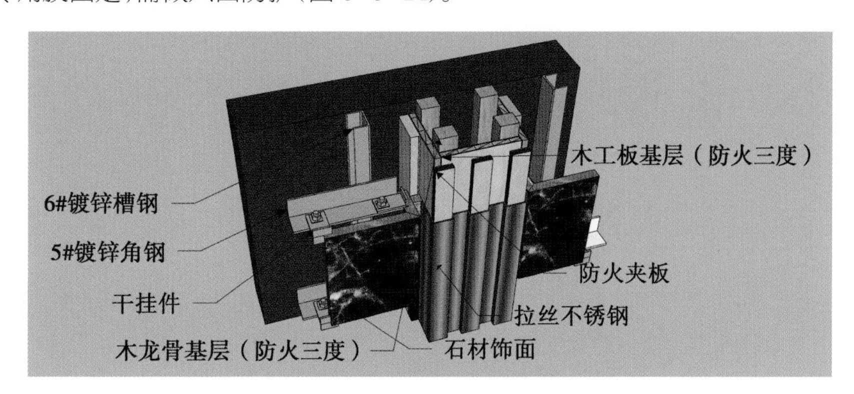

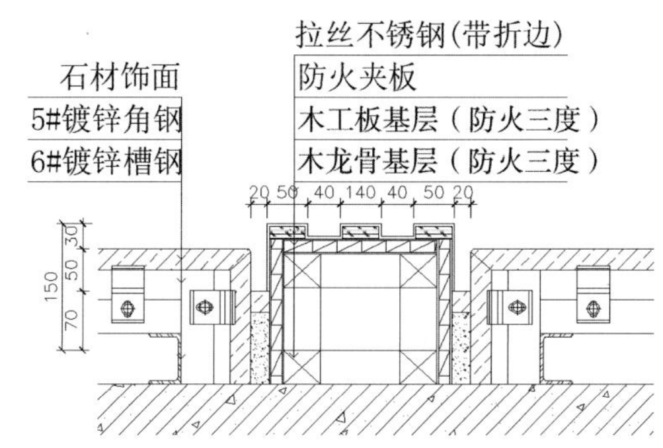

图 6-3-14　不锈钢与石材相接(墙面)

注:当不锈钢与石材拼接高度不在一条线上时注意前后压边关系;不锈钢施工时保护膜不宜撕去;不锈钢造型与木基层粘结厚度应在 3 mm 左右,用玻璃胶、万能胶粘平板。

14. 不锈钢与木饰面相接(墙面)

(1)选用指定的 1.2 mm 厚不锈钢面板;

(2)定制成品木饰面基础材料细木工板;

(3)用专业干挂件干挂;

(4)木饰面基层需做三防处理,不锈钢选用专业粘结剂固定(图 6-3-15)。

注:避免衔接处不平,以免影响美观;木饰面做好基层处理;留 5 mm × 5 mm 工艺缝;不锈钢特性与玻璃相似,可以反射,要求凹槽中的木饰面做见光处理。

15. 不锈钢框与软包相接(墙面)

(1)选择木龙骨材料,基层板需做三防处理;

(2)用专用胶固定安装,安装时用软包压不锈钢(图 6-3-16)。

注:①由于不锈钢材质特殊,施工时要注意工序、材料保护和成品保护。

②不锈钢需要注意折边,不锈钢特性与玻璃相似,可以反射,要求凹槽玻璃磨边处理,留缝让不锈钢折边好收边。

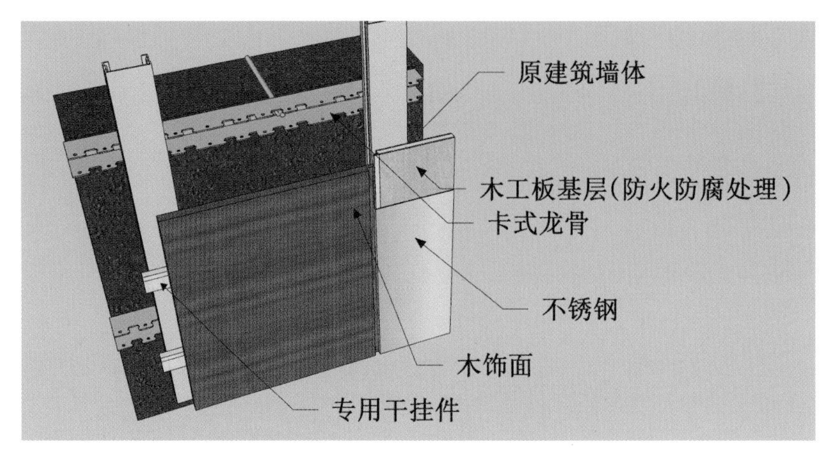

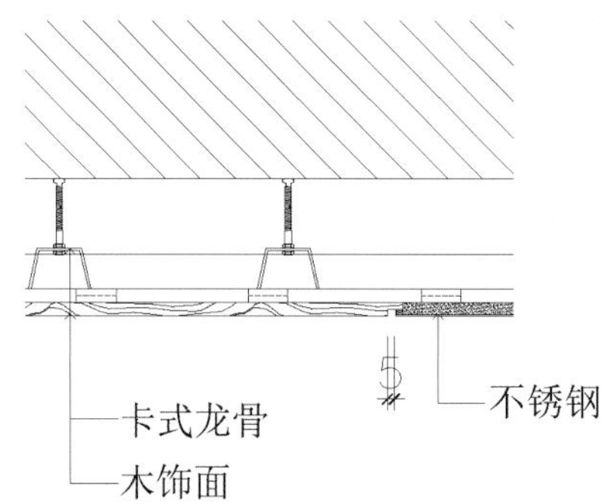

图 6-3-15　不锈钢与木饰面相接(墙面)

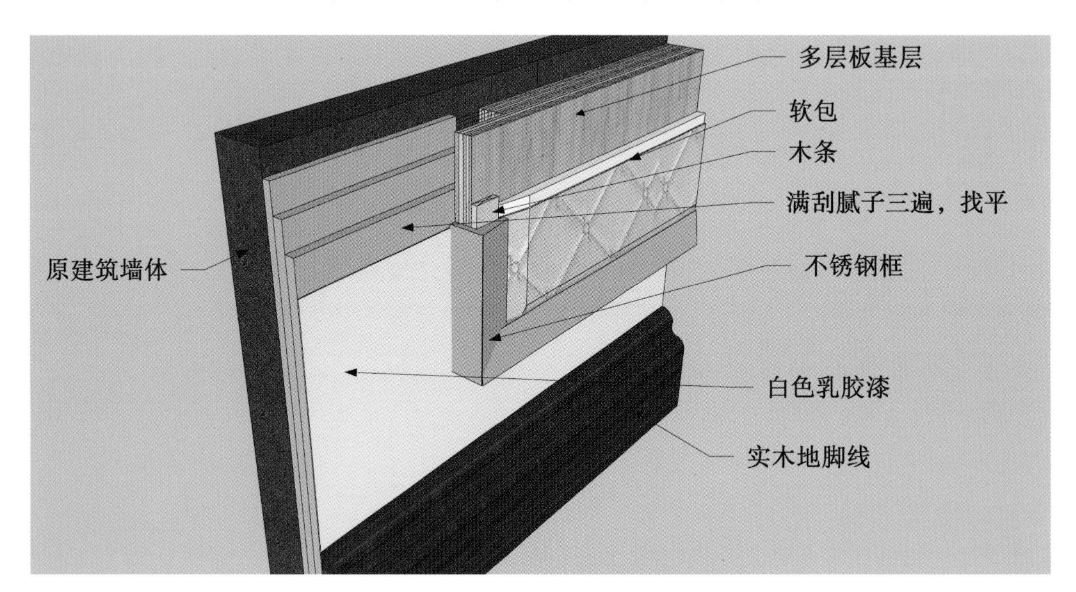

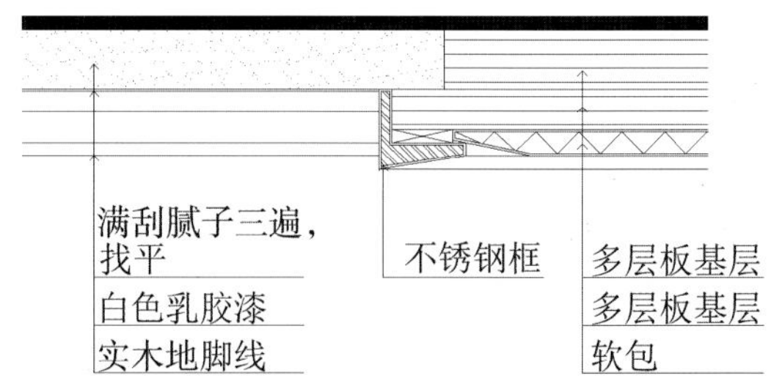

图 6-3-16　不锈钢框与软包相接(墙面)

16. 不锈钢踢脚线与皮革硬包相接(墙面)

(1)选择木龙骨材料,基层板需做三防处理;

(2)用专用胶固定安装,安装时用硬包压不锈钢(图 6-3-17)。

注:①由于不锈钢材质特殊,施工时要注意工序、材料保护和成品保护;

②不锈钢需要注意折边,不锈钢特性与玻璃相似,可以反射,要求凹槽玻璃磨边处理,留缝让不锈钢折边好收边。

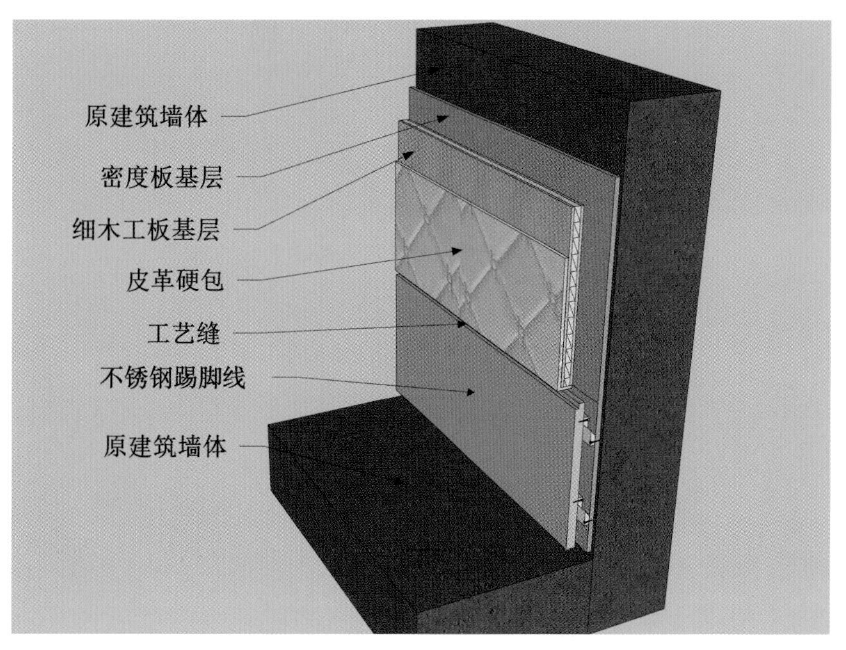

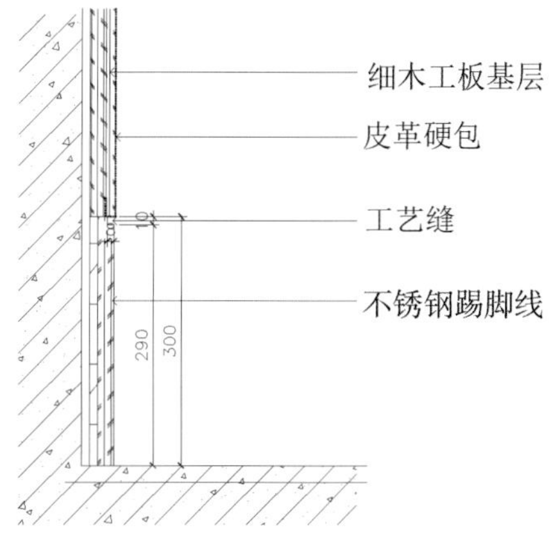

图 6-3-17　不锈钢踢脚线与皮革硬包相接(墙面)

17. 不锈钢踢脚线与木饰面相接(墙面)

(1)踢脚专用干挂配件;

(2)选用指定木基层加工、固定框架;

(3)用专用粘结剂固定安装不锈钢;

(4)安装时不锈钢折边需平直(图 6-3-18)。

注:不锈钢需要注意折边,不锈钢特性与玻璃相似,可以反射,要求凹槽玻璃磨边处理,留缝让不锈钢折边好收边。

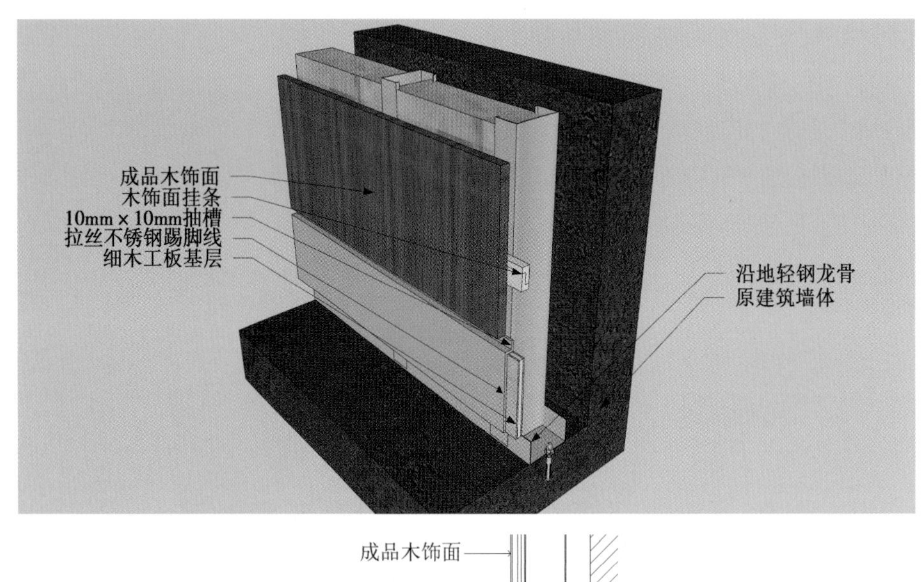

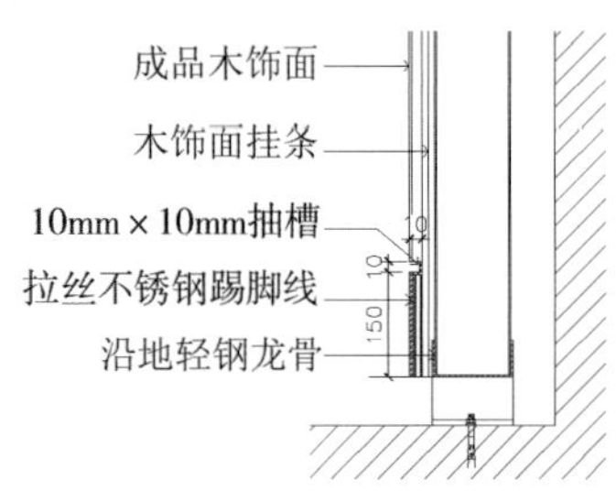

图 6-3-18　不锈钢踢脚线与木饰面相接(墙面)

18. 不锈钢与木饰面相接(墙面)

(1)选用指定的 1.2 mm 厚不锈钢面板;

(2)定制成品木饰面和基础材料轻钢龙骨;

(3)用专业干挂件干挂;

(4)卡式龙骨调平基层;

(5)不锈钢选用专业粘结剂固定(图 6-3-19 和图 6-3-20)。

注:选择合适的不锈钢折边工艺;木饰面做好基层定制;适当加固,与不锈钢拼接处预留 5 mm×5 mm 空隙伸缩缝;不锈钢特性与玻璃相似,可以反射,要求伸进去的木饰面做见光处理。

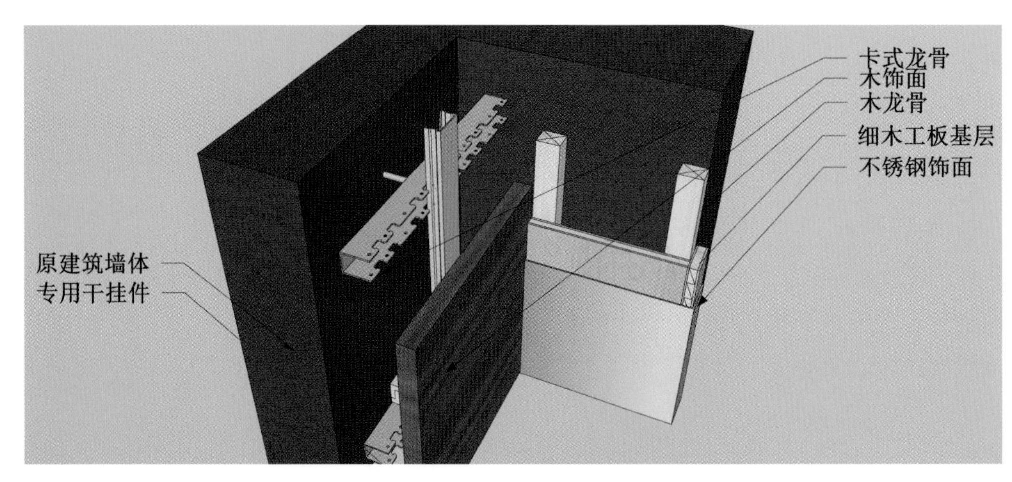

图 6-3-19　不锈钢与木饰面相接(墙面)的构造形式一

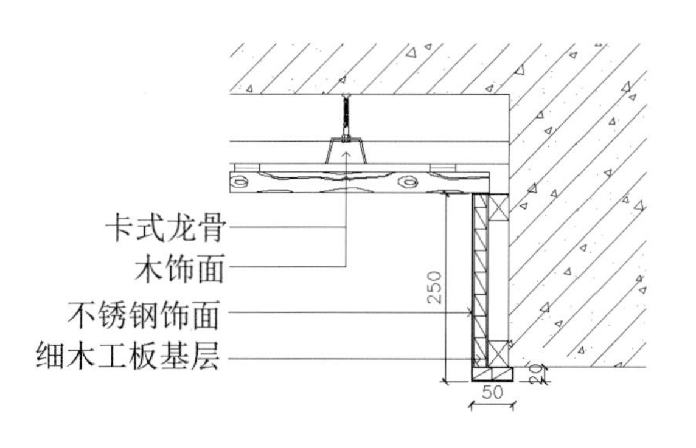

续图 6-3-19

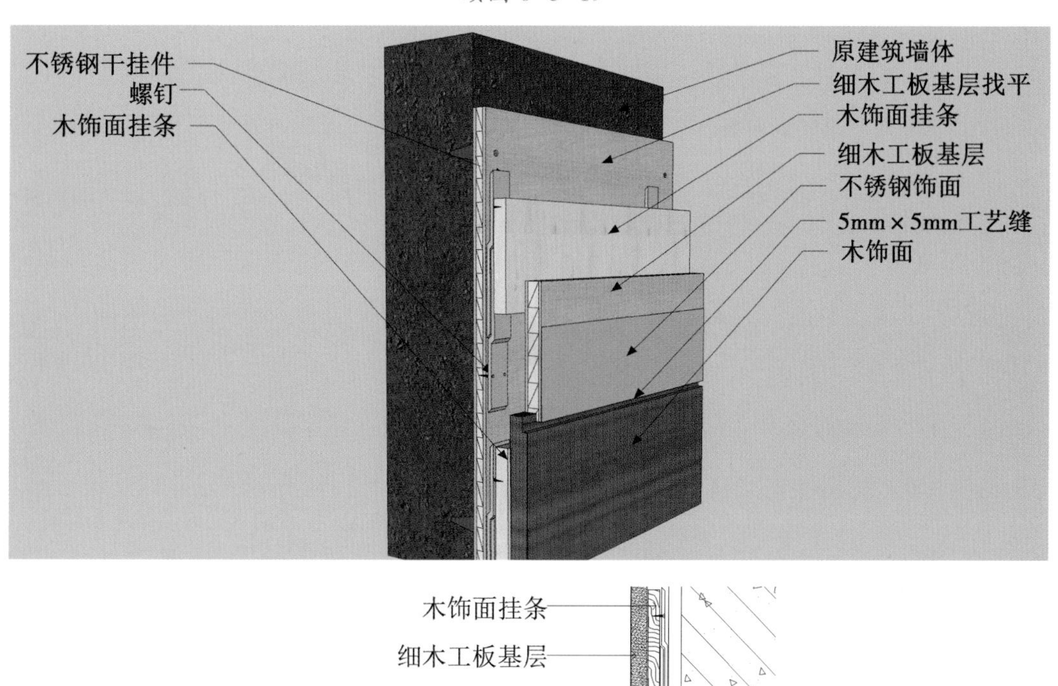

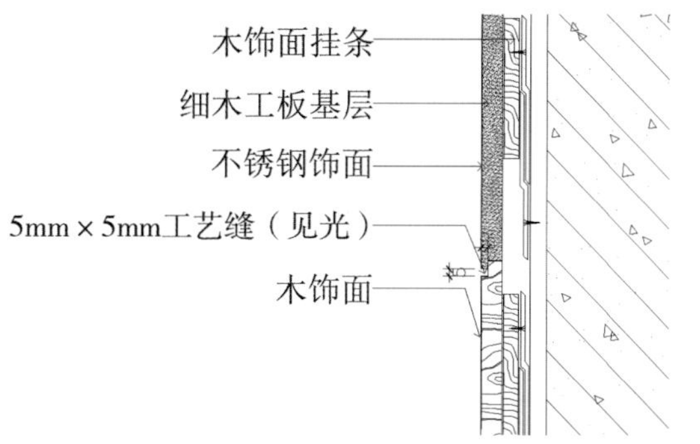

图 6-3-20　不锈钢与木饰面相接(墙面)的构造形式二

19. 不锈钢地沟(地面)

(1)基于原建筑钢筋混凝土楼板安装 ϕ50 mm 水管,用丝扣固定;

(2)依次做 20 mm 厚 1∶3 水泥砂浆找平层,1.5 mm 厚 JS 或聚氨酯涂膜防水层(一次防水),10 mm 厚 1∶3 水泥砂浆防水保护层(一次防水);

(3)灰砖砌筑水沟,一次防水完成后做防水保护(防水层厚度依现场实际确定);

(4)做 30 mm 厚 1∶3 水泥砂浆找平层,1.5 mm 厚 JS 或聚氨酯涂膜防水层(二次防水),30 mm 厚 1∶3 水泥砂浆粘结层;

(5)刷 10 mm 厚素水泥膏;

(6)铺防滑砖；

(7)安装 1.5 mm 厚不锈钢,20 mm 厚不锈钢防滑格栅；

(8)做 10 mm 厚 1：3 水泥砂浆防水保护层,20 mm 厚 1：3 水泥砂浆粘结层；

(9)铺地砖(8～12 mm 厚,干水泥擦缝),注意找坡,如图 6-3-21 所示。

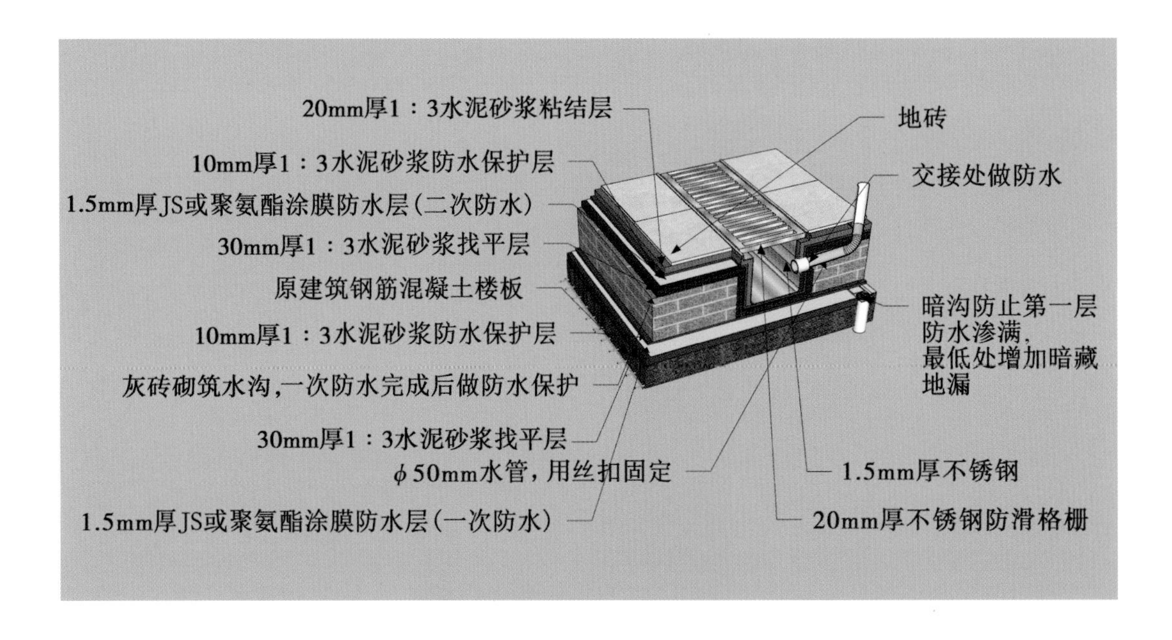

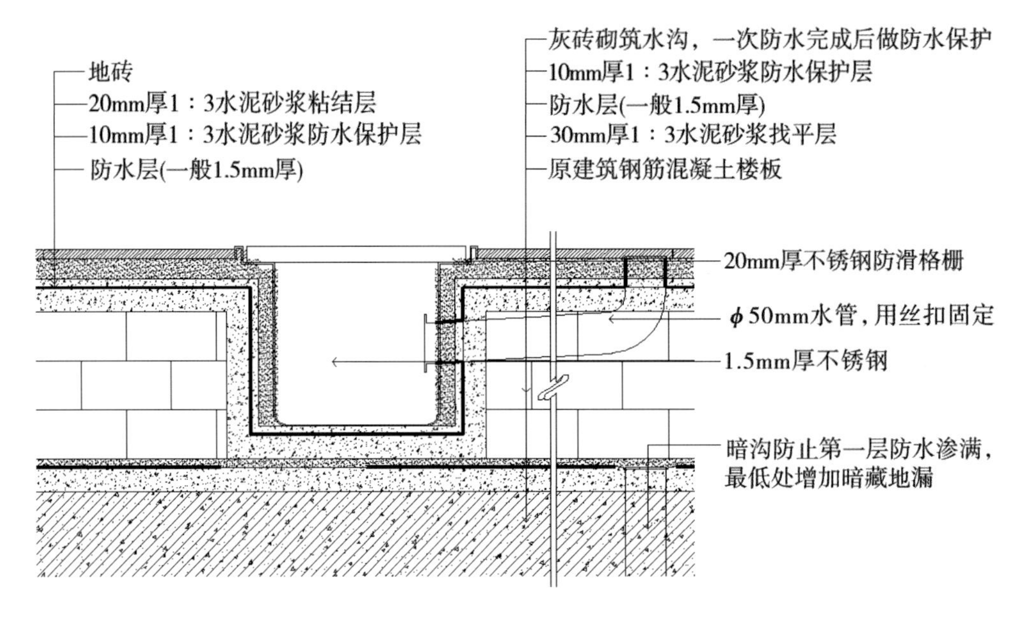

图 6-3-21　不锈钢地沟(地面)

20. 不锈钢收口与地砖相接(地面)

(1)基于原建筑钢筋混凝土楼板做 30 mm 厚 1：3 水泥砂浆找平层,做 20 mm 厚水泥砂浆结合层；

(2)铺地砖(8～12 mm 厚),用干水泥擦缝或用专用勾缝剂勾缝；

(3)安装 1.5 mm 厚拉丝不锈钢(图 6-3-22)。

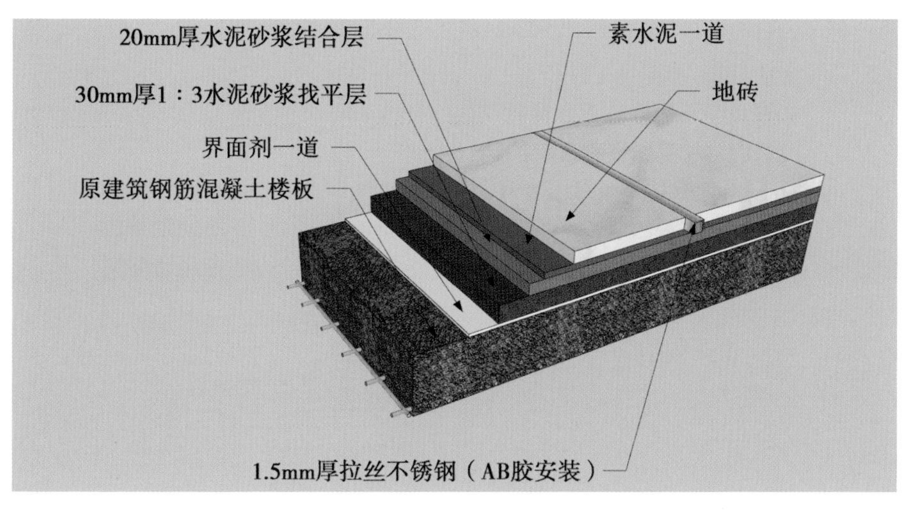

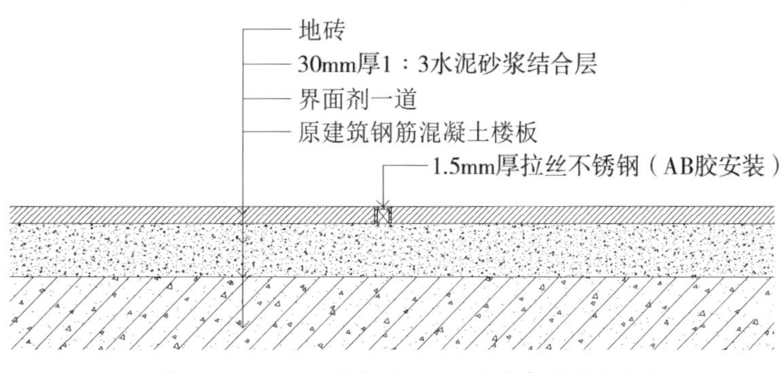

图 6-3-22　不锈钢收口与地砖相接(地面)

21. 不锈钢地漏(地面)

(1)基于原建筑钢筋混凝土楼板设置成品暗藏地漏;

(2)依次做 30 mm 厚 1∶3 水泥砂浆找平层,1.5 mm 厚 JS 或聚氨酯涂膜防水层,10 mm 厚 1∶3 水泥砂浆防水保护层,30 mm 厚 1∶3 干硬性水泥砂浆粘结层;

(3)刷 10 mm 厚素水泥膏;

(4)铺石材,石材需做六面防护(图 6-3-23)。

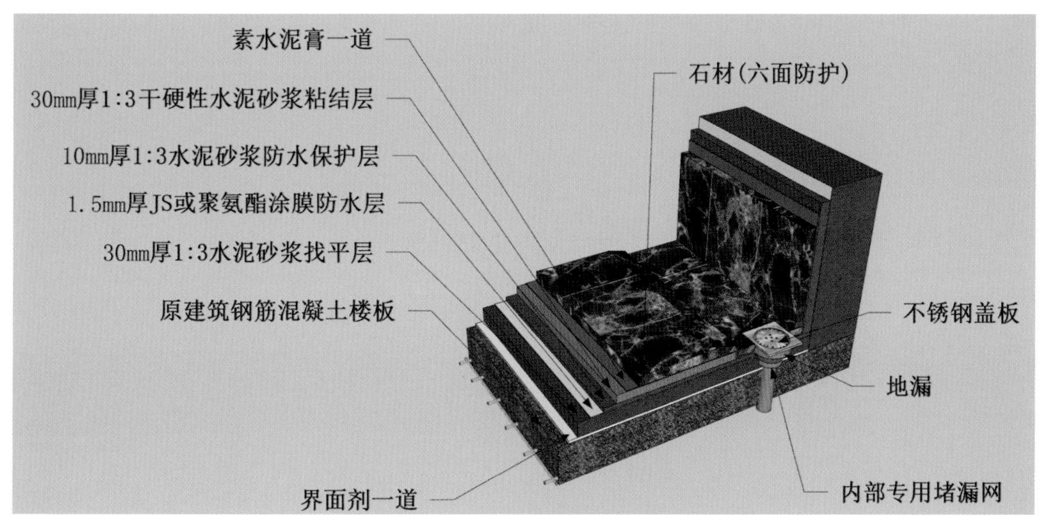

图 6-3-23　不锈钢地漏(地面)

石材
素水泥膏一道
30厚1：3干硬性水泥砂浆粘结层
10厚1：3水泥砂浆防水保护层
防水层(一般1.5mm厚)
30厚1：3水泥砂浆找平层
不锈钢盖板
专用堵漏网
石材

续图 6-3-23

第七章 装修织物与卷材类

7.1 装修织物与卷材制品分类

织物与卷材是室内装饰装修中的重要材料之一，主要包括壁纸(墙布)、地毯、窗帘等(如图7-1-1所示)。它们用途不同，质地、性能以及制造方法等也各不相同，但都具有色彩丰富、质地柔软、富有弹性等特点，不仅为室内空间创造舒适的环境，还能烘托气氛，起到锦上添花的效果。

图7-1-1 壁纸(墙布)

7.1.1 墙面装饰织物

1. 壁纸(墙布)

壁纸(墙布)通常由两层复合而成，底层为基层，表面为面层，基层材料有全塑、纸基和布基(玻璃布和无纺布)，面层材料有聚乙烯、聚氯乙烯和纸面之分。壁纸(墙布)是室内装饰装修中使用最为广泛的材料之一。壁纸(墙布)不仅图案多样、色彩丰富、装饰性极强，还具有遮盖、吸音、隔热、防霉、防臭、屏蔽、防潮、防静电、防火等多种功能(如图7-1-2所示)。

图7-1-2 壁纸与家具装饰风格一致

随着工艺的不断发展，现代室内装修工程中所使用的壁纸(墙布)易清洗、寿命长、施工方便，且能仿真其他墙面材料的质感，品种更加多样化。墙布有色泽高雅、质地柔和的特点。墙布还能节省刷涂料的过程，避免裂纹的出现，同时让墙壁有了肌理的效果，具有色彩多样、图案丰富、豪华气派、安全环保、施工方便、价格适宜等多种其他室内装饰材料无法比拟的特点。常见壁纸包括以下五类：

①复合纸质壁纸：基层和面层都是纸(如图7-1-3所示)。

②纤维壁纸：以纸为基层，表面复合丝、棉、麻、毛等纤维(如图7-1-4所示)。

③天然材料面壁纸：基层是纸，表面有木、麻、树叶、芦苇、软木等材质(如图7-1-5所示)。

④金属壁纸：基层是纸，面层涂布金属膜(如图7-1-6所示)。

⑤塑料壁纸:这是目前使用非常广泛的一种壁纸,采用具有一定性能的塑料原纸,在其表面再进行印花涂布等工艺制作而成。塑料壁纸包括非发泡塑料壁纸、发泡塑料壁纸、耐水塑料壁纸、防霉塑料壁纸、防火塑料壁纸、防结露塑料壁纸、芳香塑料壁纸、彩砂塑料壁纸、屏蔽塑料壁纸、激光壁纸等(如图 7-1-7 所示)。

图 7-1-3　复合纸质壁纸

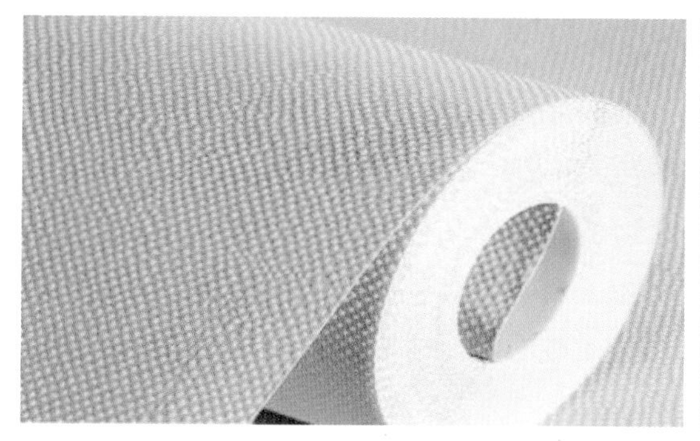

图 7-1-4　纤维壁纸

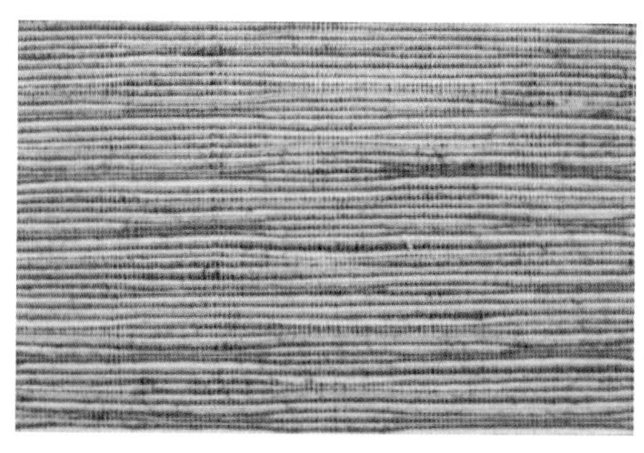

图 7-1-5　天然材料面壁纸

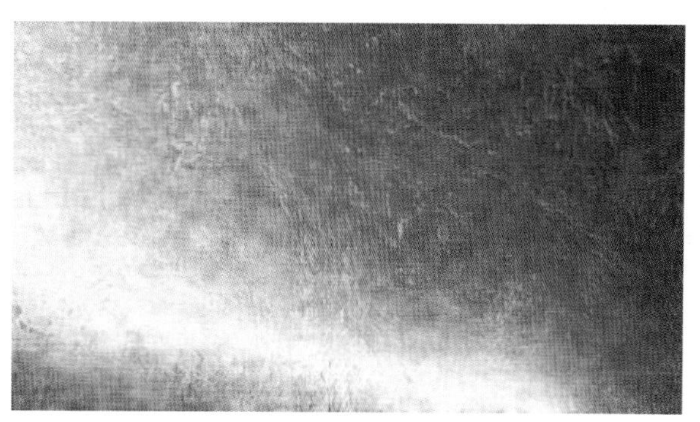

图 7-1-6　金属壁纸

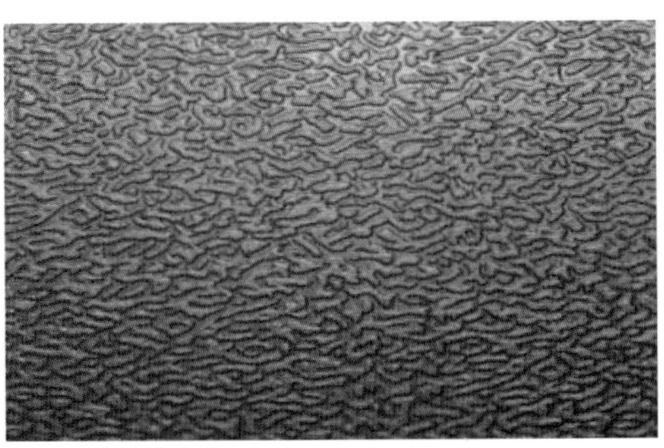

图 7-1-7　塑料壁纸

2. 墙布

墙布是以天然纤维或人造纤维织成的布为基层，面层涂以树脂并印刷各种图案和色彩的装饰材料。

(1) 化纤装饰墙布：以化学纤维织成的布为基材，经一定处理后印花而成。常用的化学纤维有丙纶、腈纶、涤纶、醋酯纤维等，具有无毒、无味、透气、防潮、耐磨等特点，适用于各类建筑物的室内装饰(如图 7-1-8 所示)。

(2) 棉纺装饰墙布：以纯棉平布为基层，经前期处理、印花、涂布耐磨树脂等工序制成。棉纺装饰墙布强度大、静电小、蠕变小，无毒无味、美观大方，适合于较高档的公共和民用建筑室内装饰。

(3) 高级墙面装饰织物：主要指锦缎、丝绒、呢料等织物。锦缎和丝绒具有色彩绚丽、图案丰富的特点，质感和光泽极好，作为装饰织物显得华贵高雅，常被用于高档室内墙面和窗帘等装饰。粗毛呢料的质感粗实厚重，吸音性能优良，纹理厚实古朴，适合于高档宾馆等公共厅堂柱面的裱糊装饰。这些织物由于纤维材料不同，制造方法不同以及处理工艺不同，所产生的质感和装饰效果也就不同(如图 7-1-9 所示)。

图 7-1-8　化纤装饰墙布

图 7-1-9　高级墙面装饰织物

3. 窗帘

窗帘是由布、麻、纱、铝片、木片、金属材料等制作的，具有遮阳隔热和调节室内光线的功能。布帘按材质分有棉纱布、涤纶布、涤棉混纺、棉麻混纺、无纺布等，不同的材质、纹理、颜色、图案等综合起来就形成了不同风格的布帘。

(1) 窗帘的控制方式。

窗帘的控制方式分为手动和电动两种。手动窗帘包括手动开合帘、手动拉珠卷帘、手动丝柔垂帘、手动斑马帘、手动木百叶、手动罗马帘、手动风琴帘等。电动窗帘包括电动开合帘、电动卷帘、电动丝柔百叶、电动天棚帘、电动斑马帘、电动木百叶、电动罗马帘、电动风琴帘等。随着窗帘的发展，它已成为居室不可缺少的、功能性和装饰性结合的室内装饰品。

窗帘的主要作用是与外界隔绝，保持居室的私密性，是家装不可或缺的装饰品。冬季，窗帘将室内外分隔成两个世界，给屋里增加了温馨的暖意。现代窗帘，既可以减光、遮光，以适应人对光线不同强度的需求；又可以防火、防风、除尘、保暖、消声、隔热、防辐射、防紫外线等，改善居室气候与环境。因此，装饰性与实用性的巧妙结合，是现代窗帘的最大特色。

(2)窗帘的样式特点。

①平拉式（如图7-1-10所示）。这是一种最普通的窗帘式样。这种式样比较简洁，无任何装饰，大小随意，悬挂和掀拉都很简单，适用于大多数窗户。它分为一侧平拉式和双侧平拉式，不同的制作方式结合不同的辅料，能产生赏心悦目的视觉效果。

图7-1-10　平拉式

②掀帘式（如图7-1-11所示）。这种形式也很普通，它可以在窗帘中间系一个蝴蝶结起装饰作用，窗帘可以掀向一侧，也可以掀向两侧，形成柔美的弧线，非常好看。

③楣帘式（如图7-1-12所示）。这种式样要复杂一些，但装饰效果更好，它可以遮去比较粗糙的窗帘轨及窗帘顶部和房顶的距离，显得室内更整齐漂亮。

④升降帘（百叶帘）（如图7-1-13所示）。这种窗帘可以根据光线的强弱而上下升降，当阳光只照到半个窗户时，升降式窗帘既不影响采光，又可遮阳，这种式样适用于宽度小于1.5 m的窗户。

⑤绷窗固定式（如图7-1-14所示）。这种窗帘上下分别套在两个窗轨上，然后将帘轨固定在窗框上，可以平拉展开，也可用饰带或蝴蝶结在中间系住，这种式样适用于办公室或卫生间的玻璃门。

图7-1-11　掀帘式

图7-1-12　楣帘式

图7-1-13　升降帘

图7-1-14　绷窗固定式

7.1.2　地面装饰卷材

1. 地毯

地毯具有隔热、保温、吸音、吸尘、弹性好、典雅、高贵、大方等特点（如图7-1-15所示）。

(1)地毯的品种与分类。

图 7-1-15　不同风格的地毯

按图案类型分类,有"京式"地毯、美术式地毯、仿古式地毯、彩花式地毯、素凸式地毯。

按编织工艺分类,有手工打结地毯、簇绒地毯、无纺地毯。

按尺寸规格分类,有块状地毯和满铺地毯两种。

块毯是由各不相同的小块地毯组成的,它们可以拼成不同的图案。块状地毯铺设便利而灵活,位置可随时变动,这一方面给室内设计提供了更大的选择性,同时可满足不同主人的情趣,而且磨损严重部位的地毯可随时调换,从而延长了地毯的使用寿命,达到既经济又美观的目的。块毯的规格尺寸一般是 50 cm × 50 cm 或者 60 cm × 60 cm(如图 7-1-16 所示)。

满铺地毯即指铺设在室内两墙之间全部地面上的地毯(如图 7-1-17 所示)。铺设场所的室宽超过毯宽时,可以根据室内面积进行裁剪拼接以达到满铺要求,地毯的底面可以直接与地面用胶粘合,也可以绷紧毯面使地毯与地面之间极少滑移,并且用钉子将地毯定位于四周的墙根。满铺地毯一般用于居室、病房、会议室、办公室、大厅、客房、走廊等多种场合。

图 7-1-16　块毯

图 7-1-17　满铺地毯

(2)地毯的选购。

地毯的品质,除了纤维的特性和加工处理工艺外,与毛绒纤维的密度、重量、搓捻方法都很有关系。毛绒越密越厚,单位面积毛绒的重量越重,地毯的质地和外观就越能保持得好。一般来说,短毛而密织的地毯是较为耐用的。地毯的质料、织法结构和加工处理工艺都是针对不同的环境需要而决定的,因此,选购时也可根据个人所需,依不同空间挑选不同材质、颜色及规格的地毯(图 7-1-18)。一般地毯都附有标签,说明所宜用的环境和所承受走动频度的能力。选购地毯时,可索取样块放在实际场景中观察效果,因为在不同光线下,所看到的地毯颜色会略有差异，而且地毯在整块铺设后，颜色往往会较样板略浅，选择的时候要加以考虑。

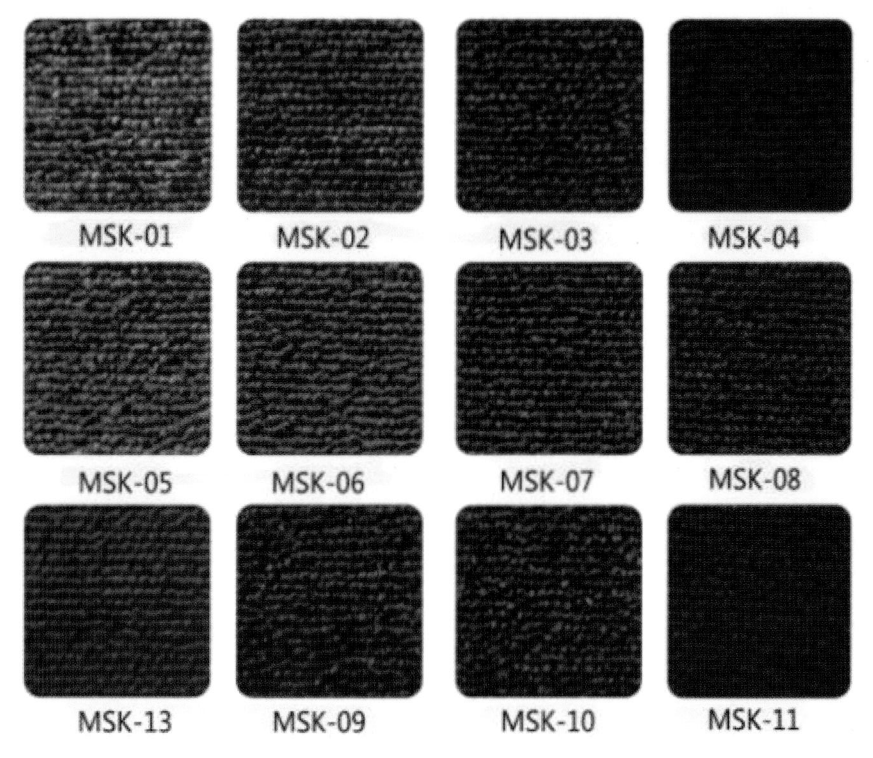

图 7-1-18　块毯色卡

2. PVC 地板

PVC 地板是当今世界上非常流行的一种新型轻体地面装饰材料，也称为“轻体地材”（如图 7-1-19 所示）。PVC 地板是一种在欧美及亚洲的日韩广受欢迎的产品，从 20 世纪 80 年代初开始进入中国市场，在国内的大中城市已经得到普遍的认可，使用非常广泛，比如家庭、医院、学校、办公楼、工厂、公共场所、超市等各种场所。PVC 地板是采用聚氯乙烯材料生产的，具体就是以聚氯乙烯及其共聚树脂为主要原料，加入填料、增塑剂、稳定剂、着色剂等辅料，在片状连续基材上，经涂敷工艺或经压延、挤压工艺生产而成。PVC 地板有特别多的花色品种，如地毯纹、石材纹、木地板纹、草地纹等，纹路逼真美观，色彩丰富绚丽，裁剪拼接简单方便，完全可满足设计师和客户的个性化需求。PVC 地板的致密表层和高弹发泡剂垫层经无缝处理后，承托力强，玻璃器皿掉到地上不易碎裂，脚感舒适度接近于地毯。PVC 地板采用热熔焊接处理，可实现无缝连接，避免了地砖缝多和容易受污染的弊病，具有防潮防尘、清洁卫生的效果。这一类型地板一般只有 2 ~ 3 mm 厚度，每平方米重量仅 2 ~ 3 kg。PVC 地板质地柔软，成卷存放，其宽度一般有 1.5 m、2 m 等，每卷长度有 20 m，商用 PVC 地板厚度为 1.6 ~ 3.2 mm 之间（运动地板厚度可达 4 mm、5 mm、6 mm 等）。

3. 亚麻地板

亚麻地板是弹性地材的一种，含有亚麻籽油、石灰石、软木、木粉、天然树脂、黄麻等。环保是亚麻地板最突出的优点，另外，亚麻地板具有良好的抗压性能和耐污性，可以抗烟头灼伤，可以修复，并具有良好的导热性能，能够抑制细菌生长，永久抗静电，装饰性强。亚麻地板目前以卷材为主，产品规格（长 × 宽 × 厚）为（15000 ~ 30000）mm ×（1200 ~ 2000）mm ×（2 ~ 4）mm。亚麻地板常用于办公楼、酒店、会议室、会所、休闲场所等空间的地面铺装（如图 7-1-20 所示）。

图 7-1-19　PVC 地板

图 7-1-20　亚麻地板

7.1.3　软膜

膜结构是一种建筑与结构结合的结构体系，采用高强度柔性薄膜材料与辅助结构通过一定方式使其内部产生一定的预张应力，并形成应力控制下的某种空间形状，可以用作覆盖结构或建筑物主体，并具有足够刚度以抵抗外部荷载作用。

膜结构是 20 世纪中期发展起来的一种新型建筑结构类型，它打破了纯直线建筑风格的模式，具有独特的优美曲面造型，简洁、明快，以刚与柔、力与美的组合给人耳目一新的感觉，同时给建筑设计师提供了更大的想象和创造空间。膜结构具有强烈的时代感和代表性，具有很强的艺术感染力，其曲面可以随建筑师的设计需要任意变化，实用性强、应用领域广泛。膜结构既可应用于大型公共设施，如体育场馆的屋顶系统、机场大厅、展览中心、购物中心等，又可应用于标志性或景观性的建筑、小品以及室内空间等（如图7-1-21所示）。

图 7-1-21　室内膜结构的运用

1. 软膜结构材料

在薄膜结构中，薄膜既是结构材料，又是建筑材料。作为结构材料，薄膜必须具有足够的强度，以承受由于自重、内压或预应力、风、雪等作用产生的拉力；作为建筑材料，它又必须具有防水、隔热、透光或阻光等建筑功能。膜材料作为膜结构的灵魂，它的发展是与膜结构的技术密切相关、互相促进的。膜的材料分为织物膜材和箔片两类。高强度箔片近几年才开始应用于结构。织物是由纤维平织或曲织生成的，织物膜材已有较长的应用历史。结构工程中的箔片都是由氟塑料制造的，它的优点在于有很高的透光性和出色的防老化性。

2. 软膜结构的分类

膜结构建筑造型丰富多彩，千变万化，按照支承方式分为骨架式膜结构、张拉式膜结构和充气式膜结构。

(1) 骨架式膜结构：骨架式膜结构是以钢或集成材料构成屋顶骨架，在其上方张拉膜材的构造形式。该结构具有下部支撑结构安定性高、屋顶造型简单、开口部不易受限制、经济效益高等特点，广泛适用于任何大小规模的空间。

(2) 张拉式膜结构：张拉式膜结构是以膜材、钢索及支柱构成，利用钢索与支柱在膜材中导入张力以达到安定的构造形式。除了可实现创意、创新且美观的造型外，它也是最能展现膜结构精神的构造形式。大型跨距空间也多采用以钢索与压缩材料构成钢索网来支撑上部膜材的形式。因为施工精度要求高，结构性能强，且具有丰富的表现力，所以造价略高于骨架式膜结构。

(3) 充气式膜结构：充气式膜结构是将膜材固定于屋顶结构周边，利用送风系统让室内气压上升到一定压力后，使屋顶内外产生压力差，以抵抗外力的构造形式。因利用气压来支撑，以及以钢索作为辅助材料，充气式膜结构无须任何梁、柱支撑，便可得到更大的空间。该结构具有施工快捷、经济效益高的特点，但需维持送风机 24 小时运转，持续运行成本及机器维护费用较高。

7.2 织物与卷材的装修构造

7.2.1 壁纸、布艺装修构造

1. 施工程序

装饰墙布施工程序：清理墙面刮腻子—裁布—刷胶—糊布。

2. 质量标准

① 装饰墙布表面应干净，斜视无胶迹。斜视壁面有污斑时，应将两布对缝时挤出的胶液及时擦干净，已干的胶液用温水擦洗干净。

② 对花应端正、颜色应一致，应无空鼓、气泡，无死褶。即墙布面的花与花之间空隙应相同，裁花布时应做到部位一致，随时注意壁布的颜色，确有差别时应予以分类，分别安排在另一墙面或房间；颜色差别大时，不应使用。墙布糊完后出现个别翘角、翘边现象，可用乳液胶涂抹滚压粘牢，个别鼓泡应在排气后用针头管注入胶液，再用辊压压实。

③ 上、下不亏布，横平竖直。裱糊墙布如有挂镜线，应以挂镜线为准，无挂镜线则以弹线为准。当裱糊到一个阴角时要断布，因为用一张布糊在两墙面上容易出现阴角处墙布空鼓或者倾斜，断布后从阴角另一侧开始仍按上述首张布的办法开始施工。

3. 安全注意事项

① 高凳必须固定牢靠，跳板不应损坏，跳板不要放在高凳的最上端。

② 在超高的墙面裱糊墙布时，逐层架子要牢固，要设护身栏杆等。

③ 使用刃性工具时要注意安全。

7.2.2 地毯的装修构造

地毯施工方法：基层处理—弹线、套方、分格、定位—地毯剪裁—铺设地毯—细部处理及清理(如图 7-2-1 所示)。

1. 基层处理

认真清理地面，若地毯直接在原瓷砖上铺设，必须将其表面清理干净。

2. 弹线、套方、分格、定位

要严格按照设计图纸对各个不同部位不同房间的具体要求进行弹线、套方、分格、定位。

3. 地毯剪裁

地毯裁剪应在比较宽阔的地方集中统一进行。一定要精确测量房间尺寸，并按房间和所用地毯型号逐一登记编号。然后根据房间尺寸、形状用裁边机裁下地毯料，每段地毯的长度要比房间长出 20 mm 左右，宽度要以裁去地毯边缘线后的尺寸计算。弹线裁去边缘部分，然后以手推裁刀从地毯背面裁切，裁好后卷成卷编上号，放入对号房间里，大面积房厅应在施工地点剪裁拼缝。

4. 铺设地毯

(1) 首先缝合地毯，将裁好的地毯虚铺在垫层上，然后将地毯卷起，在拼接处缝合。

(2) 缝合完毕，用塑料胶纸贴于缝合处，保护接缝处不被划破或勾起，再将地毯平铺，用弯针在接缝处做绒毛密实的缝合。

(3) 拉伸与固定地毯：先将地毯拼缝处衬一条 100 mm 宽的麻布带，用胶粘剂粘贴，然后将胶粘剂涂刷在基层上，适时粘结、固定地毯。

(4) 铺贴地毯时，先在房间一边涂刷胶粘剂，再铺放已预先裁割的地毯，然后用地毯撑子向两边撑拉，沿墙边刷两条胶粘剂，将地毯压平掩边。

5. 细部处理及清理

地毯铺装完毕，固定收口条后，应用吸尘器清扫干净，并将毯面上脱落的绒毛等彻底清理干净。

图 7-2-1　地毯施工

7.2.3 装修织物与卷材构造图例

1. 硬包(顶棚)

(1) 龙骨吸顶吊件用膨胀螺栓与钢筋混凝土板固定；

(2) 用 ϕ8 mm 吊筋和配件固定 50 型或 75 型主龙骨，中距 900 mm；

(3) 依次固定 50 型次龙骨；

(4) 安装多层板基层，用自攻螺钉与龙骨固定；

(5) 多层板裁切后，刷清油进行防腐、防霉处理；

(6) 等多层板晾干后，需 2 人配合对密度板进行硬包包裹，包裹时应拉紧硬包，以防日后空鼓，再把包好的硬包安装于吊顶上，硬包背面涂上硅胶，气排钉从侧面固定(图 7-2-2)。

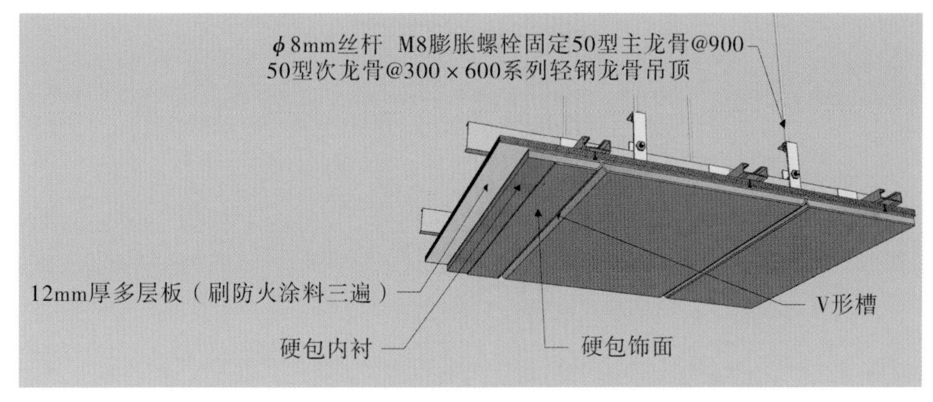

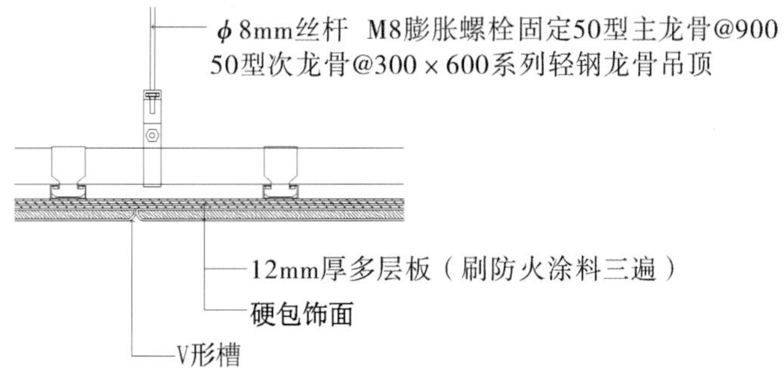

图 7-2-2 硬包(顶棚)

2. 透光软膜与石膏板、涂料相接(顶棚)

(1) 制作轻钢主、次龙骨基层；

(2) 在灯箱处制作木基层箱体，内部刷白处理，用自攻螺钉与方管固定；

(3) 安装 L 形收边条，用自攻螺钉与木基层固定；

(4) 用软膜卡件压住 L 形收边条，并用自攻螺钉固定在木基层上；

(5) 9.5 mm 或 12 mm 厚纸面石膏板，用自攻螺钉与龙骨固定；

(6) 满刷氯偏乳液或乳化光油防潮涂料两道；

(7) 满刮 2 mm 厚面层耐水腻子，涂料饰面；

(8) 安装透光软膜，如图 7-2-3 所示。

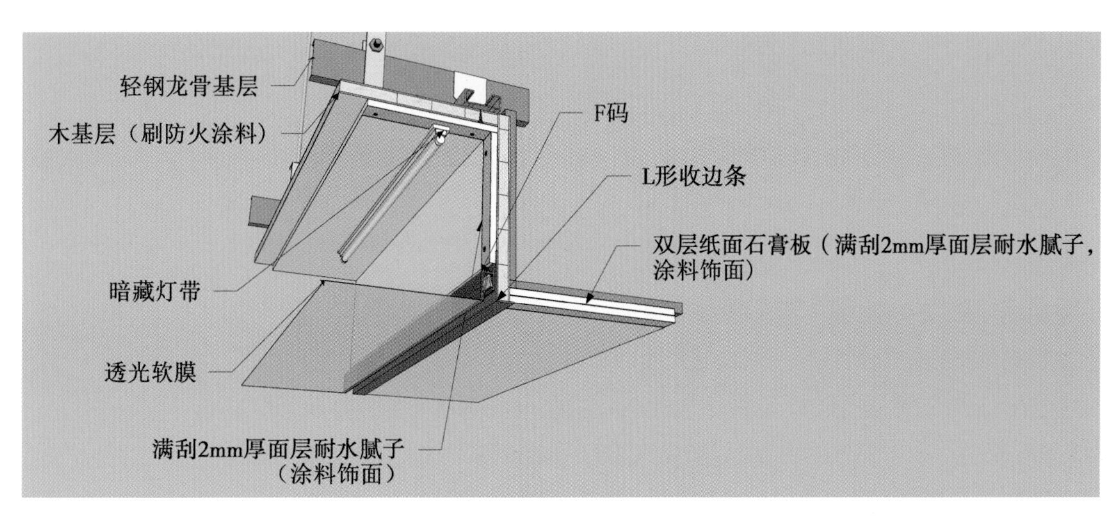

图 7-2-3 透光软膜与石膏板、涂料相接(顶棚)

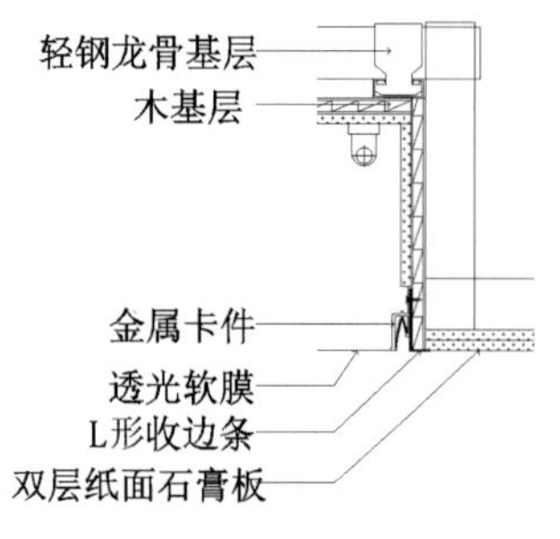

续图 7-2-3

3. 透光软膜与铝扣板相接(顶棚)

(1)确定顶棚标高水平线和龙骨分档线;

(2)固定吊挂杆件,安装边龙骨,安装主龙骨,安装次龙骨;

(3)安装铝扣板;

(4)铝扣板与软膜接缝处用成品铝扣板 L 形收边条收口(图 7-2-4)。

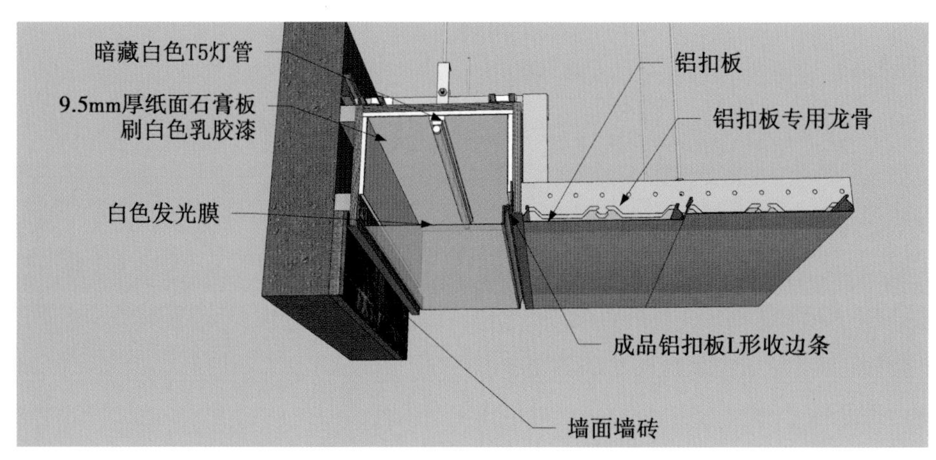

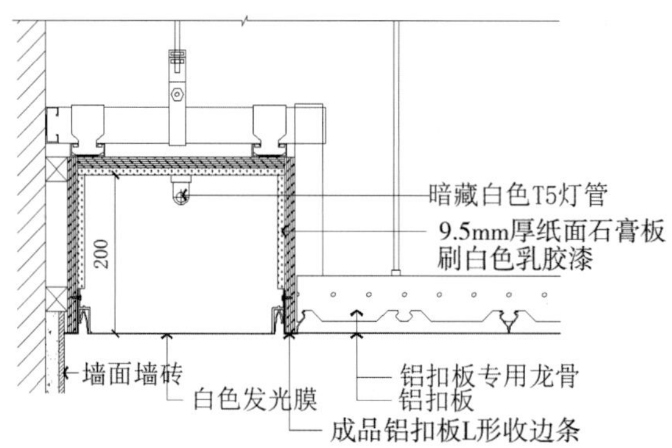

图 7-2-4 透光软膜与铝扣板相接(顶棚)

4. 透光软膜与木饰面相接(顶棚)

(1)龙骨吸顶吊件用膨胀螺栓与钢筋混凝土板固定;

(2)50 型主龙骨间距 900 mm,50 型次龙骨间距 300 mm,次龙骨横撑间距 600 mm;

(3)9 mm 厚多层板刷防火涂料三遍,用自攻螺钉与龙骨固定;

(4)木饰面采用挂条固定;

(5)白色软膜收边条与细木工板固定,成品安装,如图 7-2-5 所示。

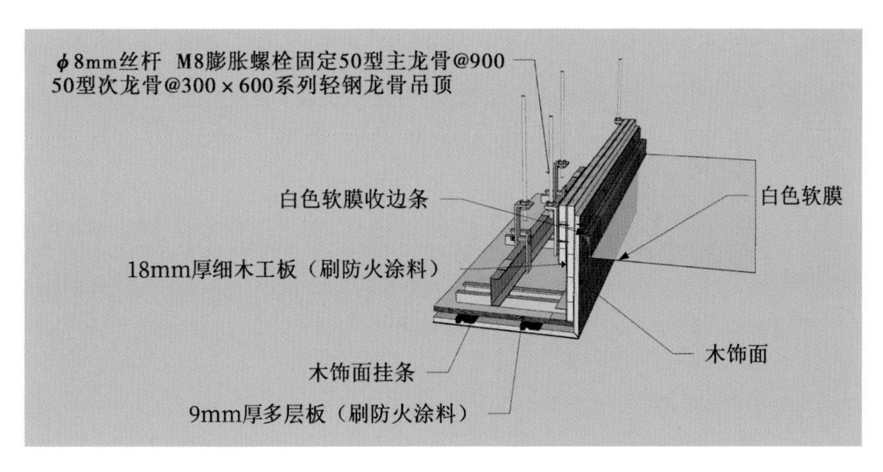

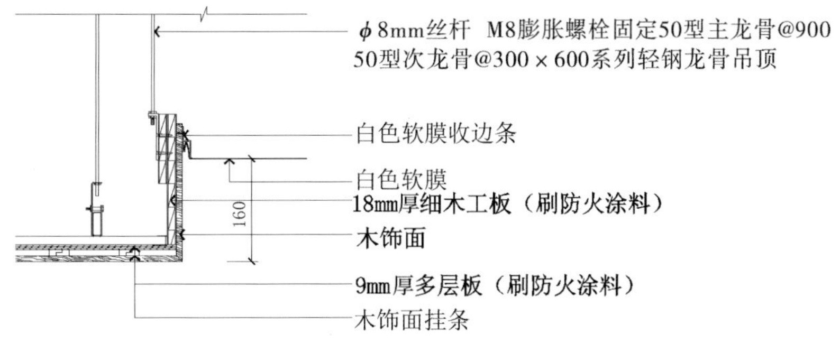

图 7-2-5　透光软膜与木饰面相接(顶棚)

5. 硬包(墙面)

(1) 30 mm × 40 mm 木龙骨中距 300 mm，刷防火涂料三遍，用钢钉与木桢固定，木桢固定在混凝土墙体内；

(2) 18 mm 厚细木工板基层找平处理，用钢钉与木龙骨固定，刷防火涂料三遍；

(3) 制作好的硬包模块用气排钉固定在细木工板基层上，如图 7-2-6 所示。

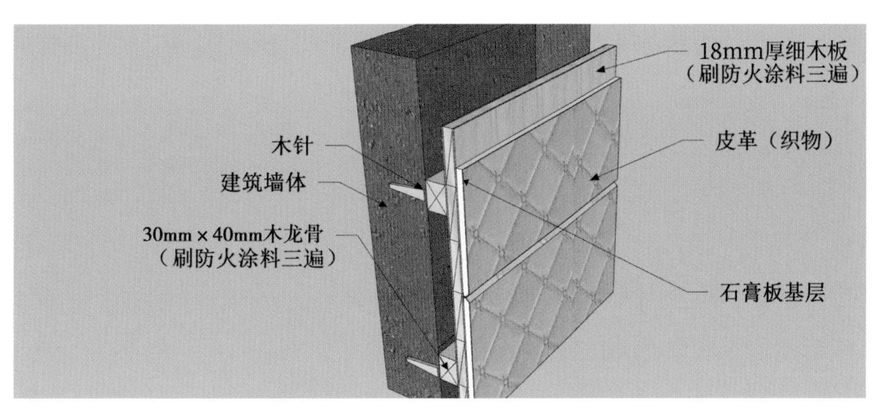

图 7-2-6　硬包(墙面)

6. 软包(墙面)

(1)轻钢龙骨隔墙骨架一侧用 18 mm 厚细木工板基层找平处理,用钢钉与 U 形轻钢龙骨固定;

(2)制作好的软包模块用气排钉固定在细木工板基层上;

(3)软包基层需做三防处理,如图 7-2-7 所示。

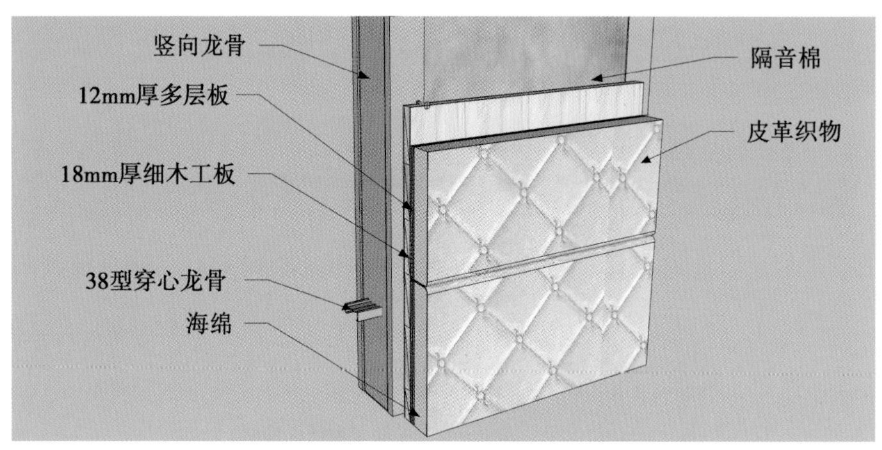

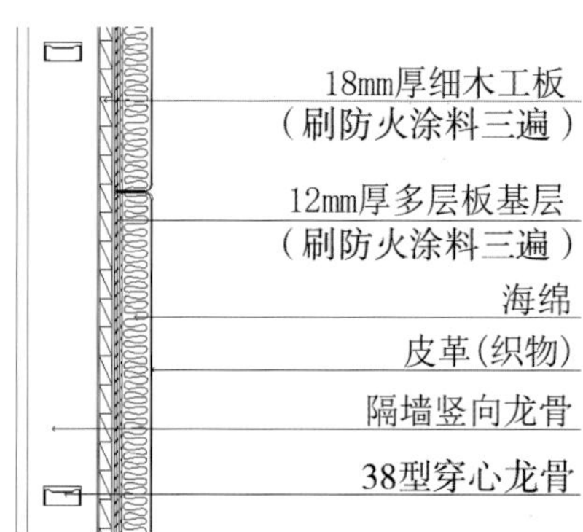

图 7-2-7　软包(墙面)

7. 皮革软包与石材、不锈钢相接(墙面)

(1)选择合适的轻钢龙骨隔墙材料;

(2)固定软包和木工板基层;

(3)软包基层需做三防处理;

(4)不锈钢嵌条收边;

(5)用石材专用胶固定安装,石材需做六面防护(图 7-2-8)。

8. 壁纸与木饰面、实木线条相接(墙面)

(1)卡式龙骨材料可调整墙面厚度;

(2)纸面石膏板钉眼需做防锈处理;

(3)由于壁纸容易空鼓脱壳,面层不易平整,因此需要用乳胶漆腻子找平,待干透以后再粘贴壁纸;

(4)木饰面干挂工艺;

(5)定制成品木饰面基础材料木工板;

(6)木饰面线条转角加固,如图 7-2-9 所示。

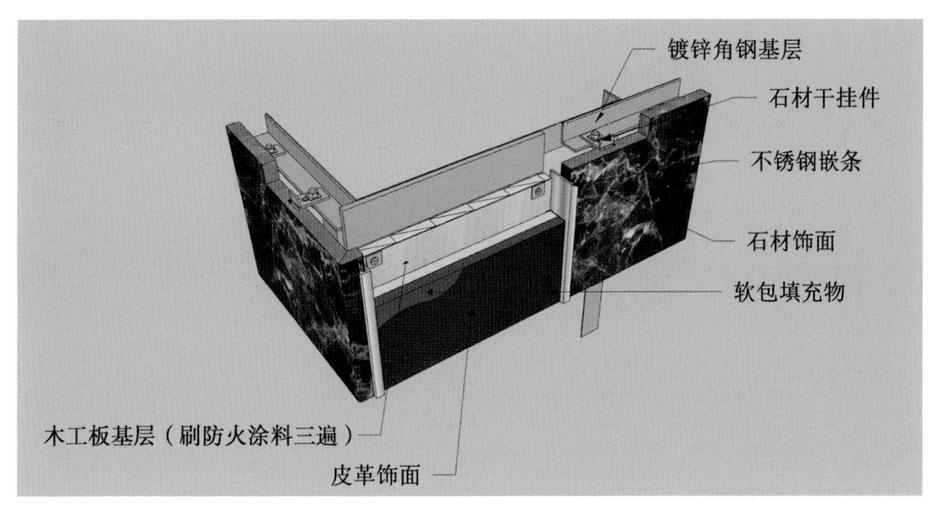

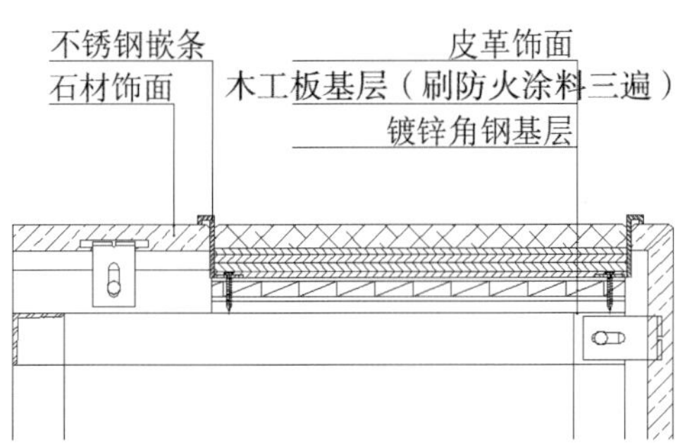

图 7-2-8　皮革软包与石材、不锈钢相接(墙面)

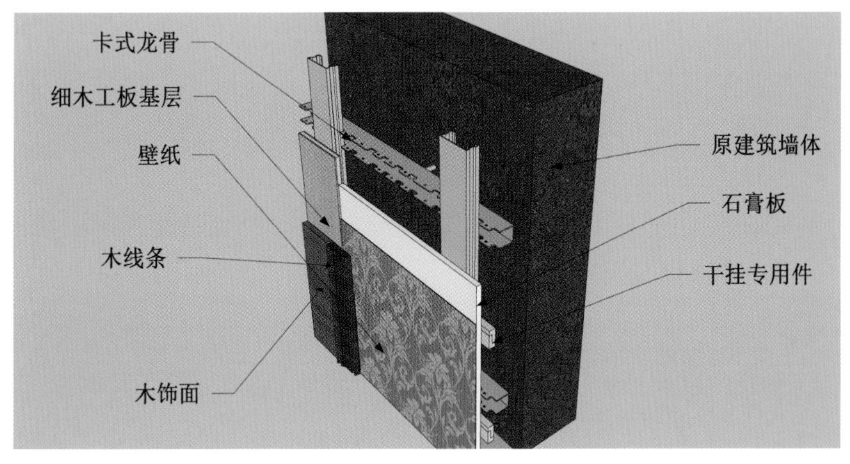

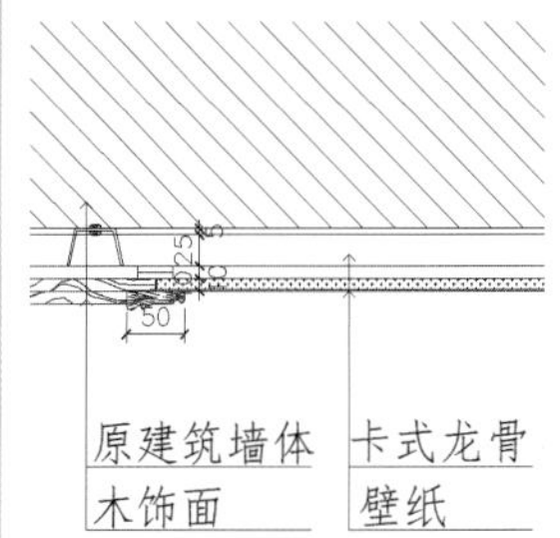

图 7-2-9　壁纸与木饰面、实木线条相接(墙面)

9. 软包与乳胶漆相接(墙面)

(1)选择合适的木龙骨材料;

(2)基层板需做三防处理,用专用胶固定安装;

(3)安装时乳胶漆压软包,如图 7-2-10 和图 7-2-11 所示。

注:壁纸的材质特殊,在施工时要合理安排工序,采取材料保护及成品保护措施;软包由于存在可变性因此造型、样式不一,对此一定要注意造型规格与材料尺寸;软硬包布料和基层受热胀冷缩作用,布面容易松弛;软包宜做成活动式,以便于安装维修。

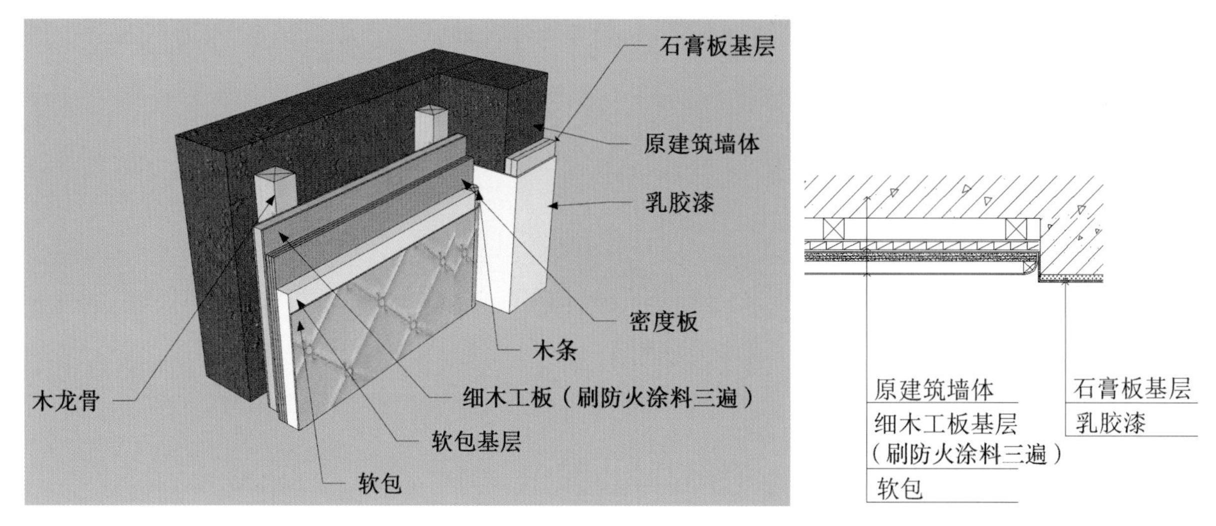

图 7-2-10　软包与乳胶漆相接(墙面)的构造形式一

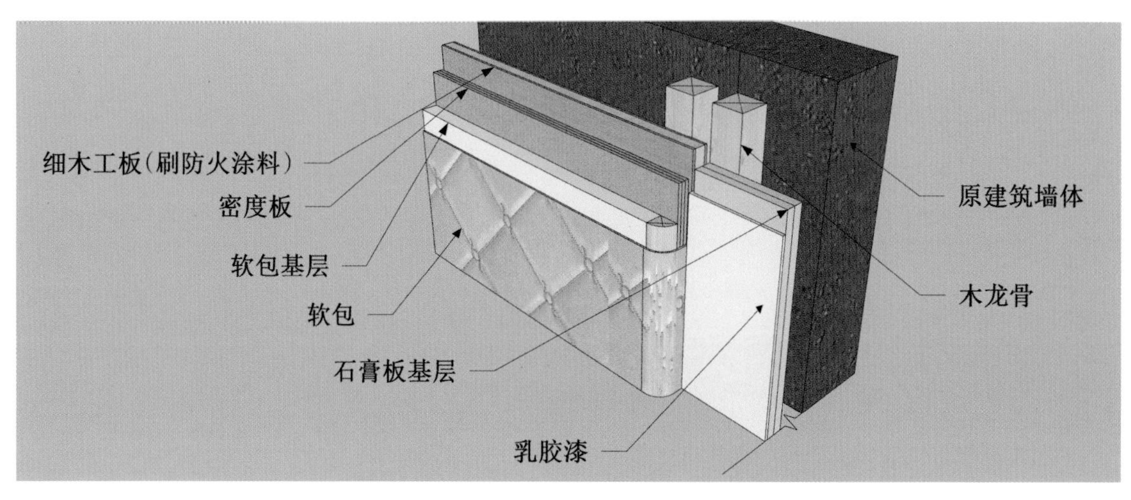

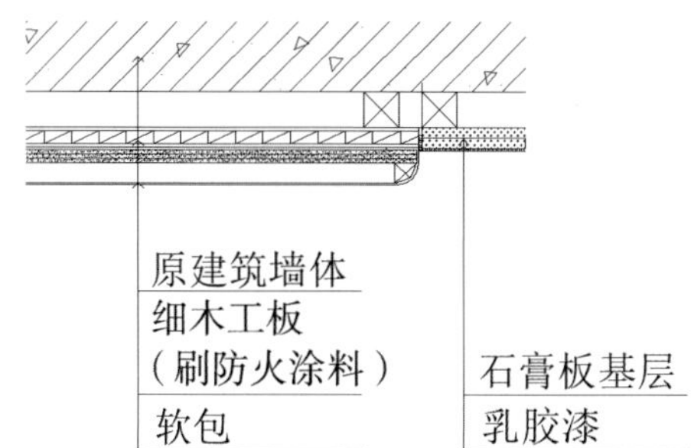

图 7-2-11　软包与乳胶漆相接(墙面)的构造形式二

10. 壁纸与硬包相接(墙面)

(1) 木龙骨做三防处理，木工板基层做三防处理；

(2) 用专用胶安装壁纸；

(3) 安装时先贴壁纸再装硬包(图 7-2-12)。

注：壁纸的材质特殊，在施工时要合理安排工序，采取材料保护及成品保护措施。由于软硬包布料和基层受热胀冷缩作用，因此布面容易松弛。硬包宜做成活动式，以便于安装维修。

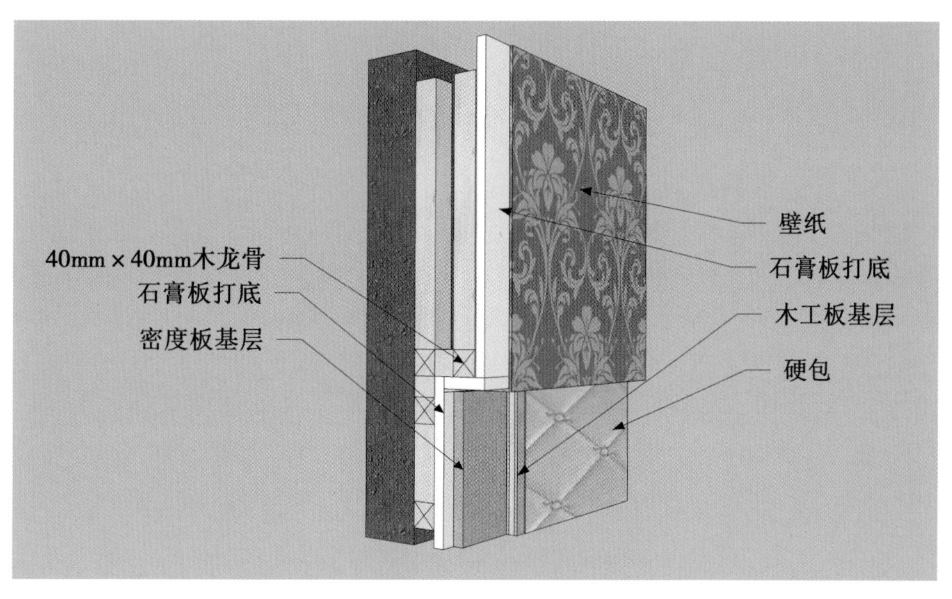

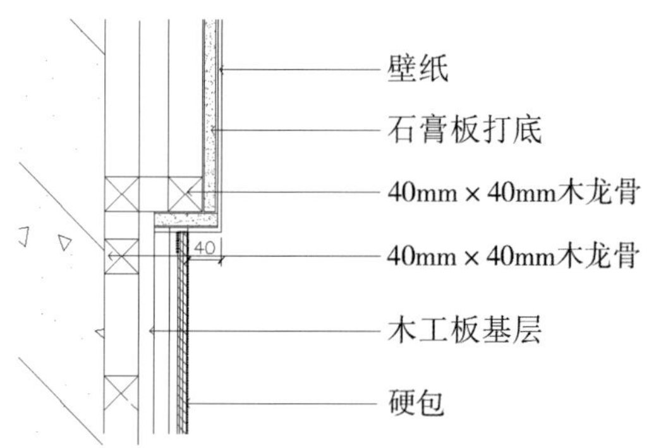

图 7-2-12 壁纸与硬包相接(墙面)

11. 墙纸与木饰面相接(墙面)

(1)选用指定 12 mm 厚加工木饰面;

(2)定制成品木饰面基础材料,木饰面加工侧边需做见光处理;

(3)用木饰面干挂件干挂;

(4)石膏板基层钉眼需做防锈处理;

(5)墙纸与木饰面的拼接木饰面抽槽 5 mm×5 mm;

(6)由于墙纸容易空鼓脱壳,面层不易平整,因此需要用乳胶漆腻子找平,待干透以后再粘贴墙纸(图 7-2-13)。

12. 地毯(地面)

(1)如果在有水区域使用,细石混凝土上面还应该增加防水层;

(2)膨胀缝内下部填嵌密封胶;

(3)饰面材料墙端留 10 mm 左右膨胀缝,填密封胶(图 7-2-14)。

注:尽可能让踢脚板遮盖地毯;拼缝处用 10 mm 厚地毯粘结(或用烫带、狭窄麻条带粘结),墙转角四周距立墙或踢脚板 10 mm 处用"刺猬木条"固定,门口处用铝合金压边条收口;选用 5 mm 厚橡胶海绵地毯衬垫。

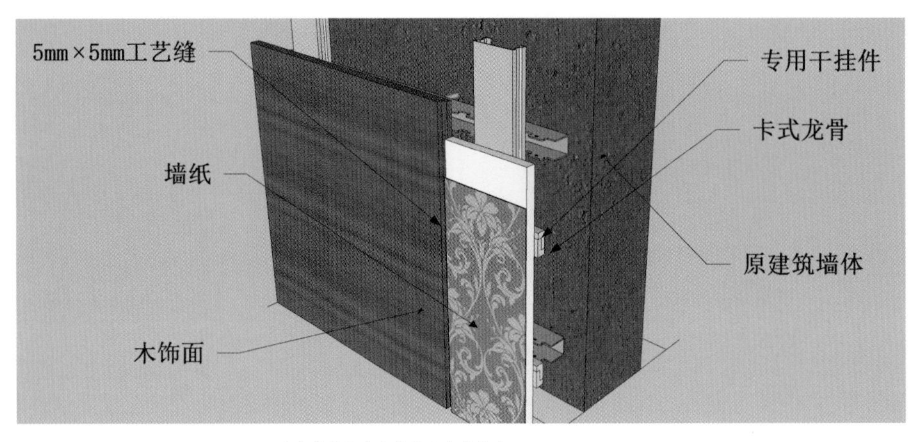

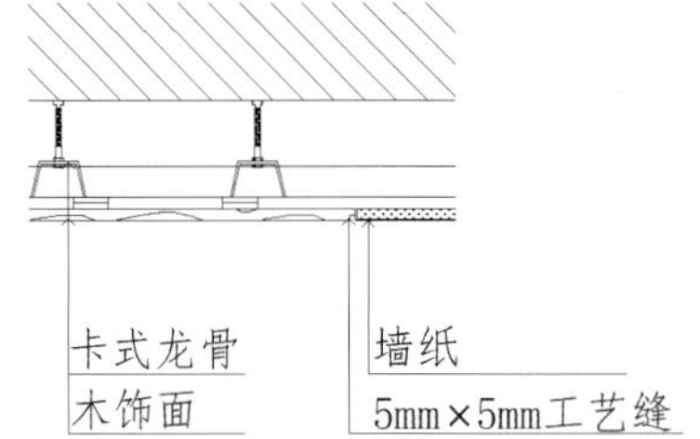

图 7-2-13 墙纸与木饰面相接(墙面)

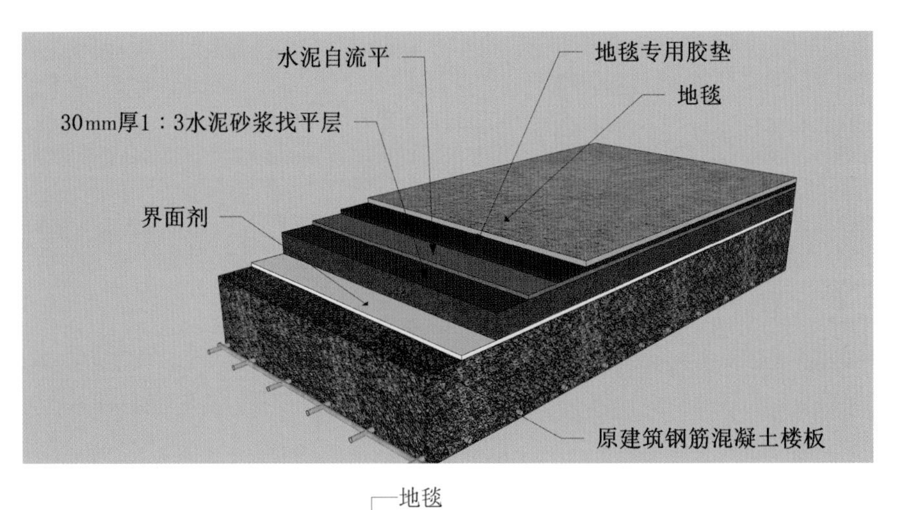

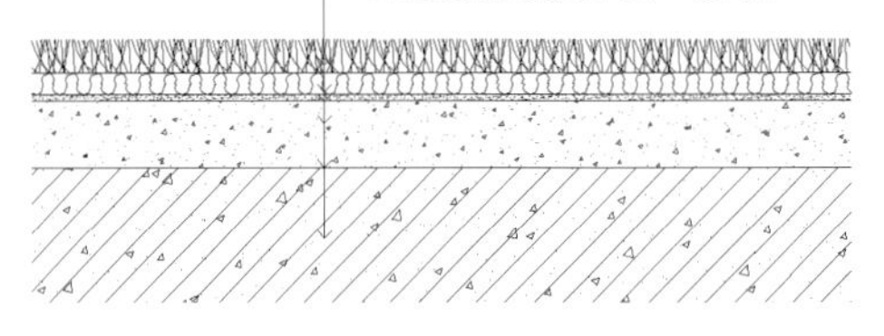

图 7-2-14 地毯(地面)

13. 方块地毯(地面)

(1)如果在有水区域使用,细石混凝土上面还应该增加防水层;

(2)膨胀缝内下部填嵌密封胶;

(3)饰面材料墙端留 10 mm 左右膨胀缝,填密封胶(图 7-2-15)。

注:尽可能让踢脚板遮盖地毯;铺贴地毯前需采取水泥自流平工艺找平;预先分格弹线以便定位。

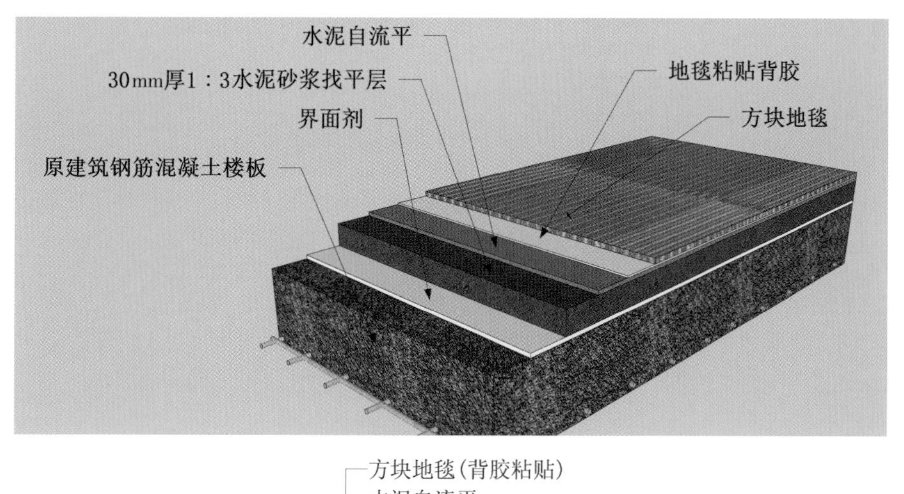

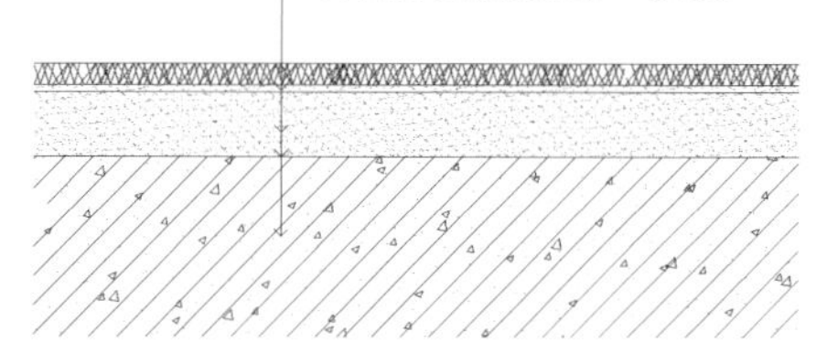

图 7-2-15　方块地毯(地面)

14. 地毯(带地暖地面)

(1)如果在有水区域使用,细石混凝土上面还应该增加防水层;

(2)膨胀缝内下部填嵌密封胶;

(3)饰面材料墙端留 10 mm 左右膨胀缝,填密封胶(图 7-2-16)。

注意事项同铺正常地面的地毯一样。

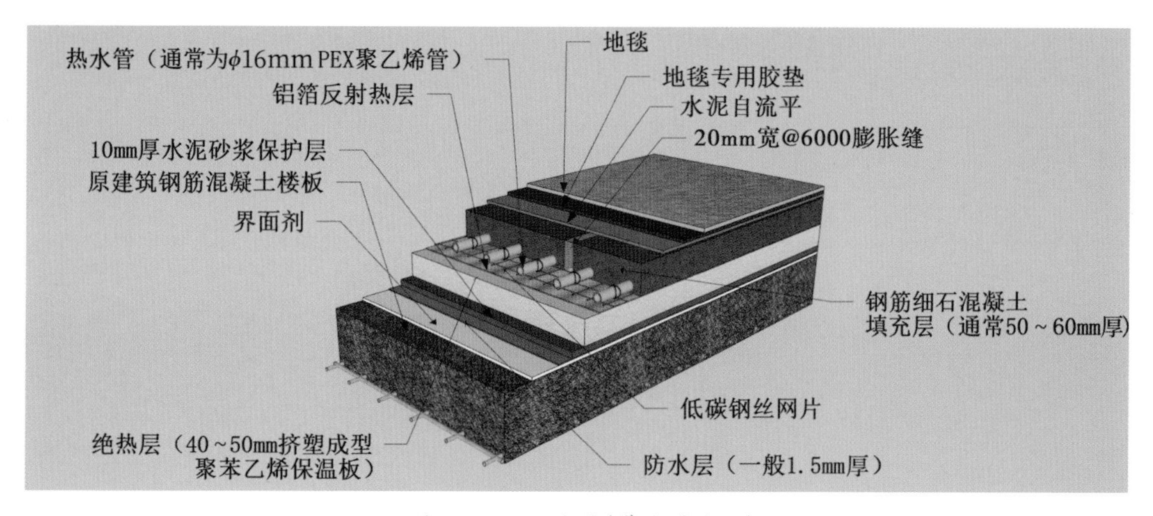

图 7-2-16　地毯(带地暖地面)

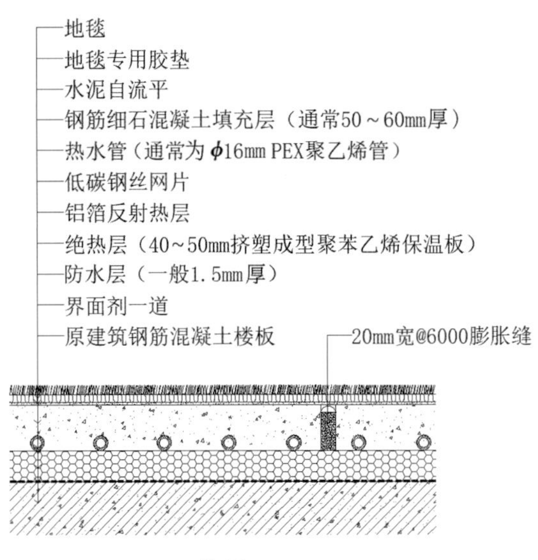

续图 7-2-16

15. 地毯(架空地面)

(1)如果在有水区域使用,细石混凝土上面还应该增加防水层；

(2)膨胀缝内下部填嵌密封胶；

(3)饰面材料墙端留 10 mm 左右膨胀缝,填密封胶(图 7-2-17)。

注意事项同铺正常地面的地毯一样。

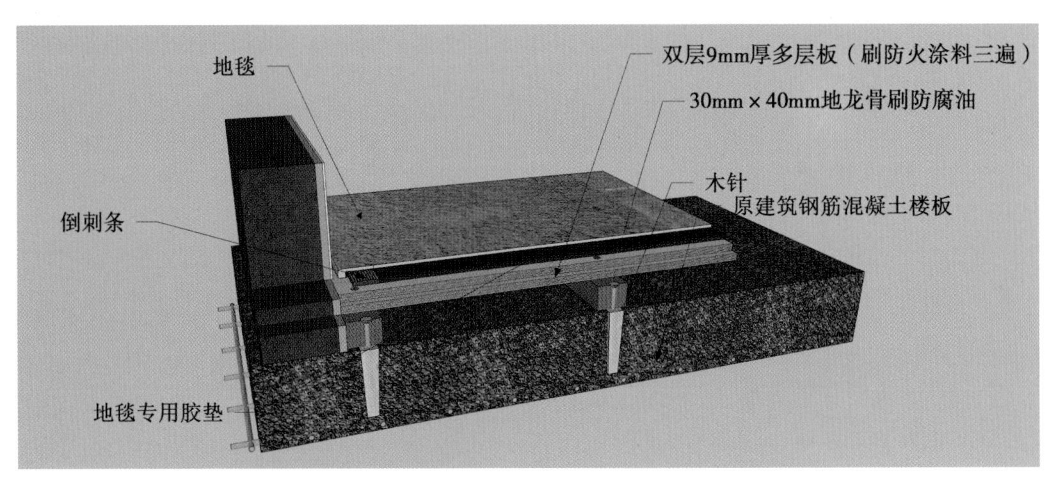

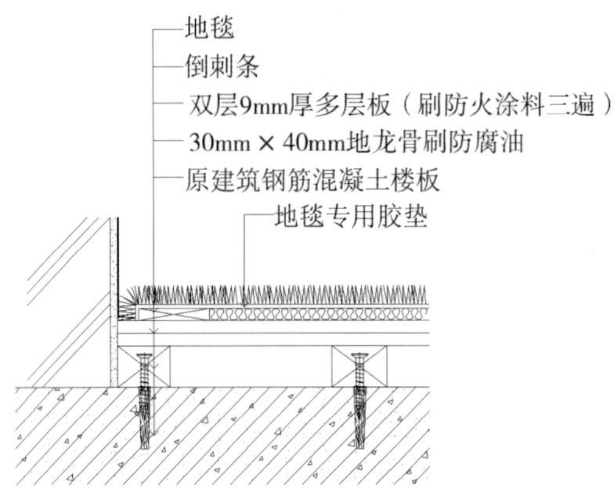

图 7-2-17　地毯(架空地面)

16. 地毯与木地板(地面)的构造形式一

(1)基于原建筑钢筋混凝土楼板做防潮层;

(2)铺 30 mm × 40 mm 木龙骨,间距根据地板规格确定;

(3)固定地板钉;

(4)铺装实木免漆地板;

(5)安装 U 形不锈钢收口条(与通长木条沉头螺钉固定);

(6)铺装通长木龙骨(防腐处理);

(7)做 40 mm 厚 C20 细石混凝土找平层;

(8)安装地毯专用胶垫,铺贴地毯(图 7-2-18)。

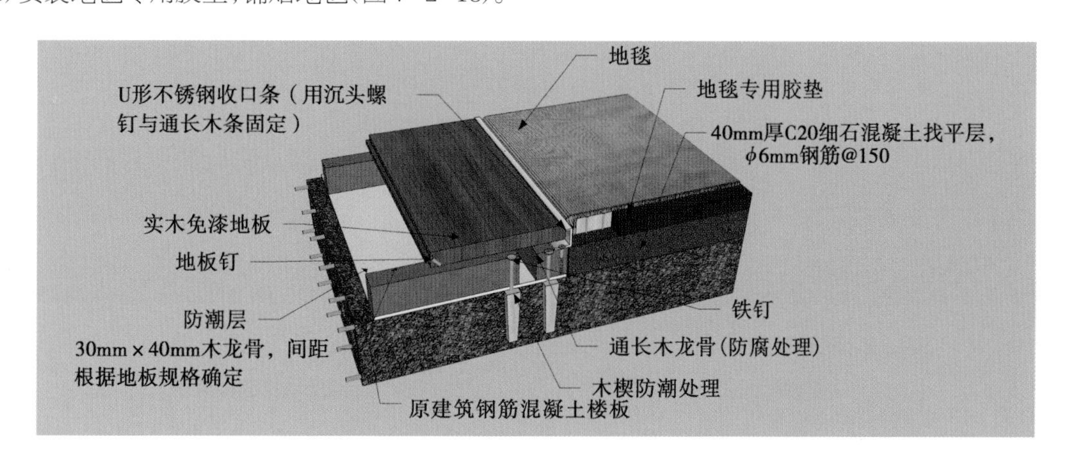

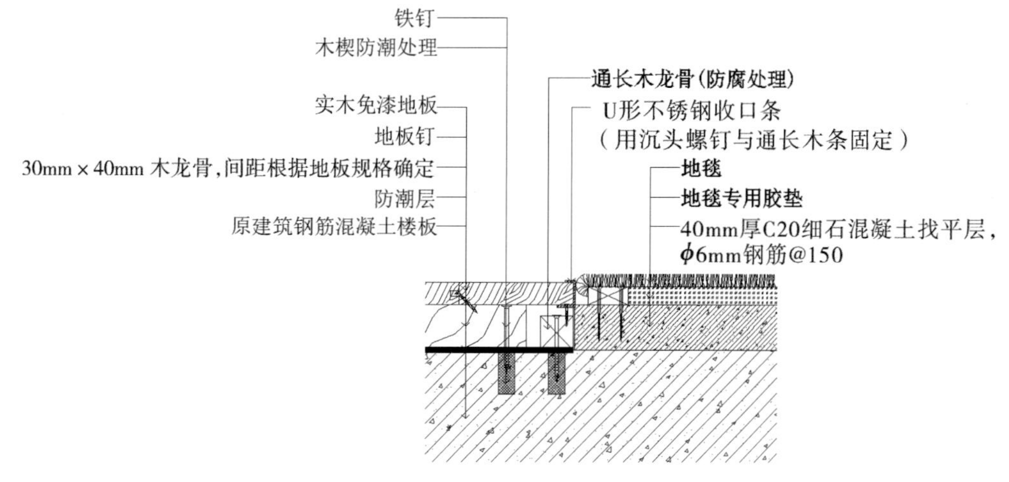

图 7-2-18 地毯与木地板(地面)的构造形式一

17. 地毯与木地板(地面)的构造形式二

如图 7-2-19 所示,由下往上主要结构面或施工工艺依次如下:

(1)原建筑钢筋混凝土楼板;

(2)30 mm 厚 1∶3 水泥砂浆找平层;

(3)20 mm × 30 mm 木龙骨(防火、防腐处理);

(4)双层 9 mm 厚多层板(刷防火涂料三遍、防腐处理);

(5)实木地板,3 mm 宽不锈钢嵌条,12 mm 厚多层板(刷防火涂料三遍),木门槛,不锈钢嵌条;

(6)1∶3 水泥砂浆找平层(厚度依现场确定);

(7) 12 mm 厚多层板(刷防火涂料三遍)；

(8) 5 mm 厚多层钉毛刺；

(9) 双层地毯专用胶垫；

(10) 地毯。

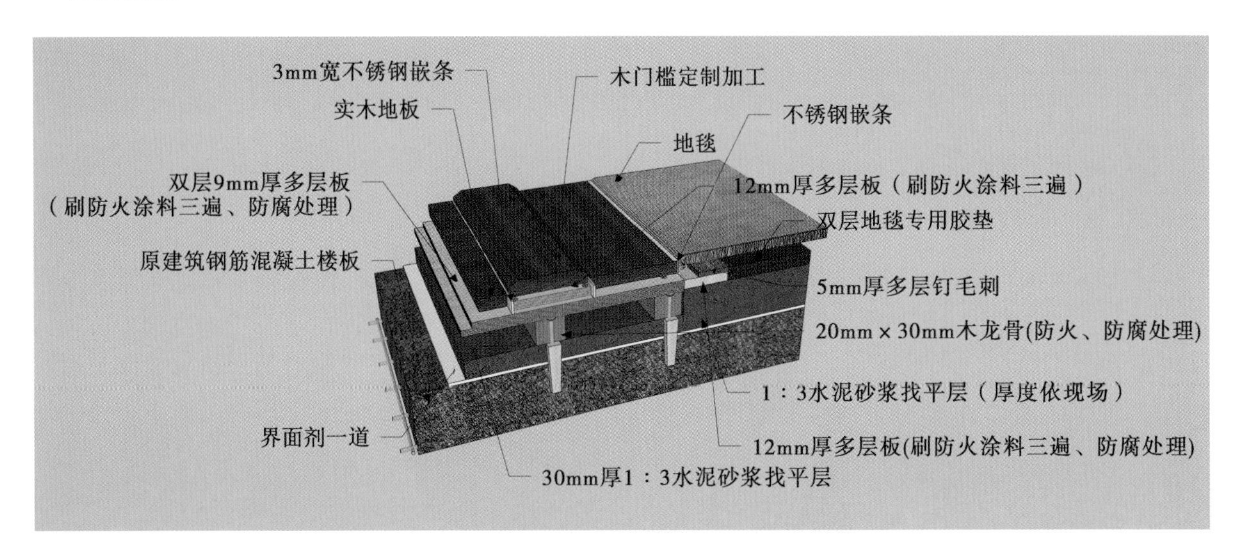

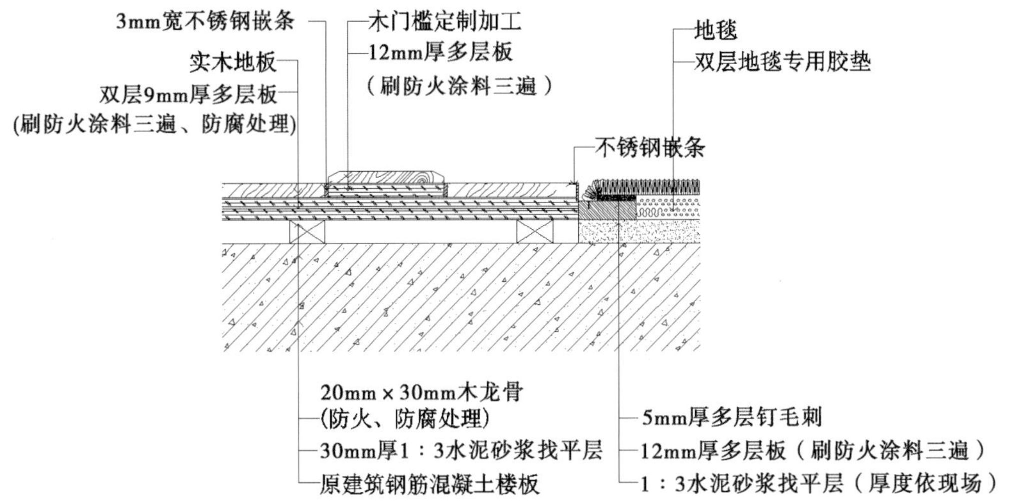

图 7-2-19　地毯与木地板(地面)的构造形式二

18. 地毯与石材(地面)

如图 7-2-20 所示，由下往上主要结构面或施工工艺依次如下：

(1) 原建筑钢筋混凝土楼板；

(2) 原地面修补找平层；

(3) 石材专用粘结剂和界面剂一道；

(4) 石材(六面防护)；

(5) 原地面修补找平层；

(6) 30 mm 厚 1：3 水泥砂浆找平层；

(7) 双层地毯专用胶垫；

(8) 5 mm 厚多层板防火涂料；

(9) 5 mm 厚多层钉毛刺；

(10) 3 mm 厚不锈钢嵌条；

(11) 地毯。

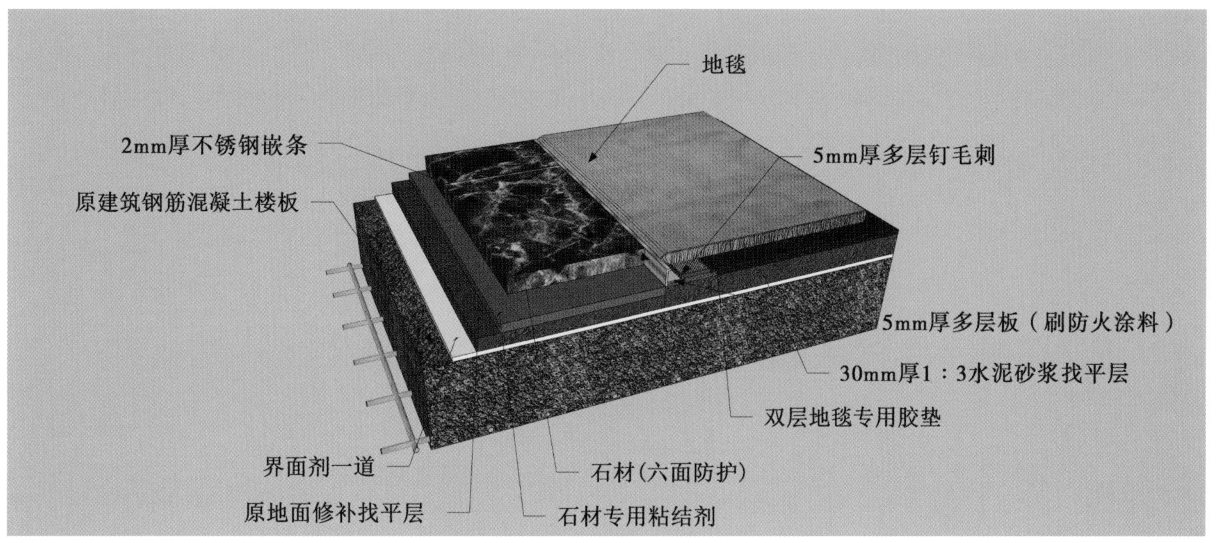

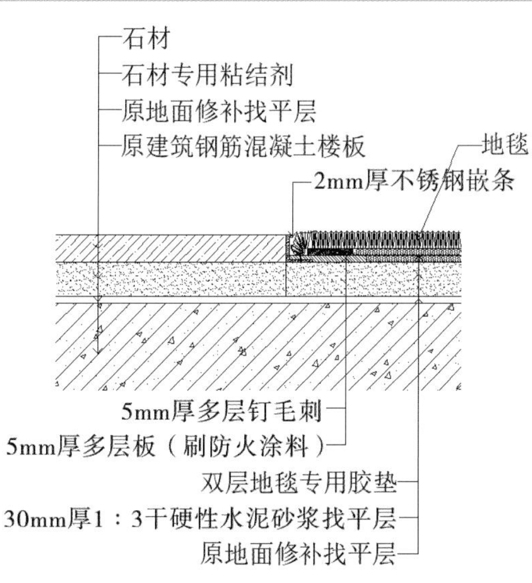

图 7-2-20 地毯与石材(地面)

19. 除尘地毯与石材(地面)

如图 7-2-21 所示，由下往上主要结构面或施工工艺依次如下：

(1) 原建筑钢筋混凝土楼板；

(2) 1∶3 水泥砂浆找平层(厚度依现场确定)；

(3) 界面剂一道；

(4) 30 mm 厚 1∶3 干硬性水泥砂浆粘结层；

(5) 石材(六面防护)；

(6) 地毯专用胶垫；

(7) 除尘地毯。

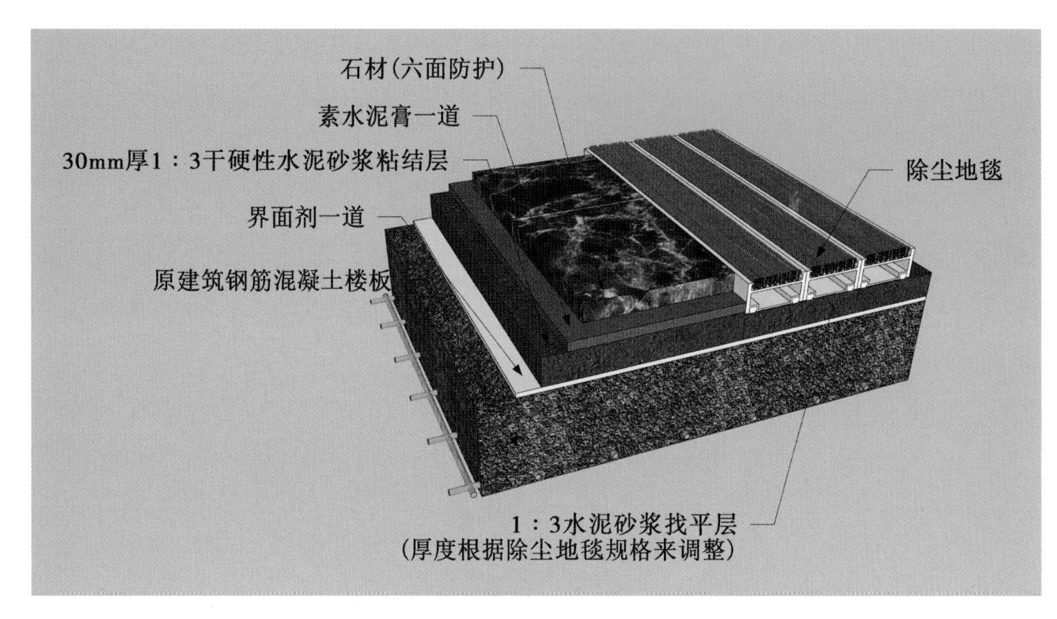

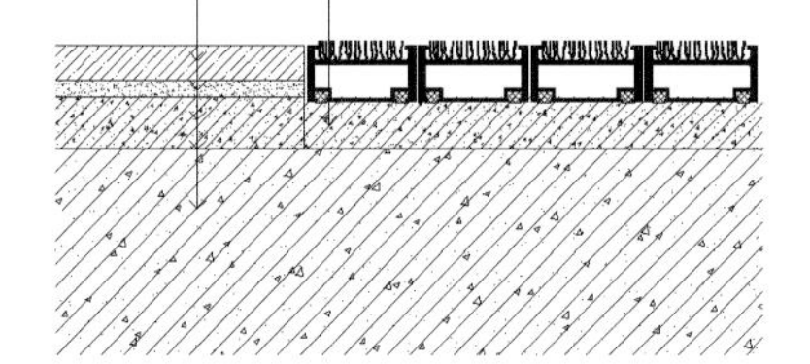

图 7-2-21　除尘地毯与石材(地面)

第八章 涂料类

8.1 涂料的特点及加工

装修涂料是指涂于物体表面，能与装饰装修材料或建筑界面粘结在一起，并形成整体涂膜的液膜材料。

装修涂料的品种繁多，按使用部位可分为外墙涂料、内墙涂料、木器涂料、地面涂料及防火涂料等；按包含的树脂类别可分为油漆类涂料、天然树脂类涂料、醇酸树脂类涂料、丙烯酸树脂类涂料、聚酯树脂类涂料等；按成膜物质化学成分可分为无机涂料、有机涂料和复合涂料等；按涂膜厚度可分为薄质涂料和厚质涂料；按特殊功能可分为防火涂料、防腐涂料、保温涂料、防霉涂料、弹性涂料等。

装修涂料具有重量轻、附着力强、施工简便、价廉质优、易于维修、色彩丰富等特点。涂料的品种丰富，装饰效果多样，通过不同的施工方法，装修涂料还可获得不同的装饰效果，例如，经喷涂、滚花、拉毛等工序可产生不同质感的花纹等。

8.2 涂料的分类

8.2.1 室内墙顶面装饰涂料

1. 室内墙顶面涂料的特点

(1) 色彩丰富，质感细腻。内墙涂料既具有丰富的色彩，又富有细腻的质感，可满足人们在室内环境中的视觉和触觉等多种需求。

(2) 耐碱性、耐水性、耐粉化性良好，透气性好。由于墙面基层为碱性，且室内环境一般比室外湿度高，因此内墙涂料必须耐碱、耐水。透气性好的涂料既可以避免墙面结露或挂水，又利于营造舒适的室内环境。

(3)涂刷容易，价格合理。内墙涂料皆易于涂刷，施工和维修方便。其价格与其他饰面材料相比较为低廉，是一种广泛使用的墙体装饰装修材料。

2. 室内墙顶面涂料的种类

(1) 水溶性内墙涂料：包括聚乙烯醇水玻璃内墙涂料（简称 106 内墙涂料）和聚乙烯醇缩甲醛内墙涂料等。内墙涂料是以聚乙烯醇系水溶液为基料，加入颜料、填料及助剂，经搅拌研磨而成的水溶性内墙涂料，具有较强的耐洗刷性，可广泛用于建筑的内墙及顶棚。

(2) 合成树脂乳液内墙涂料（内墙乳胶漆）：主要应用于室内墙面及顶棚装饰，是由合成树脂乳液为主要成膜物质的薄型材料。

(3) 隐形变色发光涂料：是一种能隐形、变色和发光的建筑内墙涂料，主要由成膜物质、有机溶剂、发光材料等助剂加工而成。它可直接以刷、喷、滚或印刷的方法涂于材料表面，并可以涂饰成预先设计的图案。图案在普通光线下不显形，在紫外线灯照射下，可呈现出各种美丽的色彩和图案。这种涂料可用于舞厅、酒吧、地下水族馆等娱乐场所的墙面及顶棚装饰，并可用于舞台布景、广告牌、道具等特殊部位。

(4) 液体壁纸漆：是一种新型艺术涂料（如图 8-2-1 所示），也称壁纸漆和墙艺涂料，是集壁纸和乳胶漆特点于一身的环保水性涂料。液体壁纸漆采用高分子聚合物、珠光颜料及多种配套助剂精制而成，做出的图案不仅色彩均匀，而且极富光泽。无论是在自然光下还是在灯光下，液体壁纸漆都能显示卓越不凡的装饰效果。液体壁纸漆无毒无味、绿色环保，有极强的耐水性和耐酸碱性，不褪色、不起皮、不开裂，可确保使用 15 年以上。

(5) 纳米涂料：纳米涂料必须满足以下两个条件。首先，涂料中至少有一相的粒径尺寸在 1～100 nm 范围内；其次，纳米相的存在使涂料的性能有明显的提高或具有新的功能。因此，并不是添加了纳米材料的涂料就能称为纳米涂料（如图 8-2-2 所示）。高科技纳米涂料不仅无毒无害，还可以缓慢释放出一种能降解室内甲醛、二甲苯等有害物质的物质。

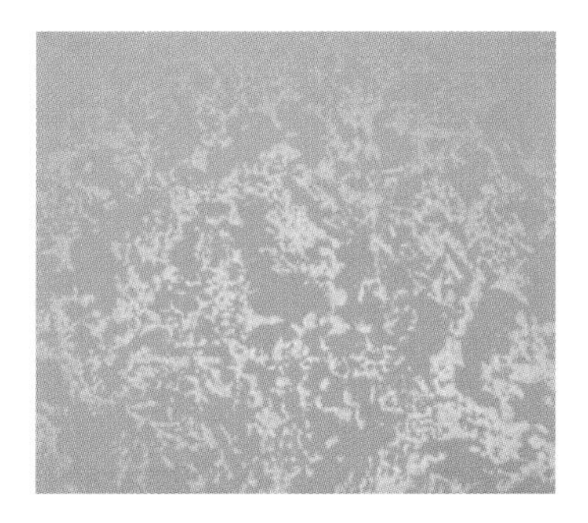

图 8-2-1　液体壁纸漆

图 8-2-2　纳米涂料

(6) 贝壳粉涂料：是采用天然的贝壳粉为原料，经过研磨及特殊工艺制成的。贝壳粉涂料是近年来新兴的家装内墙涂料，自然环保是其主要优势（如图 8-2-3 所示）。

贝壳粉涂料是室内湿度的调节剂，被誉为“会呼吸”的涂料。贝壳粉涂料主要成分是无机物，因此不燃烧，即使发生火灾，贝壳粉只会出现熔融状态，不会产生任何对人体有害的气体或烟雾。贝壳粉涂料选用无机矿物颜料调色，色彩柔和。涂覆贝壳粉的居室墙面反射光线自然柔和，不容易导致视觉疲劳。贝壳粉涂料颜色持久，使用高温着色技术，不褪色，墙面长期如新，减少了墙面装修次数。

图 8-2-3　贝壳粉涂料

(7) 高固体分涂料：是以高固高羟低黏的羟基丙烯酸树脂和合成脂肪酸树脂为主要原料制成的高固体分丙烯酸改性聚氨酯涂料，是一种具有涂层干燥速度快，施工周期短，涂膜机械性能、耐老化性、耐化学性优良等特点的低污染溶剂型涂料。

(8) 储能发光涂料：是特种功能性涂料，可在夜间尽显整栋建筑物的外观造型，具有很好的装饰效果（如图 8-2-4 所示）。外墙储能发光涂料的余晖辉度随光照度提高而增大，并与光照时间长短有关，通常达到饱和状态需持续照射 20 分钟以上，在光照十分强烈时，10 分钟内即达到饱和。在天黑之后，它的余晖辉度在 4 小时以内较高，效果明显，然后随着时间的延续逐渐衰减。经检验，该发光涂料的余晖可持续 14 小时。此外，针对该涂料的放射性检验结果表明，该涂料属于 A 类，因此该发光涂料可用于各种环境。

图 8-2-4 储能发光涂料的应用

(9) 质感涂料：质感涂料以其变化无穷的立体化纹理，展现出独特的空间视觉，丰富而生动，令墙体涂料由平滑型时代进入凹凸型的全新时代(如图 8-2-5 所示)。质感涂料具有天然环保，无毒无味，防水透气，以及抗碱防腐、耐水耐擦、不起皮、不开裂、不褪色的优点。

图 8-2-5 质感涂料的立体纹理

8.2.2 室内地面涂料

1. 地面涂料及其特点

地面涂料具有耐磨性、耐水性、耐碱性好，粘接力强，耐冲击性好，装饰性好，施工方便，重涂性好，价格合理等特点，主要用于装饰及保护室内地面。

2. 地面涂料的种类

(1) 聚氨酯地面涂料：聚氨酯地面涂料分薄质罩面涂料与厚质弹性地面涂料两类。前者用于木质地板或混凝土等其他地面的罩面上光，涂膜较薄，硬度较大；后者刷涂于水泥地面或混凝土地面，整体性好，耐磨性好，涂层耐油、耐水、耐酸碱，有一定弹性，脚感舒适。聚氨酯地面涂料适用于地下室、卫生间等的防水装饰，以及图书馆、健身房、歌舞厅、影剧院、办公室、会议室、工业厂房、车间、机房等有耐磨、耐油、耐腐要求的地面装饰。

(2) 环氧树脂地面漆：又称环氧树脂地面厚质涂料，是以环氧树脂为主要成膜物质，加入颜料、填料、增塑剂和固化剂等，经一定工艺加工而成的。该涂料属于双组分常温固化型涂料，甲组分为清漆或色漆，乙组分为固化剂，一般在施工现场现配现用。

环氧树脂地面漆的涂膜坚硬有韧性，有一定的耐磨性，具有较好的耐水性、耐酸碱性、耐有机溶剂性、耐化学性，但施工过程比较复杂。该涂料主要应用于机场、车库、实验室、化工厂，以及有耐磨、防尘、耐酸碱、耐有机溶剂、耐水要求的地面。

(3) 聚醋酸乙烯地面涂料：是用聚醋酸乙烯乳液、水泥、颜料、填料等配制而成的一种地面涂料，属于有机与无机相结合的聚合物水泥地面涂料。无毒、无味，早期强度高，与水泥地面结合力强，不燃，耐磨，抗冲击，有一定弹性，装饰效果好，价格适中。该涂料具有可替代塑料地板或水磨石地坪的潜力，常用于实验室、仪器装配车间等的水泥地面。

8.2.3　硅藻泥

硅藻矿物具有极强的物理吸附性能和离子交换性能，经过精加工后被广泛应用于酒精及医用注射液过滤、食品添加剂、核放射吸附剂等众多领域。

硅藻泥涂料（如图 8-2-6 所示）以硅藻泥为主要原材料，是一种天然环保内墙装饰材料，具有良好的可塑性，可随意造型，可用来替代壁纸和乳胶漆，适用于别墅、公寓、酒店、医院等内墙装饰。硅藻泥以一个房间为最小施工单位，因为每平方米硅藻泥墙面能净化 1 立方米空气，如果房间内施工面积小，就不能有效地消除甲醛等有害物质。

图 8-2-6　硅藻泥涂料的肌理

8.2.4　特种涂料

1. 防火涂料

防火涂料按用途可分为饰面防火涂料（木结构等可燃基层用）、钢结构防火涂料、混凝土防火涂料、木龙骨防火涂料（如图 8-2-7 所示）；按防火原理可分为非膨胀型防火涂料和膨胀型防火涂料等。特点是可有效延长可燃材料的引燃时间，阻止非可燃材料表面温度升高，阻止或延缓火焰的蔓延和扩展，为灭火和疏散人群赢得宝贵时间。

图 8-2-7　钢结构防火涂料及木龙骨防火涂料

2. 发光涂料

发光涂料是指在夜间显示一定亮度的涂料。发光涂料主要由成膜物质、填充剂和荧光颜料等组成。荧光颜料的分子受光的照射后被激发、释放能量，就能使涂膜发光。发光涂料一般分为蓄发性发光涂料和自发性发光涂料。发光涂料具有耐候、耐油、透明、抗老化等优点，可用在桥梁、隧道、机场、工厂、剧院、礼堂等场所，主要用于安全出口标志、广告牌、交通指示牌、门窗把手、钥匙孔、电灯开关等需要发出色彩和明亮反光的部位（如图 8-2-8 所示）。

图 8-2-8　发光涂料在景观中的应用

3. 防水涂料

防水涂料按其状态可分为溶剂型、乳液型和反应固化型三类。

溶剂型防水涂料是以各种高分子合成树脂溶于溶剂中制成的，具有干燥快、可低温操作的特点。常用种类有氯丁橡胶沥青、丁基橡胶沥青、SBS 改性沥青、再生橡胶改性沥青等。乳液型防水涂料以水为稀释剂，因而降低了施工中的污染、毒性和易燃性，是目前应用最广泛的一种防水涂料。主要品种有改性沥青系防水涂料（各种橡胶改性沥青）、氯偏共聚乳液、丙烯酸乳液防水涂料、改性煤焦油防水涂料、涤纶防水涂料等（如图 8-2-9 所示）。

图 8-2-9　防水涂料的应用

反应固化型防水涂料是以化学反应型合成树脂（如聚氨酯、环氧树脂等）配以专用固化剂制成的双组分涂料，具有优异的防水性、耐变形性和耐老化性，属于高档防水涂料。

(1) 特点：由于防水涂料是直接涂布于抹面砂浆之上而形成防水层的，因此防水涂料必须能形成连续的、不随基层开裂而出现裂缝的完整涂层，同时还必须具备很好的耐候性，使防水效果保持较长时间。此外，防水涂料还应具有良好的抗拉强度、撕裂强度等。

(2) 应用：主要应用于地下工程、卫生间、厨房等场所。

(3) 工艺流程：清理基层表面—细部处理—配制底胶—涂刷底胶（相当于冷底子油）—细部附中层施工—第一遍涂膜—第二遍涂膜—第三遍涂膜—防水层一次试水—保护层饰面层施工—防水层二次试水—防水层验收。

4. 防霉涂料

防霉涂料以不易发霉的材料（如硅酸钾水玻璃涂料和氯乙烯 - 偏氯乙烯共聚乳液等）为主要成膜物质，加入防霉剂、颜料、填料、助剂等配置而成，是一种对各类霉菌、细菌等具有杀灭或抑制生长效果且对人体无害的特种涂料。

(1) 特点:建筑物的防霉涂料不但要有防霉作用,还要具有装饰性,并对人畜无害,或有害程度在一定安全范围之内。

(2) 应用:防霉涂料主要应用于地下室、卫生间等潮湿的空间,以及食品厂、卷烟厂、酒厂等易产生霉变的内墙墙面。

8.3 内墙涂料的施工要点

(1) 在基层处理前要对墙面进行全面检查,发现面层有松动、空鼓、疙瘩、毛刺、孔洞或附着力差的部位,应将其铲除或进行填补。

(2) 填补墙面基层,要求光滑平整,刮灰时用尺检查基层的平整度,误差不能超出 5 mm。

(3) 纸面石膏板基层,用石膏粉勾缝,再贴牛皮纸或专用绷带。固定石膏板的专用螺钉,需用防锈漆点补。

(4) 多层板基层必须先刷一遍醇酸清漆,用木胶粉或原子灰勾缝,再贴牛皮纸或专用绷带,不得起泡。

(5)墙体干燥后,用聚乙烯醇胶拌 425# 白水泥调制的腻子刮平。先用粗砂纸整平,再用细砂纸打磨光滑,阴阳角可略磨圆,保持顺直。

(6) 对批刮形成的新整体基层进行检查和局部修整,再满刮腻子两遍,并用细砂纸打磨光滑。墙面需批嵌三道腻子,批嵌第一道时应注意把遗留于墙面上的一些缺陷(如气泡孔、砂眼、麻点等)刮平,对于缺陷较大的地方可进行多次找平。第二道腻子则应注意大面积找平,待相对干燥后用 2# 砂纸打磨。第三道腻子则在局部稍加修复并打磨,每道腻子层不宜刮得太厚。第一道腻子应调稠些,便于批嵌缝、洞,第二道则稀些,使之大面积找平,第三道则更稀些,所有腻子层打光磨平后应无刮痕,随之清除墙面粉尘。用于基层处理的腻子应坚实牢固,批嵌后不得出现粉化、起皮和裂缝等现象。腻子干燥后,应打磨平整光滑,并清理干净。

(7) 滚涂抗碱封闭底漆一遍。

(8) 用细砂纸轻轻打磨至不磨手后,再滚涂涂料两遍。

(9)如涂料采用喷涂,必须使用专用喷涂设备喷涂一遍,喷涂第二遍应在第一遍完成 2 小时后(须干透)。喷涂前必须用纸胶带或报纸将无须喷涂的地方保护严密,避免污染。

8.4 地面涂料的施工要点

(1) 基层要求:基层含水率应低于 8%,空气相对湿度应低于 85%。整体层强度符合建筑规范,要求平整性良好。整体层表面无杂物,无水泥浆、建筑垃圾、油污、蜡水等。地面无空鼓现象。

(2) 基层处理:地面油污应洗涤干净。局部地面油污超过施工标准的,应用碘钨灯或瓦斯枪烘烤。用打磨机打磨,以除去水泥表面的松散层,形成毛细小孔,增加环氧树脂对地面的渗透性及接触面积。地面凸出部分应处理平整,地面松散部分应先去除,然后修补平整。地面空鼓的地方应先切割,再用水泥补平。

(3) 底涂施工:做好基层处理后,采用大功率工业吸尘器把地面的残渣、粉尘吸净。

（4）中涂施工：依照正确的比例将主剂、硬化剂及填料充分混合均匀，迅速送往施工区域。采用锯齿镘刀刮板将混合好的材料均匀涂抹，保持平整。中涂固化后，视实际情况按上一道工序再涂一次。达到下一次施工标准后，方可进行下道工序。

（5）面涂施工：依照正确比例将主剂和硬化剂充分混合均匀，迅速送往施工区域。采用无气喷涂机或滚筒均匀涂布，且表面不容许有目视可见的杂质。面涂必须一次性完工，而且前后桶应连续衔接。

8.5 涂料的构造图例

1. 乳胶漆（顶棚）的构造形式一

（1）龙骨吸顶吊件用膨胀螺栓与钢筋混凝土板固定；

（2）用 $\phi 8$ mm 吊筋和配件固定 50 型或 75 型主龙骨，主龙骨中距 900 mm；

（3）依次固定 50 型次龙骨；

（4）单层或双层 9.5 mm 厚纸面石膏板，用自攻螺钉与龙骨固定；

（5）满刮 2 mm 厚面层耐水腻子，用涂料饰面（图 8-5-1）。

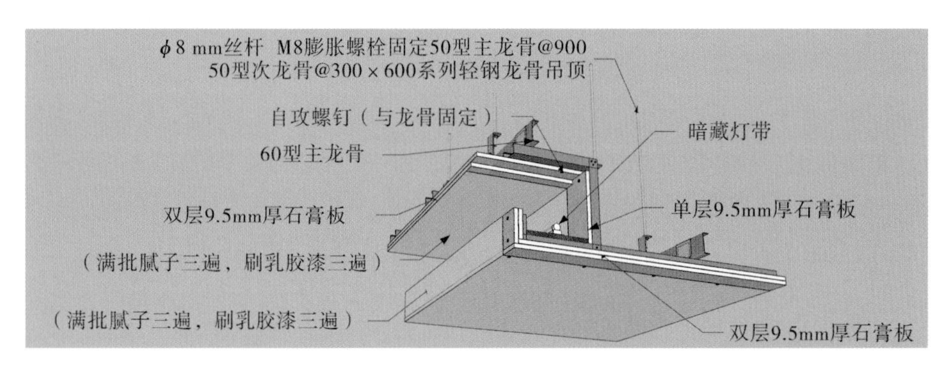

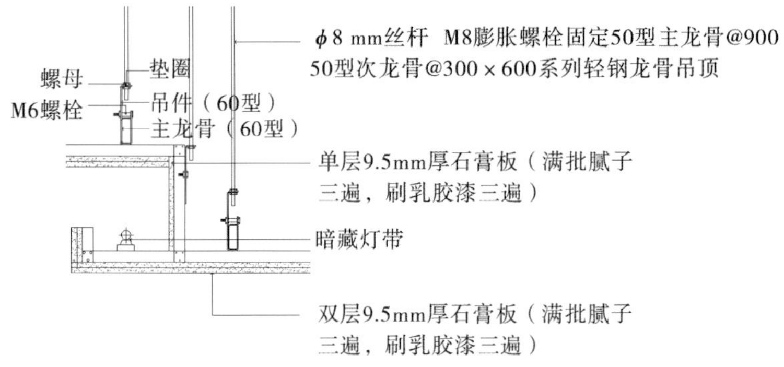

图 8-5-1 乳胶漆（顶棚）的构造形式一

2. 乳胶漆（顶棚）的构造形式二

（1）龙骨吸顶吊件用膨胀螺栓与钢筋混凝土板固定；

（2）用 $\phi 8$ mm 吊筋和配件固定 50 型或 60 型主龙骨，主龙骨中距 900 mm；

（3）依次固定 50 型次龙骨；

(4)单层 9.5 mm 或 12 mm 厚纸面石膏板,用自攻螺钉与龙骨固定;

(5)第二层石膏板抽缝;

(6)使用气排钉将第二层石膏板固定在第一层石膏板上,倒角尽量不要有毛边,尽可能用成品定制石膏制品(石膏线或 GRG 板);

(7)满刮 2 mm 厚面层耐水腻子,用乳胶漆饰面(图 8-5-2)。

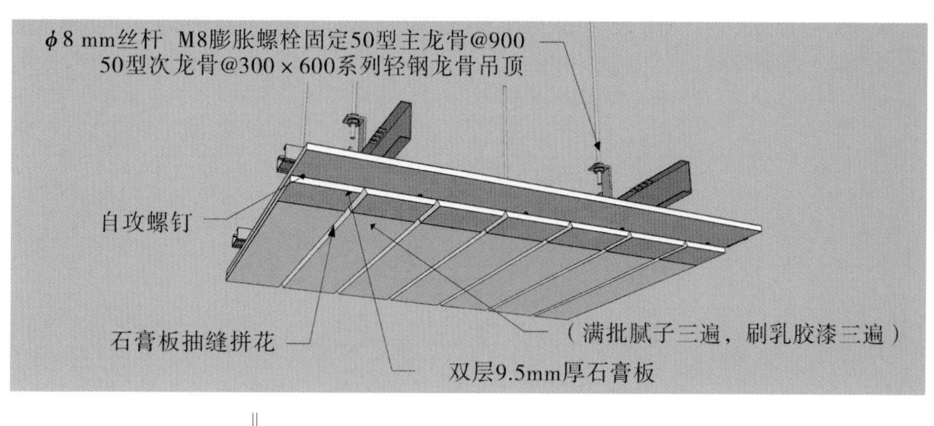

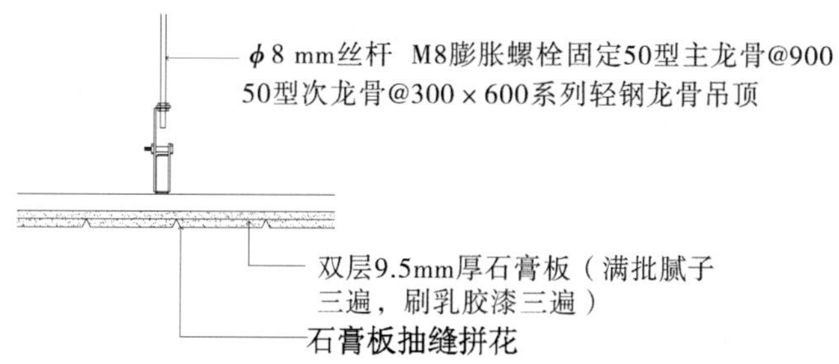

图 8-5-2 乳胶漆(顶棚)的构造形式二

3. 氟碳漆与乳胶漆(顶棚)

(1)安装透光板内部基层;

(2)安装透光板内灯光;

(3)安装不锈钢条;

(4)安装纸面石膏板;

(5)透光板与石膏板接缝处用不锈钢收口(图 8-5-3)。

需要注意的地方有:不锈钢条的选择;透光板接缝处的处理;透光板平整度的要求;灯槽内需考虑光照度的部位刷白色乳胶漆。

4. 乳胶漆与马来漆 / 硅藻泥(顶棚)

(1)龙骨吸顶吊件用膨胀螺栓与钢筋混凝土板或钢架转换层固定;

(2)用 ϕ8 mm 吊筋和配件固定 50 型或 60 型主龙骨,主龙骨中距 900 mm;

(3)依次固定 50 型次龙骨;

(4)9.5 mm 或 12 mm 厚纸面石膏板,用自攻螺钉与龙骨固定;

(5)用马来漆批刀在基层上批出类似于长方形图案,图案尽量不重叠,且每个长方形图案的角度尽可能朝向不一样,图案与图案间最好留半个图案大小间隙;

(6)刷第二道乳胶漆,同样用马来漆批刀补第一道留下来的空隙,与第一道施工图案边角错开;

(7)刷第三道乳胶漆,检查是否还有空隙,毛糙的地方用砂纸打磨,一刀刀批刮,抛光(图 8-5-4)。

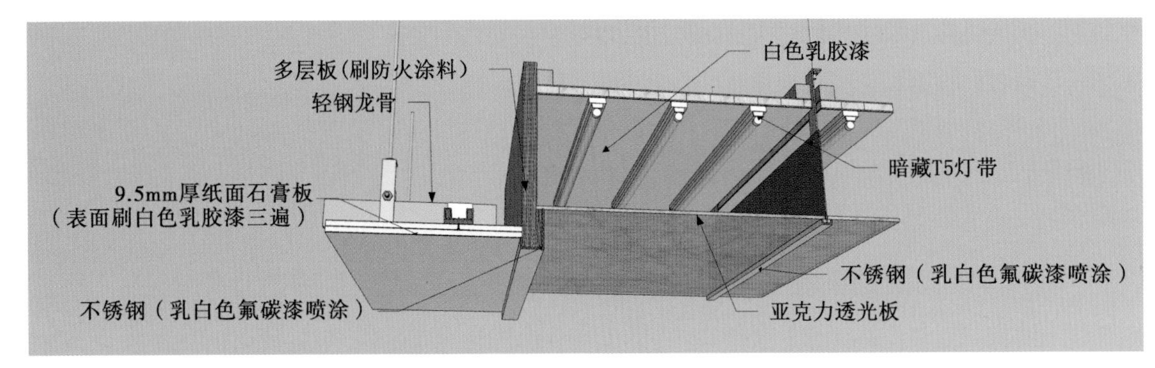

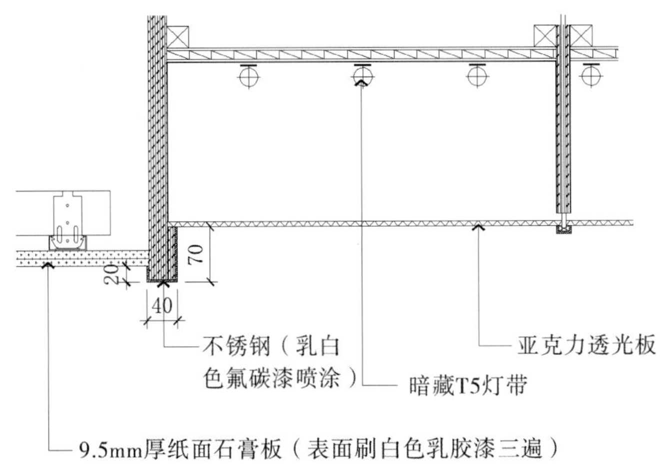

图 8-5-3　氟碳漆与乳胶漆(顶棚)

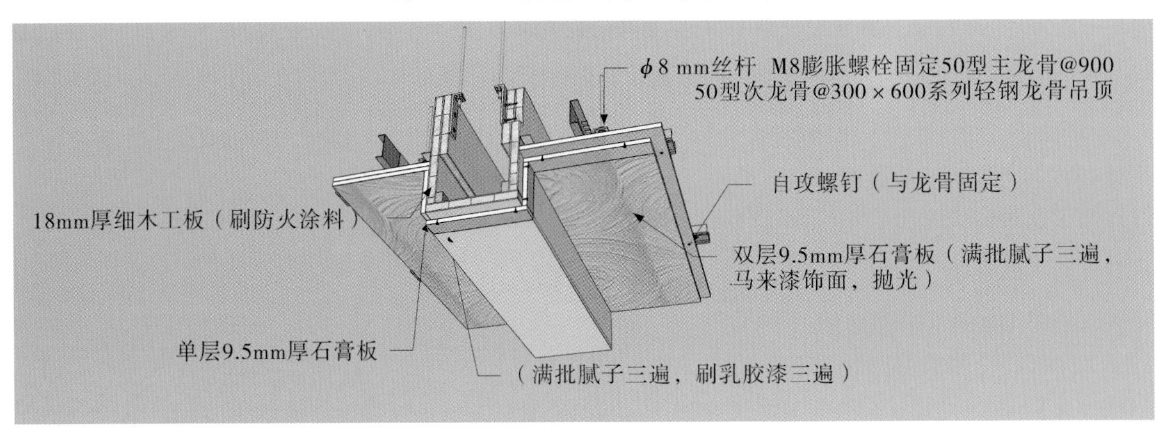

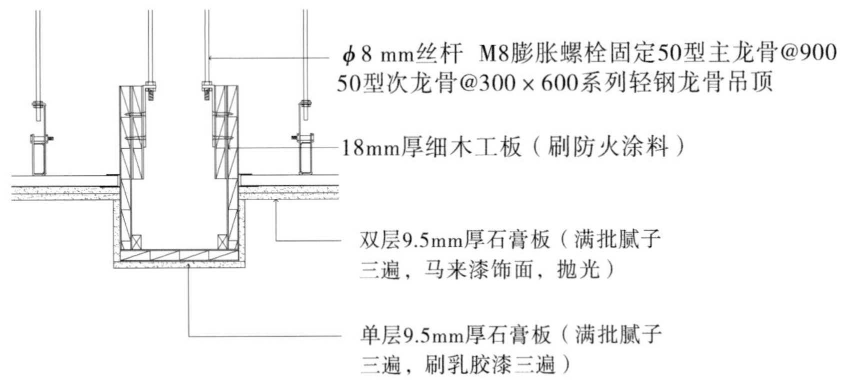

图 8-5-4　乳胶漆与马来漆 / 硅藻泥(顶棚)

5. 乳胶漆与金银箔相接(顶棚)

(1)龙骨吸顶吊件用膨胀螺栓与钢筋混凝土板固定;

(2)用ϕ8 mm 吊筋和配件固定 50 型或 60 型主龙骨,主龙骨中距 900 mm;

(3)依次固定 50 型次龙骨;

(4)单层 9.5 mm 或 12 mm 厚纸面石膏板,用自攻螺钉与龙骨固定;

(5)第二层石膏板抽缝、拼花,用气排钉将第二层石膏板固定在第一层石膏板上;

(6)倒角尽量不要有毛边;

(7)尽可能用成品定制石膏制品(石膏线或 GRG 板);

(8)满刮 2 mm 厚面层耐水腻子,用乳胶漆饰面。

(9)满刮耐水腻子,带灯打磨;

(10)清油封底(此时最好用生漆,不要用胶水);

(11)用宣纸贴在生漆表面,用棉麻布裹棉花轻轻拍打,反复换 3~4 次宣纸;

(12)一人贴另一人用棉麻布裹棉花不断拍打,再结合羊毛刷来回清扫;

(13)待全部干燥后上一层明油(图 8-5-5)。

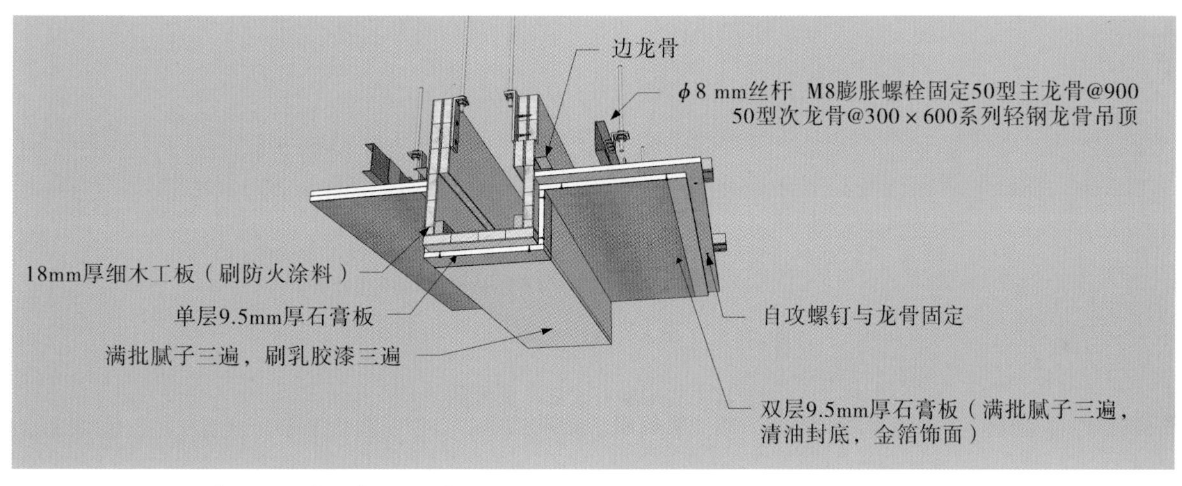

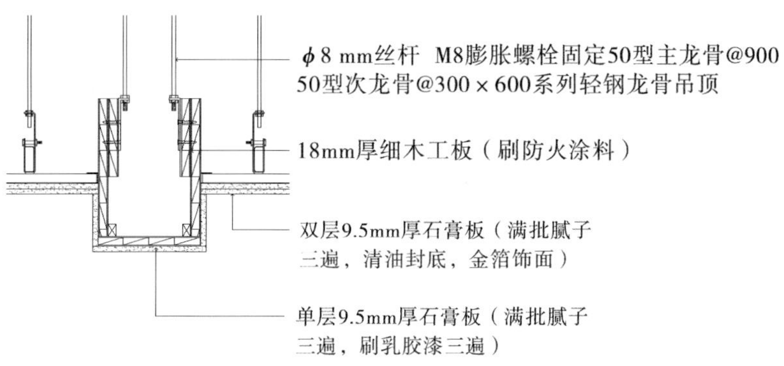

图 8-5-5 乳胶漆与金银箔相接(顶棚)

6. 乳胶漆与石材相接(顶棚)

(1)8# 镀锌槽钢用膨胀螺栓与钢筋混凝土板固定;

(2)方管与槽钢焊接处理应满足完成面尺寸;

(3)18 mm 厚细木工板(刷防火、防腐涂料三遍),用自攻螺钉与方管固定;

(4)制作轻钢主、次龙骨基层；

(5)轻钢延边龙骨用自攻螺钉与 18 mm 厚细木工板固定；

(6)9.5 mm 或 12 mm 厚纸面石膏板，用自攻螺钉与龙骨固定；

(7)满刮 2 mm 厚面层耐水腻子；

(8)满刷氯偏乳液或乳化光油防潮涂料两道；

(9)按照石材尺寸焊接好角钢位置；

(10)石材与乳胶漆处留工艺凹槽，石材转角处建议留海棠角(按工艺要求定具体尺寸)；

(11)石材整体打磨处理(图 8-5-6)。

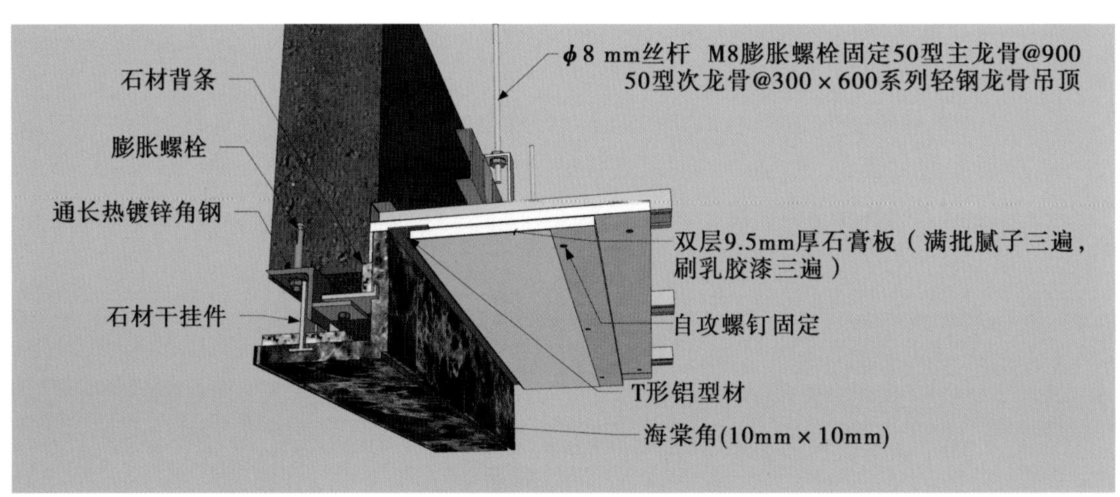

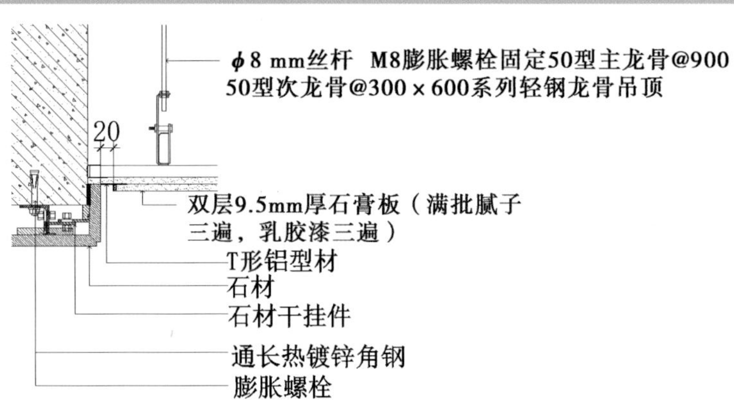

图 8-5-6 乳胶漆与石材相接(顶棚)

7. 乳胶漆与玻璃相接(顶棚)

(1)10# 槽钢焊接制作基层，预留玻璃吊件空间；

(2)制作轻钢主、次龙骨基层；

(3)优先制作 L 面纸面石膏板，并用自攻螺钉固定于基层；

(4)满刷氯偏乳液或乳化光油防潮涂料两道；

(5)满刮 2 mm 厚面层耐水腻子；

(6)安装玻璃专用吊件，固定于槽钢基层；

(7)安装玻璃(调平)；

(8)安装另一面纸面石膏板，与玻璃交接处用白色硅酮密封胶固定(图 8-5-7)。

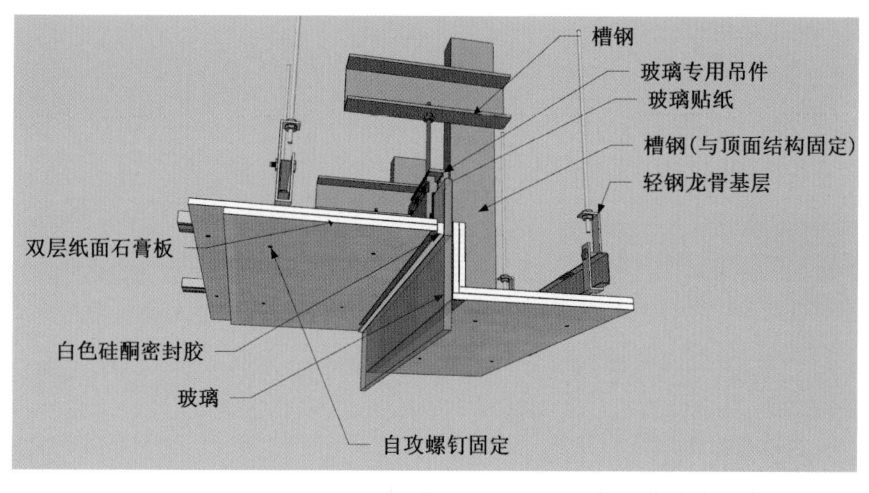

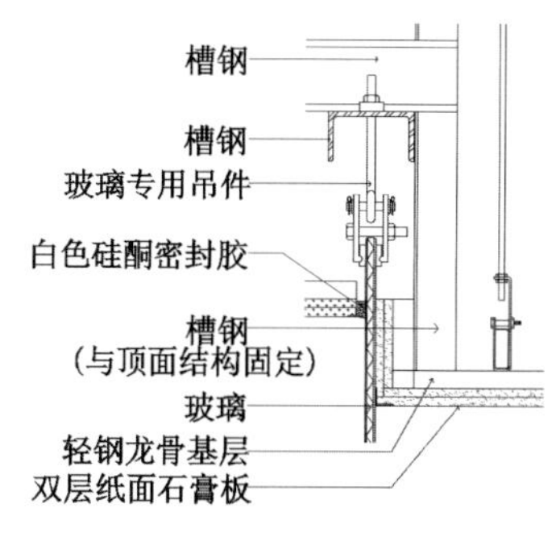

图 8-5-7　乳胶漆与玻璃相接(顶棚)

8. 乳胶漆与银镜相接(顶棚)

(1) 制作轻钢主、次龙骨基层;

(2) 18 mm 厚细木工板用自攻螺钉固定于轻钢龙骨处(刷防火涂料三遍);

(3) 9.5 mm 或 12 mm 厚纸面石膏板,用自攻螺钉与龙骨固定;

(4) 满刷氯偏乳液或乳化光油防潮涂料两道;

(5) 满刮 2 mm 厚面层耐水腻子;

(6) 银镜用专用粘结剂与细木工板固定,且与石膏板之间空 1 mm 距离(图 8-5-8)。

需要注意以下两点:对完成面尺寸的把握;对镜子尺寸的控制。

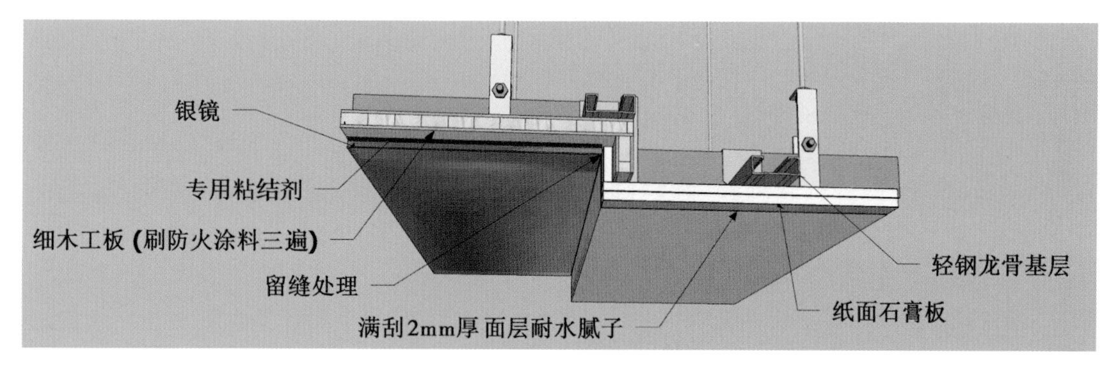

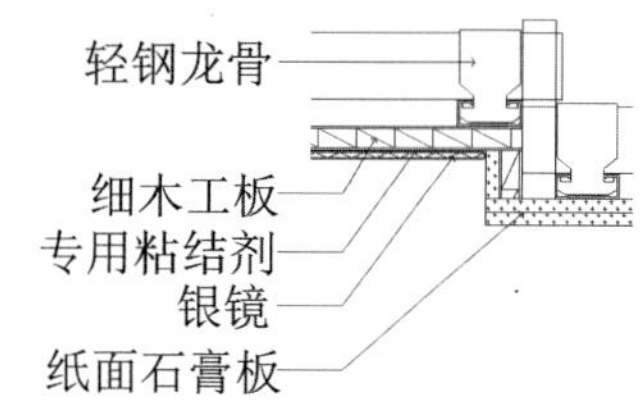

图 8-5-8　乳胶漆与银镜相接(顶棚)

9. 乳胶漆与风口相接(顶棚)

(1) 制作轻钢主、次龙骨基层;

(2) 9.5 mm 或 12 mm 厚纸面石膏板,用自攻螺钉与龙骨固定;

(3) 安装 20 mm × 40 mm 镀锌方管,对风口加固;

(4)满刷氯偏乳液或乳化光油防潮涂料两道;

(5)满刮 2 mm 厚面层耐水腻子;

(6)安装风口,用自攻螺钉固定于风管上(图 8-5-9)。

需要注意以下三点:对风口尺寸的控制;对安装顺序的理解;不同材质的收口应完整。

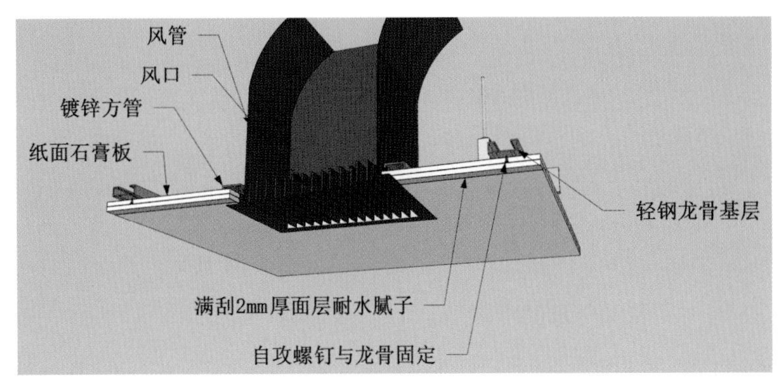

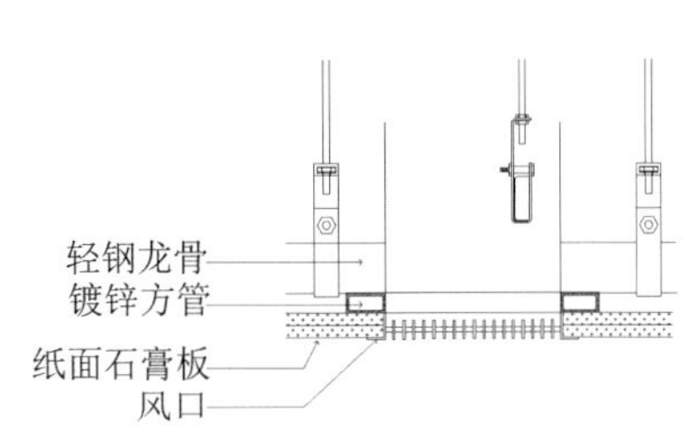

图 8-5-9 乳胶漆与风口相接(顶棚)

10. 纸面石膏板乳胶漆与 GRG 板相接(顶棚)

(1)制作轻钢主、次龙骨基层;

(2)12 mm 厚阻燃夹板用自攻螺钉与龙骨固定(刷防火、防腐涂料三遍);

(3)9.5 mm 或 12 mm 厚纸面石膏板,用自攻螺钉与夹板固定;

(4)4# 镀锌角钢与顶面用 M10 膨胀螺栓固定;

(5)角钢与角钢焊接处理,满足完成面尺寸;

(6)安装固定 GRG 板,用不锈钢挂件固定在镀锌角钢上;

(7)GRG 板与顶面石膏板留有 5 mm 间隙;

(8)满刷氯偏乳液或乳化光油防潮涂料两道;

(9)满刮 2 mm 厚面层耐水腻子;

(10)涂料饰面(图 8-5-10)。

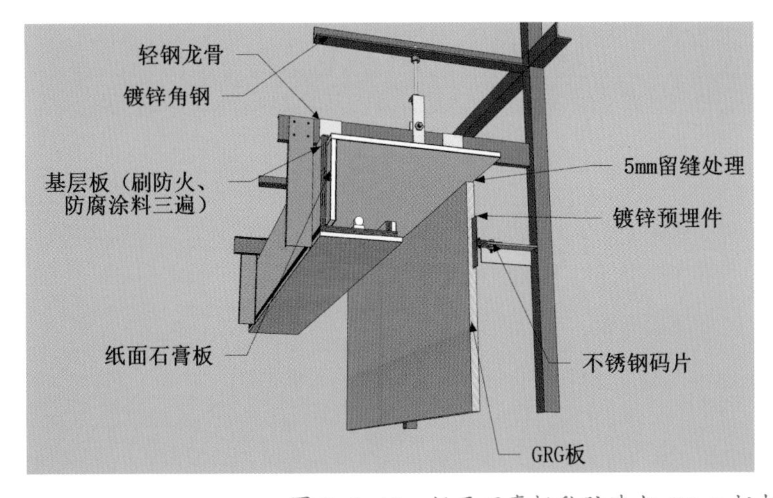

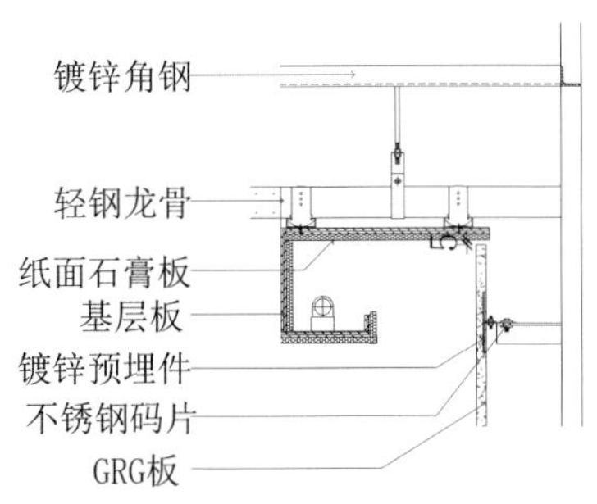

图 8-5-10 纸面石膏板乳胶漆与 GRG 板相接(顶棚)

11. 乳胶漆与木饰面相接(顶棚)

(1)制作轻钢主、次龙骨基层;

(2) 9.5 mm 或 12 mm 厚纸面石膏板，用自攻螺钉与龙骨固定；

(3) 细木工板基层刷防火涂料，用自攻螺钉与龙骨固定(刷防火、防腐涂料三遍)；

(4) 安装固定木饰面，注意完成面的把握，做好成品保护措施；

(5) 满刷氯偏乳液或乳化光油防潮涂料两道；

(6) 满刮 2 mm 厚面层耐水腻子；

(7) 涂料饰面(图 8-5-11)。

需要注意以下几点：对完成面尺寸的控制；对安装顺序的理解；对不同材质的收口应完整。

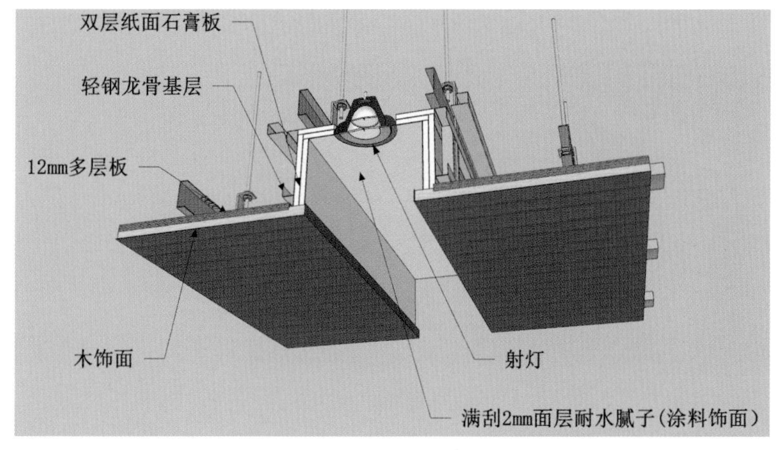

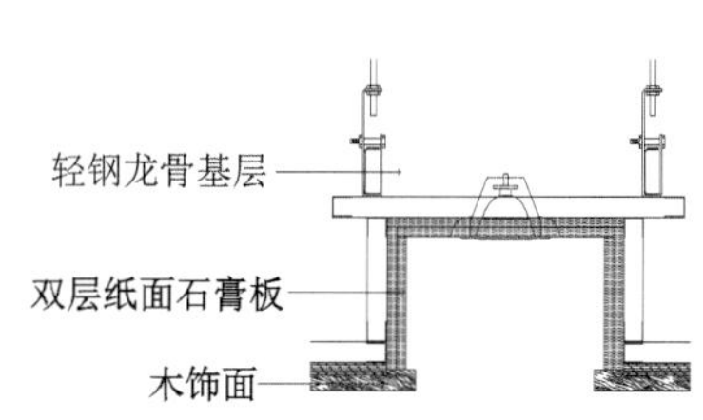

图 8-5-11　乳胶漆与木饰面相接(顶棚)

12. 乳胶漆与格栅相接(顶棚)

(1) 制作轻钢主、次龙骨基层；

(2) 9.5 mm 或 12 mm 厚纸面石膏板，用自攻螺钉与龙骨固定；

(3) 石膏板与金属格栅留 20 mm 间隙(尺寸可调)；

(4) 安装金属格栅，用自攻螺钉与次龙骨固定，注意顶面完成高度与石膏板完成面高度应一致，做好成品保护措施；

(5) 满刷氯偏乳液或乳化光油防潮涂料两道；

(6) 满刮 2 mm 厚面层耐水腻子(图 8-5-12)。

需要注意以下几点：对完成面尺寸的控制；对安装顺序的理解；对不同材质的收口应完整。

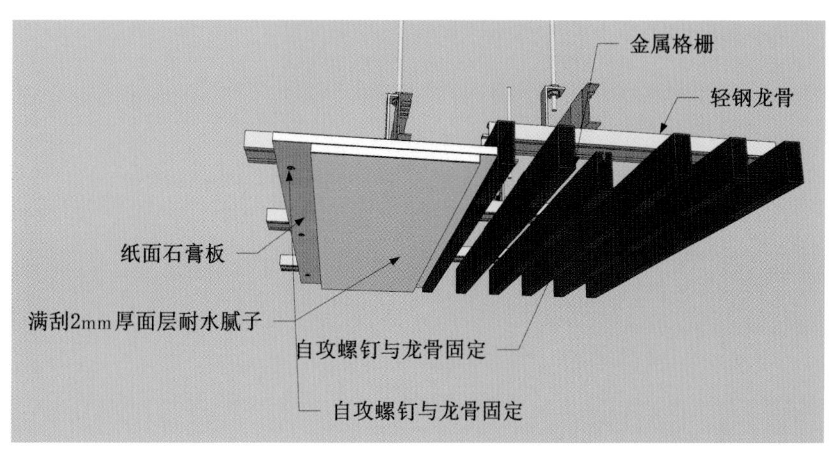

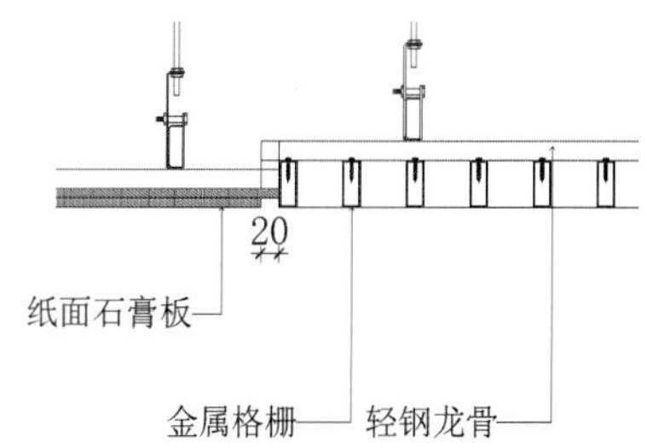

图 8-5-12　乳胶漆与格栅相接(顶棚)

13. 乳胶漆(墙面)

(1)将混凝土隔墙表面清除干净,墙面滚涂界面剂一遍、素水泥浆一道(界面剂内掺水重 3%~5% 的 108 胶);

(2)粉涂 10 mm 厚 1∶0.3∶3 水泥石灰膏砂浆打底,扫毛;

(3)粉涂 6 mm 厚 1∶0.3∶2.5 水泥石灰膏砂浆找平层;

(4)满刮三遍腻子(内掺水重 3%~5% 的 108 胶);

(5)涂封闭底涂料一道,待干燥后找平、修补、打磨;

(6)第三遍涂料滚刷要均匀,滚涂要循序渐进,最好采用喷涂(图 8-5-13~图 8-5-16)。

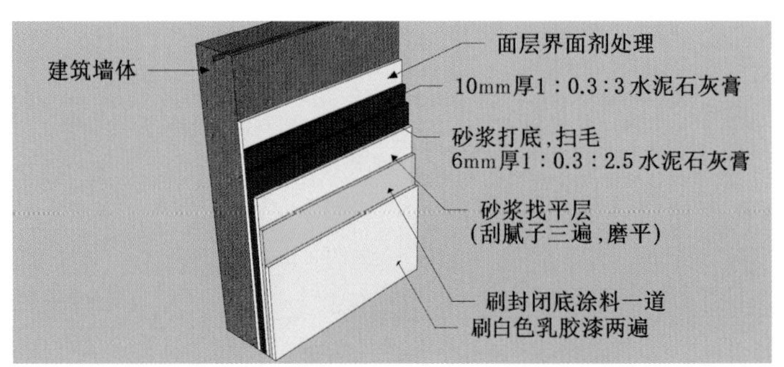

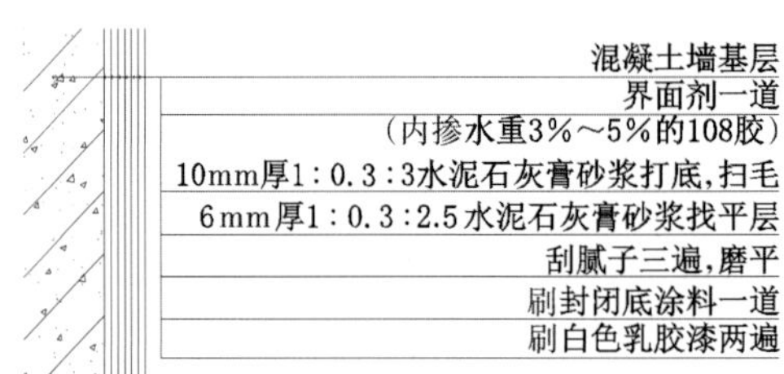

图 8-5-13　乳胶漆(墙面)的构造形式一

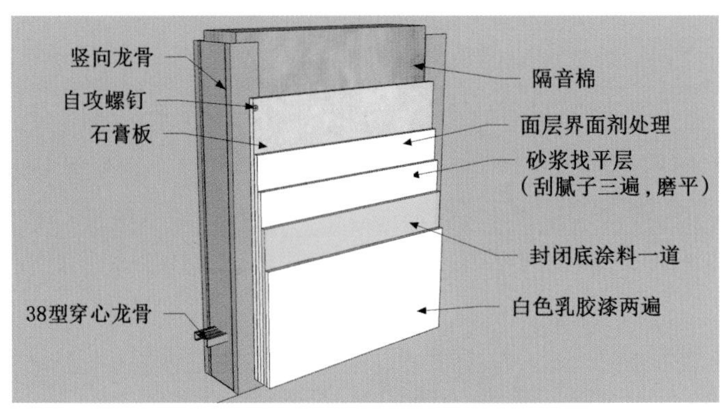

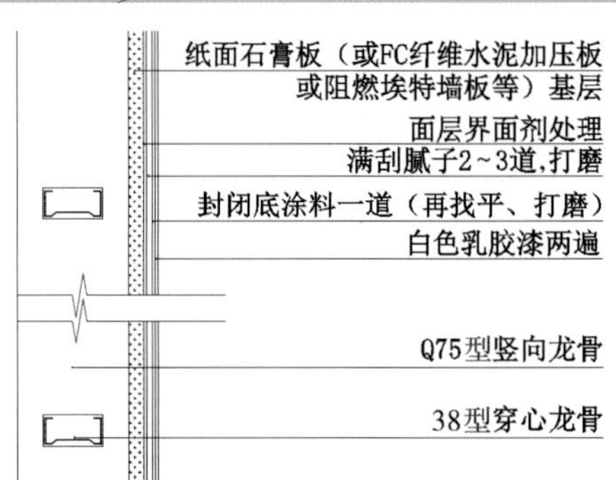

图 8-5-14　乳胶漆(墙面)的构造形式二

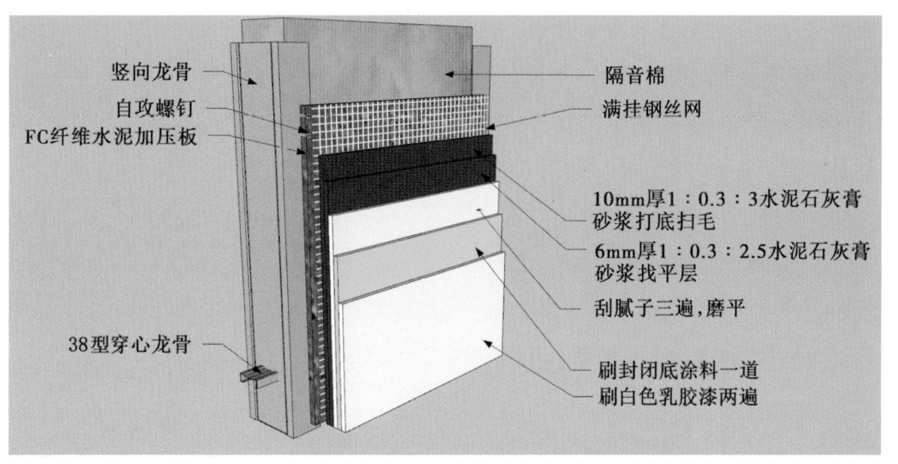

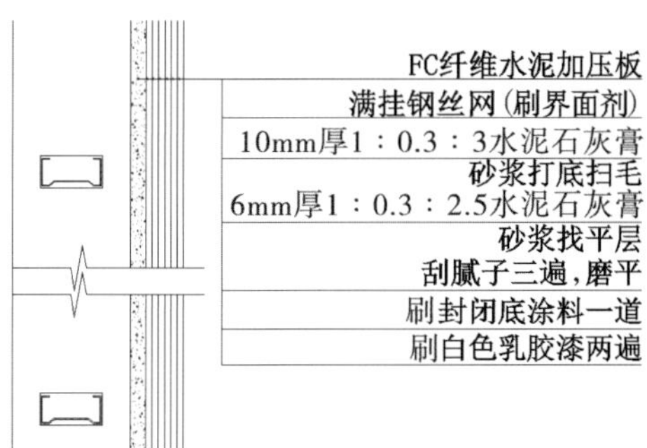

图 8-5-15 乳胶漆（墙面）的构造形式三

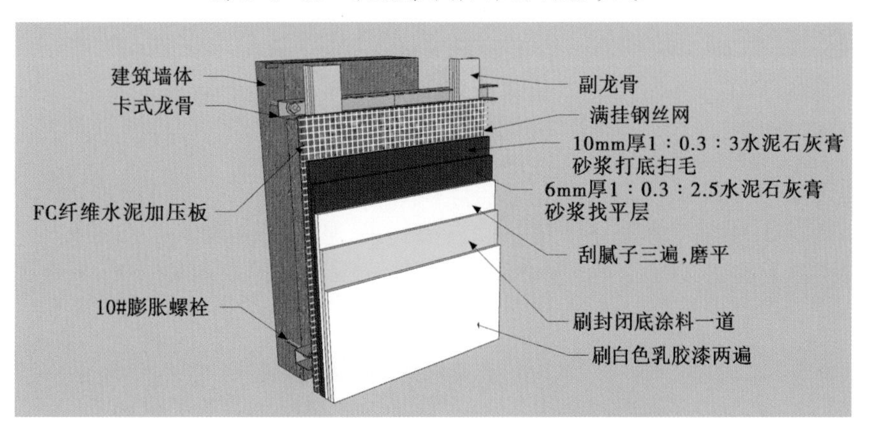

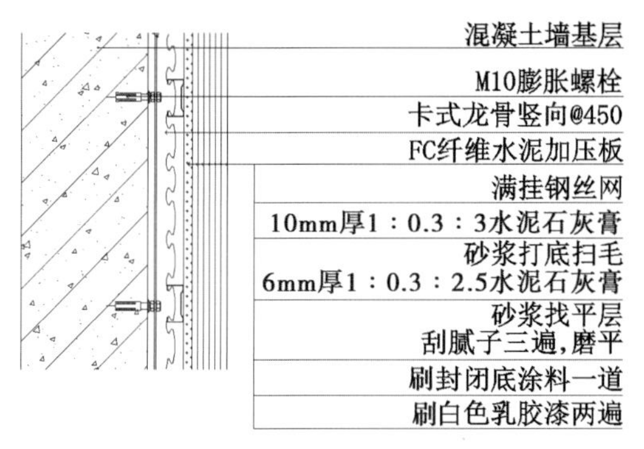

图 8-5-16 乳胶漆（墙面）的构造形式四

14. 环氧树脂（或聚氨酯薄涂层）自流平（地面）

（1）基于原建筑钢筋混凝土楼板做 50 mm 厚 C10 细石混凝土垫层，铺 ϕ6 mm 钢筋，间距 150 mm；

(2)粉涂 20 mm 厚 1：3 水泥砂浆找平层；

(3)粉涂 1.5 mm 厚 JS 或聚氨酯涂膜防水层；

(4)粉涂 10 mm 厚 1：3 水泥砂浆保护层；

(5)粉涂 20 mm 厚 1：3 水泥砂浆找平层；

(6)刷自流平界面剂；

(7)粉涂水泥基自流平砂浆层；

(8)粉涂底涂层；

(9)刷环氧树脂(或聚氨酯薄涂层)面层(图 8-5-17)。

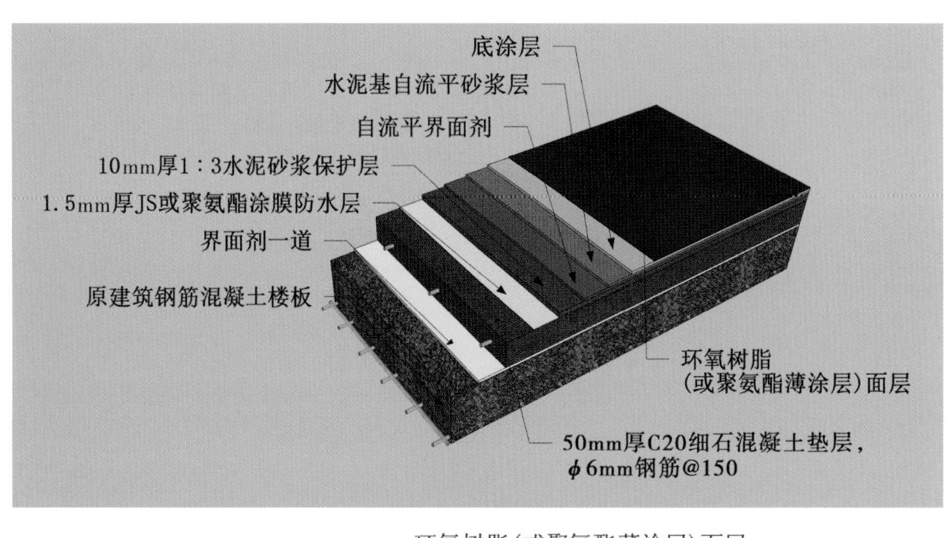

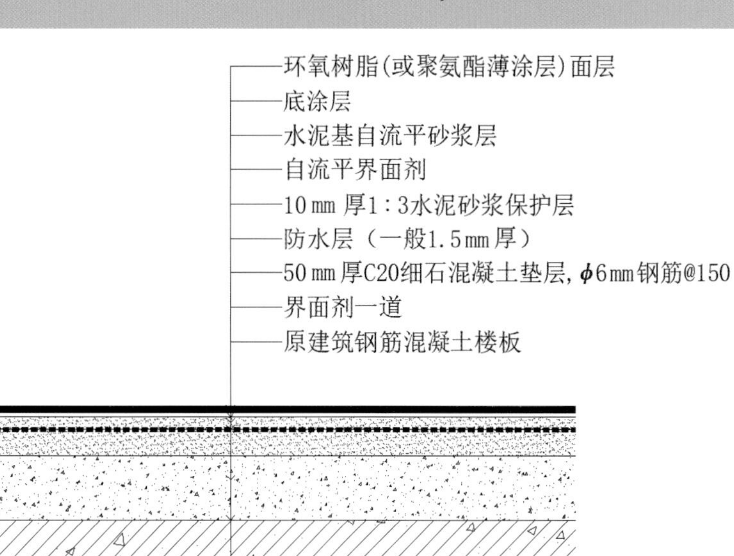

图 8-5-17 环氧树脂(或聚氨酯薄涂层)自流平(地面)

第九章 塑料类

9.1 塑料的特点

9.1.1 塑料的主要特征

塑料是以单体为原料，通过加聚或缩聚反应聚合而成的高分子化合物，主要成分有合成树脂及填料、增塑剂、稳定剂、润滑剂、色料等添加剂。其抗形变能力中等，介于纤维和橡胶之间。大多数塑料质轻，化学性能稳定，不会锈蚀；耐冲击性好；具有较好的透明性和耐磨耗性；绝缘性好，导热性低；一般成形性、着色性好，加工成本低；大部分塑料耐热性差，热膨胀率大，易燃烧；尺寸稳定性差，容易变形；多数塑料耐低温性差，低温下会变脆，容易老化；某些塑料易溶于溶剂。

塑料不同性能决定了它在生活及工业生产中的用途，随着技术的进步，对塑料改性的研究一直没有停止过。希望在不远的将来，通过改性的塑料可以有更广泛的应用，甚至代替钢铁等材料，并不再污染环境。

9.1.2 塑料的优缺点

1. 优点

①大部分塑料的抗腐蚀能力强，不与酸、碱反应。

②塑料制造成本低。

③耐用、防水、质轻。

④容易被塑制成不同形状。

⑤是良好的绝缘体。

⑥塑料可以用于制备燃料油和燃料气，这样可以降低原油消耗。

2. 缺点

①回收利用废弃塑料时，分类十分困难，而且经济上不合算。

②塑料容易燃烧，燃烧时会产生有毒气体。例如，聚苯乙烯燃烧时产生甲苯，环境中少量甲苯就会导致失明，吸入有呕吐等症状；PVC 燃烧也会产生氯化氢有毒气体。高温环境也会导致塑料分解出苯等有毒成分。

③塑料是由石油炼制的产品制成的，但石油资源是有限的。

④塑料埋在地底下几百年才可以腐烂。

⑤塑料的耐热性能、耐低温性能较差，易于老化。

9.2 塑料的分类

塑料根据不同的使用特性，通常可分为通用塑料、工程塑料和特种塑料三种类型。

9.2.1 通用塑料

一般是指产量大、用途广、成形性好、价格便宜的塑料。通用塑料有五大品种，即聚乙烯(PE)（如图 9-2-1 所示）、聚丙烯(PP)、聚氯乙烯(PVC)、聚苯乙烯(PS)及丙烯腈 - 丁二烯 - 苯乙烯共聚物(ABS)，其余的塑料基本可以归入特殊塑料品种，如 PPS、PPO、PA、PC、POM 等。特殊塑料在日用生活产品中的应用很少，主要应用在工程产业、国防科技等高端领域，如汽车、航天、建筑、通信等领域。塑料根据其可塑性可分为热塑性塑料和热固性塑料。通常情况下，热塑性塑料可回收再利用，热固性塑料则不能回收利用。塑料根据光学性能可分为透明塑料、半透明塑料及不透明塑料，如 PS、AS、PC 等属于透明塑料，而其他大多数塑料都为不透明塑料。

图 9-2-1　聚乙烯塑料

9.2.2　工程塑料

工程塑料一般指能承受一定外力作用，具有良好的机械性能和耐高、低温性能，尺寸稳定性较好，可以用作工程结构的塑料，如聚酰胺(如图 9-2-2 所示)、聚砜等。工程塑料又可分为通用工程塑料和特种工程塑料两大类。工程塑料在机械性能、耐久性、耐腐蚀性、耐热性等方面有优异的表现，而且加工方便甚至可替代金属材料。工程塑料被广泛应用于电子电气、汽车、建筑、办公设备、机械、航空航天等行业，以塑代钢、以塑代木已成为国际流行趋势。

图 9-2-2　聚酰胺塑料

通用工程塑料包括聚酰胺、聚甲醛、聚碳酸酯、改性聚苯醚、热塑性聚酯、超高分子量聚乙烯、甲基戊烯聚合物、乙烯醇共聚物等。特种工程塑料又有交联型和非交联型之分。交联型的有聚氨基双马来酰胺、聚三嗪、交联聚酰亚胺、耐热环氧树脂等。非交联型的有聚砜、聚醚砜、聚苯硫醚、聚酰亚胺、聚醚醚酮(PEEK)等。

9.2.3　特种塑料

特种塑料一般是指具有特种功能，可用于航空、航天等特殊应用领域的塑料。例如，氟塑料和有机硅具有突出的耐高温、自润滑等特殊功用，增强塑料和泡沫塑料分别具有高强度、高缓冲性等特殊性能，这些塑料都属于特种塑料的范畴。

1. 增强塑料

增强塑料按外形可分为粒状(如钙塑增强塑料)、纤维状(如玻璃纤维或玻璃布增强塑料)、片状(如云母增强塑料)三种;按材质可分为布基增强塑料(如碎布增强或石棉增强塑料)、无机矿物填充塑料(如石英或云母填充塑料)、纤维增强塑料(如碳纤维增强塑料)三种。

2. 泡沫塑料

泡沫塑料(如图 9-2-3 所示)可以分为硬质、半硬质和软质三种。硬质泡沫塑料没有柔韧性,压缩硬度很大,只有达到一定应力值才产生变形,应力解除后不能恢复原状;软质泡沫塑料柔韧性好,压缩硬度很小,很容易变形,应力解除后能恢复原状,残余变形较小;半硬质泡沫塑料的柔韧性和其他性能介于硬质泡沫塑料与软质泡沫塑料之间。

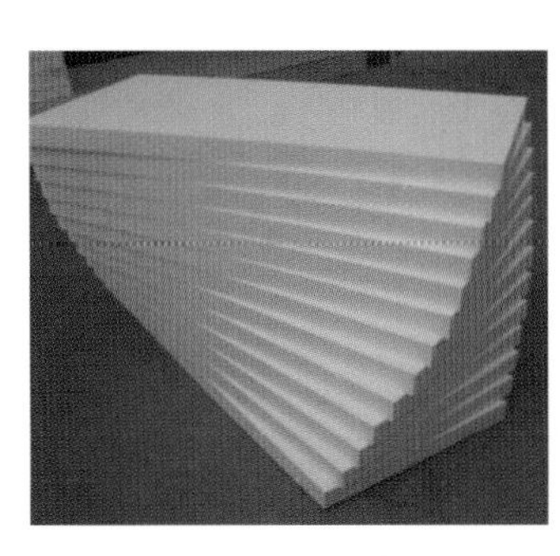

图 9-2-3　泡沫塑料

9.3　常见的建筑塑料类型

建筑塑料具有质轻、绝缘、耐腐、耐磨、绝热、隔声及易加工成形等优良性能,集金属的坚硬性、木材的轻便性、玻璃的透明性、陶瓷的耐腐蚀性、橡胶的韧性于一体。但建筑塑料耐热性较差、热膨胀系数大、易变形,长期受日光和大气作用易发生老化。常用的建筑塑料有塑料地板、塑料墙纸、塑料装饰板等。

9.3.1　塑料地板

塑料地板是以高分子合成树脂为主要原料,加入其他辅助材料,经一定的工艺制造而成的。塑料地板按基本原料可以分为聚氯乙烯(PVC)塑料地板(如图 9-3-1 所示)、聚丙烯(PP)树脂塑料地板、聚乙烯(PE)塑料地板;按生产工艺可分为压延法、热压法、注射法;按材质可分为硬质(块材)塑料地板、半硬质(片材)塑料地板和软质(卷材)塑料地板;按外形可分为块材地板、片材地板和卷材地板。PVC 卷材地板的宽度规格一般为 1800 mm、2000 mm;长度规格有 20 米 / 卷、30 米 / 卷;厚度有 1.5 mm(家用)、2.0 mm(公共建筑用)等规格。

9.3.2　塑料墙纸

塑料墙纸是以一定性能材料为基材,在其表面进行涂塑,再经过印花、压花、发泡等工艺而制成的墙面装饰材料,具有装饰效果好、耐污、易除尘、耐光、易施工等优点。由于施工时采用胶结剂粘合方式,胶剂中含有有害物质,故施工后不宜马上使用。塑料墙纸可分为普通塑料墙纸、发泡塑料墙纸和功能性墙纸(如图9-3-2所示)。

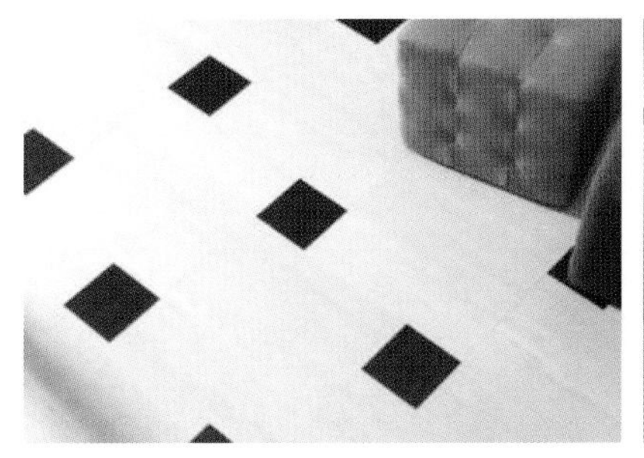

图 9-3-1 PVC 地板铺地效果

图 9-3-2 塑料墙纸

1. 普通塑料墙纸

普通塑料墙纸以 80～100 g/m^2 的纸为纸基，表面涂敷 100 g/m^2 的 PVC 树脂。表面装饰方式可为印花、压花或印花与压花结合。

2. 发泡塑料墙纸

与普通塑料墙纸相比，发泡塑料墙纸具有松软厚实等特点，表面可印有多种图案。发泡塑料墙纸可分为高发泡印花和低发泡印花等品种。高发泡印花墙纸是一种装饰兼吸音的多功能墙纸，常用于电影院、歌剧院及住宅等的天花板装饰。低发泡印花墙纸图案逼真、立体感强，适用于室内墙裙、客厅和走廊的装饰。

3. 功能性墙纸

常用的功能性墙纸有耐水墙纸、防火墙纸、彩色砂粒墙纸、风景壁画墙纸等。耐水墙纸是用玻璃纤维毡为基材，以适应卫生间、浴室等墙面的装饰。防火墙纸具有一定的阻燃、防火性能，适用于防火要求较高的建筑物和木材面装饰。彩色砂粒墙纸是在基材上散布彩色砂粒，再喷涂胶结剂，使其表面呈现砂粒毛面效果，一般适用于门厅、柱头、走廊等局部装饰。

常见的塑料壁纸规格有三种：窄幅小卷，幅宽 530～600 mm，长 10～12 m，每卷 5～6 m^2；中幅中卷，幅宽 760～900 mm，长 25～50 m，每卷 25～45 m^2；宽幅大卷，幅宽 920～1200 mm，长 50 m，每卷 46～50 m^2。

9.3.3 塑料装饰板

塑料装饰板按结构和断面形式可分为平板、波形板、实体异形断面板、中空异形断面板、格子板、夹心板等类型；按原材料的不同可分为铝塑板、硬质 PVC 板、玻璃钢、聚碳酸酯采光板、亚克力板等类型。

1. 硬质 PVC 板

硬质 PVC 板主要适用于护墙板、屋面板和平顶板，是一种开发较早的高分子材料。它具有较好的透明性、化学稳定性和耐候性，易染色、易加工、外观平整光滑。

硬质 PVC 板有透明和不透明两种。透明板是以 PVC 为基料，掺入增塑剂、抗老化剂，经挤压而成型。不透明板是以 PVC 为基材，掺入填料、稳定剂、颜料等，经捏合、混炼、拉片、切粒、挤出或压延而成形（如

图 9-3-3 所示)。

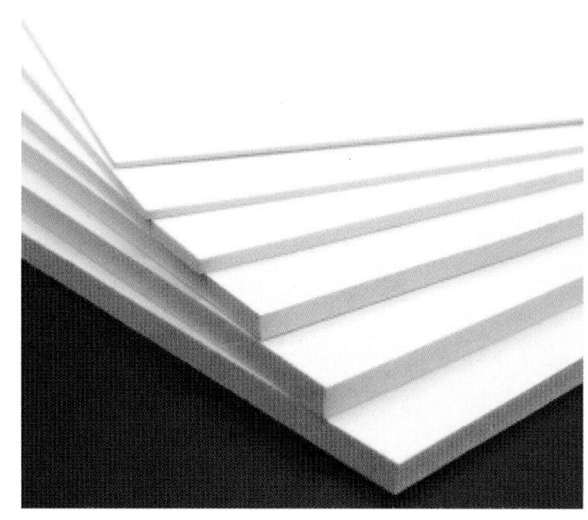

图 9-3-3　硬质 PVC 板

2. 玻璃钢

玻璃钢即纤维强化塑料,一般指以玻璃纤维增强不饱和聚酯、环氧树脂与酚醛树脂为基体,以玻璃纤维或其制品作为增强材料的增强塑料。玻璃钢制品具有良好的透光性和装饰性,强度高、质量轻,成形工艺简单灵活,具有良好的耐化学腐蚀性和电绝缘性,且耐湿、防潮(如图 9-3-4 所示)。

图 9-3-4　玻璃钢制品

3. 聚碳酸酯采光板

聚碳酸酯采光板是以聚碳酸酯塑料为基材,采用挤出成形工艺制造而成的栅格状中空结构异形断面板材。常用的幅面规格为 5800 mm × 1210 mm。聚碳酸酯采光板的特点为轻薄、刚性大、不易变形,色调多、外观美丽,透光性好、耐候性好,适用于遮阳棚、大厅采光天幕、游泳池和体育场馆的顶棚等(如图 9-3-5 所示)。

图 9-3-5　聚碳酸酯采光板

4. 亚克力板

亚克力板又称有机玻璃。亚克力板的透明度可达 92%，被誉为"塑胶水晶"。它的表面硬度高、光泽度好、色彩丰富、透明度高、质量轻、经济性好，加工可塑性大，易于成形，可制成各种形状(如图 9-3-6 所示)。

图 9-3-6 亚克力板

9.4 塑料的装修构造

9.4.1 塑料构造

1.PVC 地板施工工艺

① 工艺流程：基层处理—自流平施工—放线—试铺—地板安装。

② 基层处理：墙面、顶棚及门窗等安装完成后，将地面杂物清扫干净，清除基层表面浮砂、油污、遗留物等，清理地面尘土、砂粒。地面彻底清理干净后，均匀滚涂一遍界面剂。地面基层为水泥砂浆抹面时，表面应平整、坚硬、干燥，无油污及其他杂质。

③ 自流平施工：检查水泥自流平是否符合有关技术标准，如过期的自流平材料不得使用。将自流平材料适量倒入容器中，按产品说明用清水将自流平材料稀释。充分搅拌直至水泥自流平成流态物。依次将自流平倒在施工地面、用耙齿刮板刮平，直到自流平厚度达到 2 ~ 3 mm。

④ 放线：根据设计图案、胶地板规格、房间大小进行分格、弹线定位。在基层上弹出中心十字线或对角线并弹出拼花分块线。在墙上弹出镶边线，线条必须清晰、准确。地板铺贴前按线干排、预拼并对地板进行编号。

⑤ 地板安装：用干净布将 PVC 地板的背面灰尘清擦干净。铺贴地板时应从十字线往外粘贴，当采用乳液型胶粘剂时，应在 PVC 地板背面和基层上同时均匀涂胶，即用 3″ 油刷沿 PVC 地板粘贴地面及 PVC 地板的背面各涂刷一道胶。当采用溶剂型胶粘剂时，应在基层上均匀涂胶。在涂刷基层时，应超出分格线 10 mm，涂刷厚度应小于或等于 1 mm。在铺贴 PVC 地板块时，应待胶层干燥至不粘手为宜，按已弹好的墨线铺贴，应一次就位准确。如房内长、宽尺寸不符合地板块尺寸倍数时，应沿地面四周弹出加条镶边线，以距墙面 200 ~ 300 mm 为宜。板块定位方法一般有对角定位法和直角定位法。基层涂刷胶粘剂时，面积不得过大，要随贴随刷。对缝铺贴的 PVC 地板，缝线必须做到横平竖直，十字缝的缝线应通顺无歪斜，对缝严实，缝隙均匀。

2. 塑料墙纸的施工工艺

① 工艺流程:裁墙纸—调胶及刷胶—墙纸粘贴。

② 裁墙纸:确认墙纸型号正确无误且同为一个批号,按卷号顺序排列。开箱后查找施工说明书并查看是否有掉头张贴及拼花的说明。以地脚线的顶端为起点,用钢卷尺量出墙身的高度。应按墙面的高度和拼花的要求来裁取墙纸,一般要比实际高度长 10 cm,以便上下修正,有明显拼花图案的需拼接张贴的墙纸,最好在裁切时,先拼花后裁切,同时在纸背标明方向、顺序和横向等拼接标记。如果图案的单元比较大,裁切时一定要留出一个图案的单元长度,按产品的箱号、卷号顺序裁切。

③ 调胶及刷胶:调配胶液时,先在桶中倒入一定量的凉水,慢慢加入墙纸胶粉,同一个方向搅匀,不要结块,调好后须过二十分钟,方可使用。对于无纺纸基产品,将胶直接涂刷在墙面上,其他墙纸胶液要均匀刷在墙纸的背面,有条件的情况下,可以使用涂胶机器进行涂胶,涂胶后将墙纸折叠两边压合闷放,施工前让胶液充分渗透基纸,以达到充分软化基纸的目的,一般须浸润 3~10 分钟,所有墙纸的浸胶时间必须一致。基纸的厚度与克重不同,软化时间也不同,基纸越厚,软化时间越长。

④ 墙纸粘贴:确定第一张墙纸的位置,一般从墙边的阴角开始施工,并在墙上画上铅垂线(距离墙边约一张墙纸的宽度)。同一房间不要两处以上同时施工。将墙纸贴到墙面后,需用墙纸专用压辊沿同一个方向滚动将气泡赶出,切忌将浆液从纸带边缘挤出而溢到墙纸表面,靠近屋顶及地面部分用刮板轻刮,将气泡赶出使墙纸紧贴墙面,同时将多余的墙纸裁下。不得使用刮板在墙纸上进行大面积刮压,以免损坏墙纸表面或将部分胶液从墙纸的边缘挤出而溢到墙纸表面上,从而造成墙纸粘贴不牢、接缝部位开裂及脏污等现象。两幅墙纸的边缘接缝部位需用斜面接缝压辊进行辊压,以使墙纸粘贴牢固,接缝不开裂。如不慎将胶液溢到墙纸表面,务必及时用湿毛巾或潮湿海绵彻底清除墙纸上多余的胶水,切勿来回涂抹,否则墙纸干透后会留下一条白色痕迹。开关盒或其他墙面上凸起的装饰物,应先断电再摘下来,待施工完成整理好墙面后再装上,最后切除边部多余的墙纸。

9.4.2 塑料构造图例

1. 柔性张拉膜(顶棚)

(1) 在需要安装柔性张拉膜的水平高度位置四周固定一圈 40 mm × 40 mm 支撑龙骨(木方或钢管);

(2) 固定好所需的木方后,在支撑龙骨的底面固定安装柔性张拉膜的铝合金龙骨;

(3) 将所有的安装柔性张拉膜的铝合金龙骨固定好后,再安装柔性张拉膜;

(4) 安装完毕后,用干净毛巾把柔性张拉膜清洁干净;

(5) 与石膏板相接处用不锈钢或其他相近材质收口(图 9-4-1)。

2. 透光软膜(顶棚)

(1) 制作轻钢主、次龙骨基层;

(2) 在灯箱处用镀锌方管制作基层;

(3) 在灯箱处制作木基层箱体,内部刷白处理,用自攻螺钉与方管固定;

(4) 软膜卡件用自攻螺钉固定在木基层上;

(5) 9.5 mm 或 12 mm 厚纸面石膏板,用自攻螺钉与龙骨固定;

(6) 满刷氯偏乳液或乳化光油防潮涂料两道;

(7)满刮 2 mm 厚面层耐水腻子；

(8)用涂料饰面，安装透光软膜(图 9-4-2)。

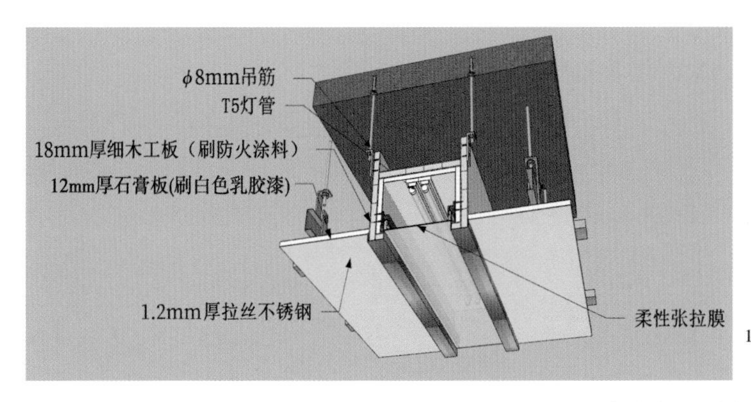

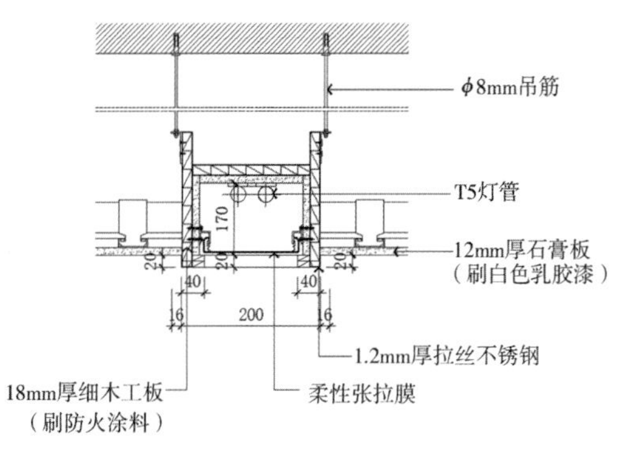

图 9-4-1　柔性张拉膜(顶棚)

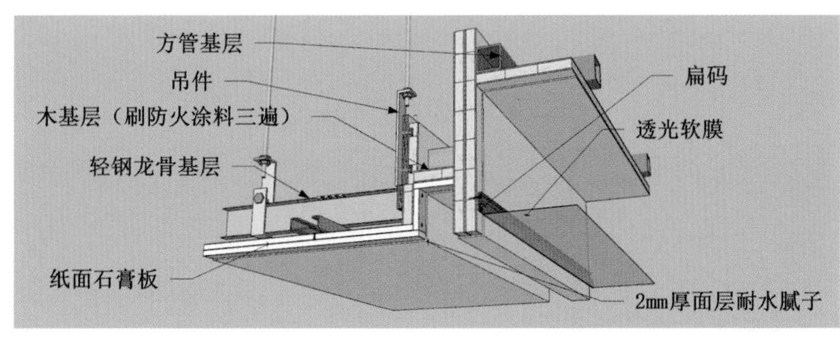

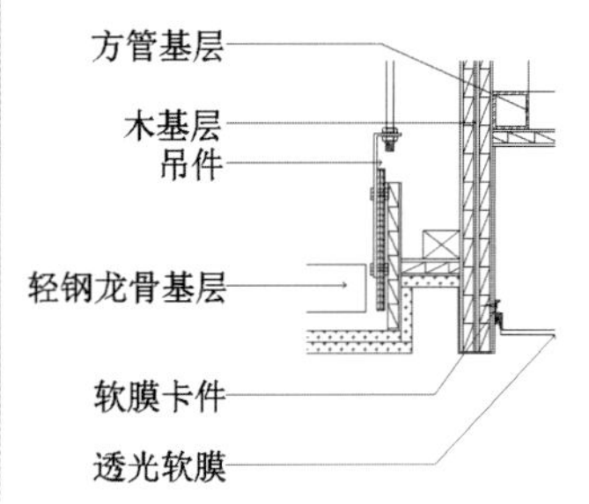

图 9-4-2　透光软膜(顶棚)

3. 人造云石透光片(顶棚)

(1)选择设计所需的透光云石；

(2)根据设计尺寸安装透光云石；

(3)安装透光云石周围的石膏板；

(4)完成透光云石和石膏板的自然接缝(图 9-4-3)。

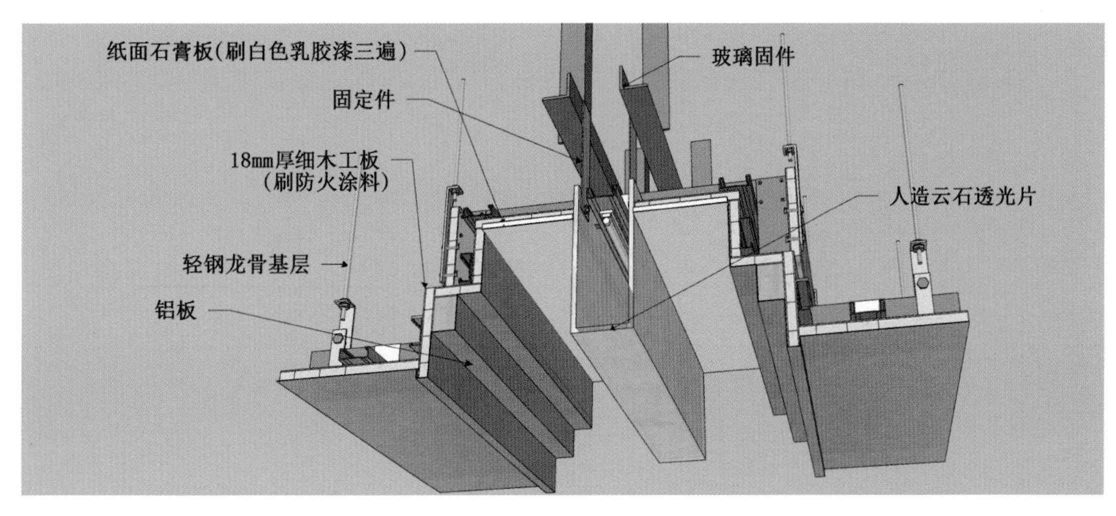

图 9-4-3　人造云石透光片(顶棚)

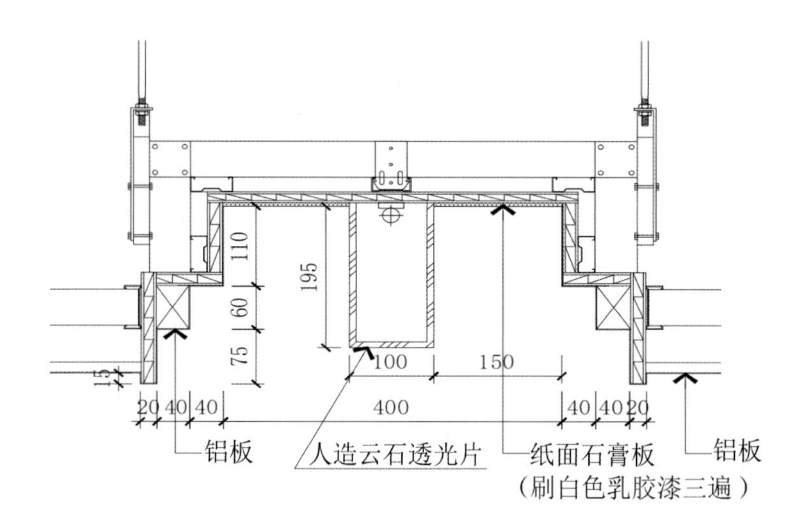

续图 9-4-3

4. 亚克力透光板(顶棚)

(1)安装透光板内部基层;

(2)安装透光板内灯光;

(3)安装铝板;

(4)透光板压住铝板折边收口(图 9-4-4 和图 9-4-5)。

需要注意以下几点:透光板厚度的选择;透光板接缝处的处理;透光板平整度的要求;灯槽内对光照度有要求的部位应刷白色乳胶漆。

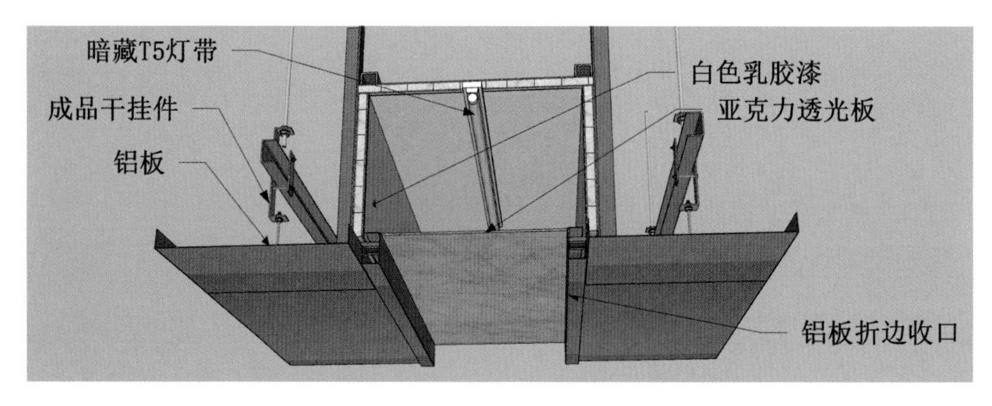

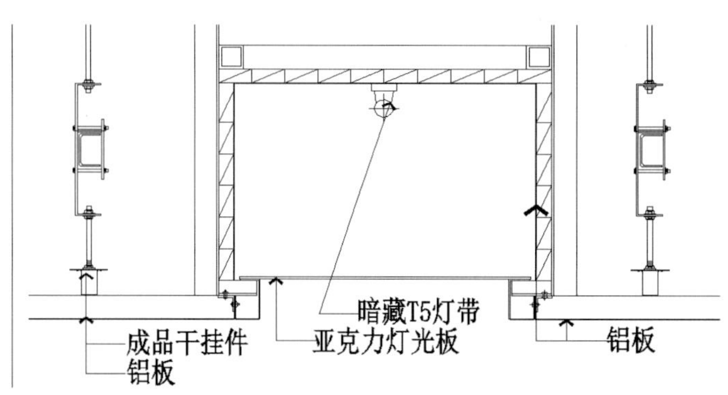

图 9-4-4 亚克力透光板(顶棚)的构造形式一

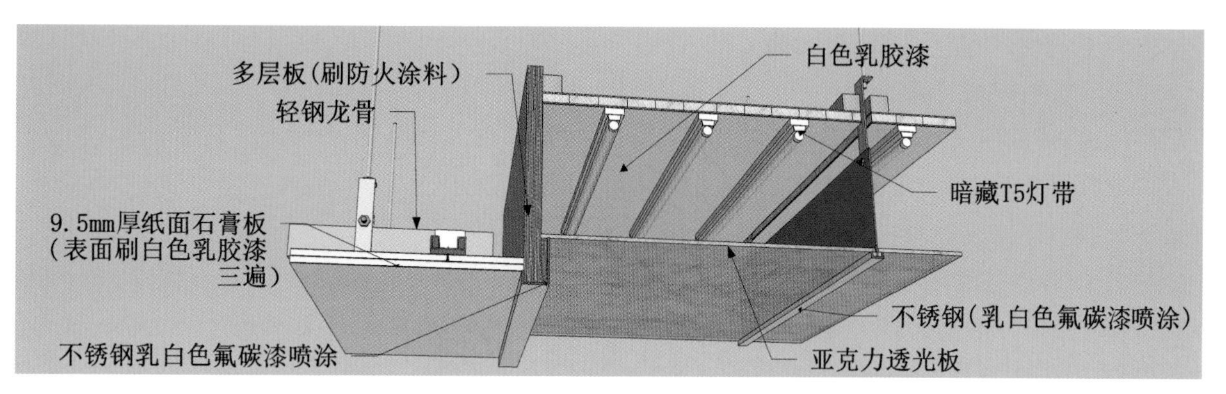

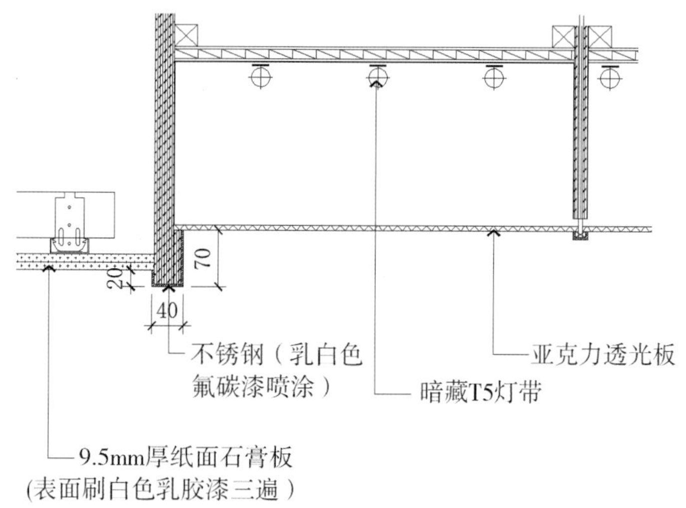

图 9-4-5　亚克力透光板(顶棚)的构造形式二

5. 网格地板(地面)

(1)基于原建筑钢筋混凝土楼板,用 1∶3 水泥砂浆找平;

(2)用 1∶3 水泥砂浆抹面压实赶光,待干燥后卧铜条分格(铜条打眼穿 22# 镀锌低碳钢丝卧牢,每米 4 眼);

(3)安装可调节支架系统;

(4)铺网格地板,如图 9-4-6 所示。

处理地板与墙边接缝时,如缝隙小则可用泡沫塑料镶嵌,若缝隙大则应采用木条镶嵌。

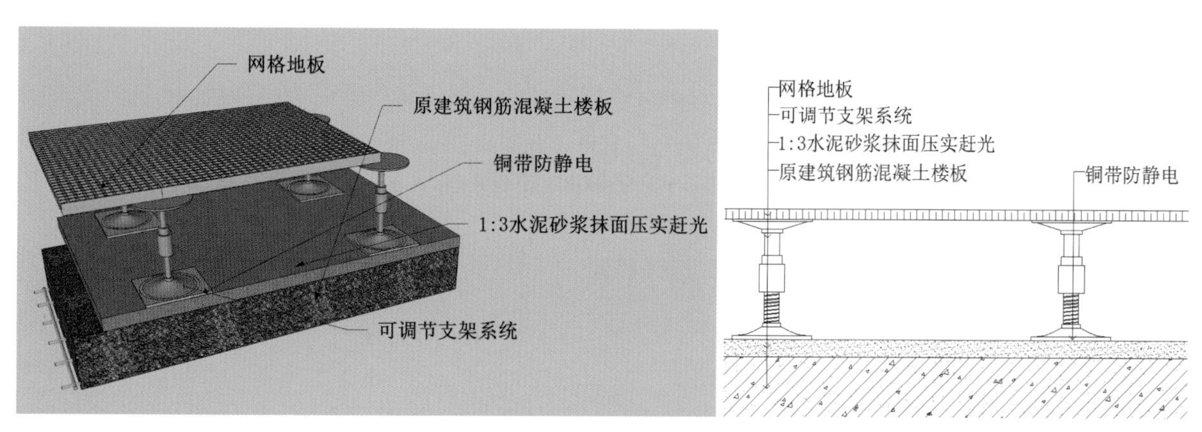

图 9-4-6　网格地板(地面)

6. 地毯专用胶垫(基层)(地面)

(1)基于原建筑钢筋混凝土楼板做 30 mm 厚 1∶3 水泥砂浆找平层;

(2)固定 20 mm × 30 mm 木龙骨(防火、防腐处理);

(3)依次安装固定双层 9 mm 厚多层板(刷防火涂料三遍、防腐处理),实木地板,3 mm 宽不锈钢嵌条,12 mm 厚多层板(刷防火涂料三遍),木门槛,不锈钢嵌条;

(4)做 1∶3 水泥砂浆找平层(厚度依现场确定),固定 12 mm 厚多层板(刷防火涂料三遍)和 5 mm 厚多层钉毛刺;

(5)铺贴双层地毯专用胶垫和地毯(图 9-4-7)。

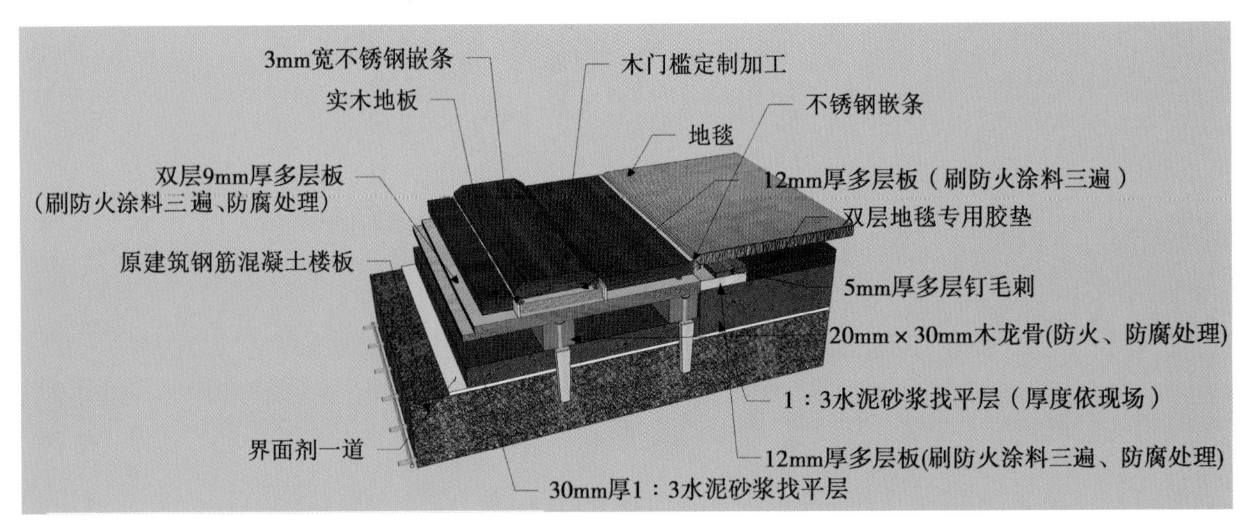

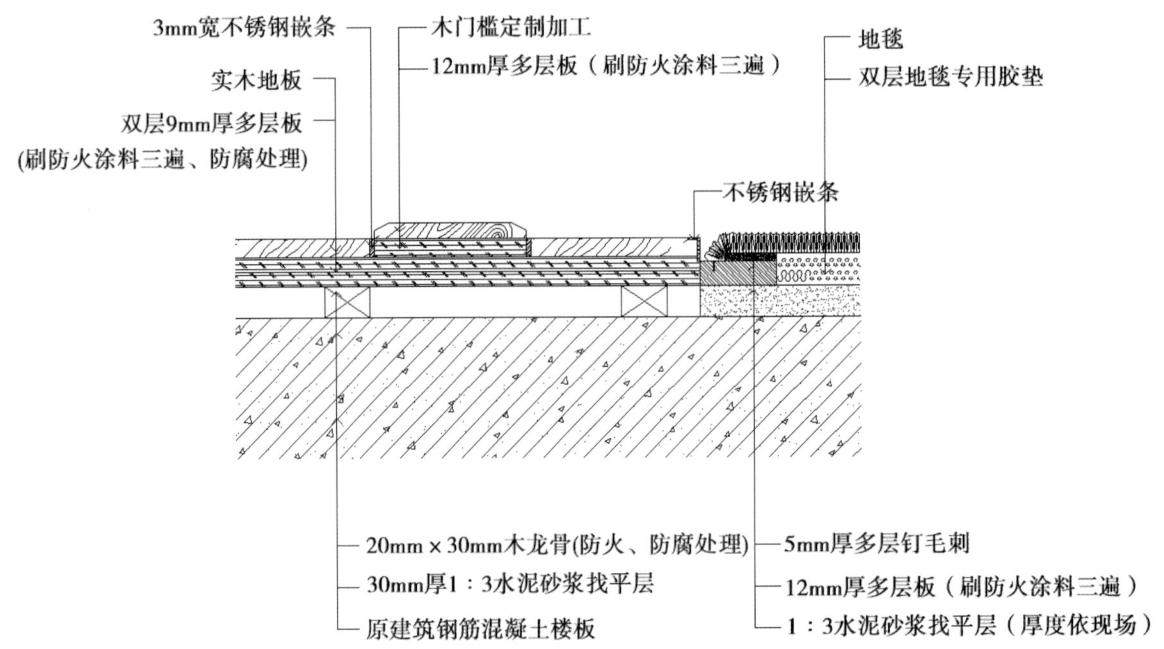

图 9-4-7 地毯专用胶垫(基层)(地面)

第十章 凝胶材料类

10.1 凝胶材料
10.2 石膏材料
10.3 水泥材料
10.4 石膏板的装修构造
10.5 凝胶材料的构造图例

10.1 凝胶材料

10.1.1 基本属性

凝胶材料，又称胶结材料，是指在物理、化学作用下，能从浆体变成坚固的石状体，并能胶结其他物料而具有一定机械强度的物质（如图 10-1-1 所示）。

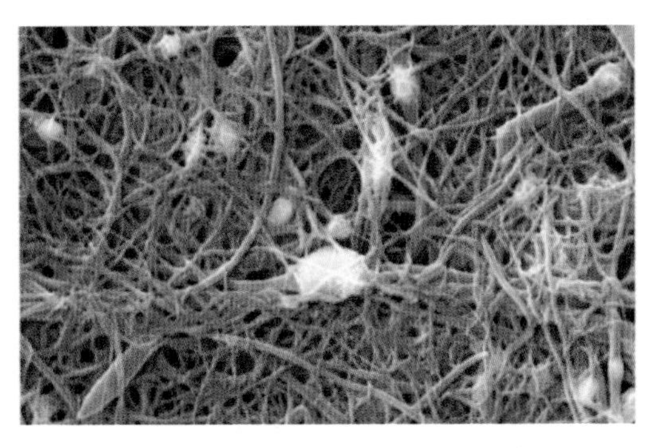
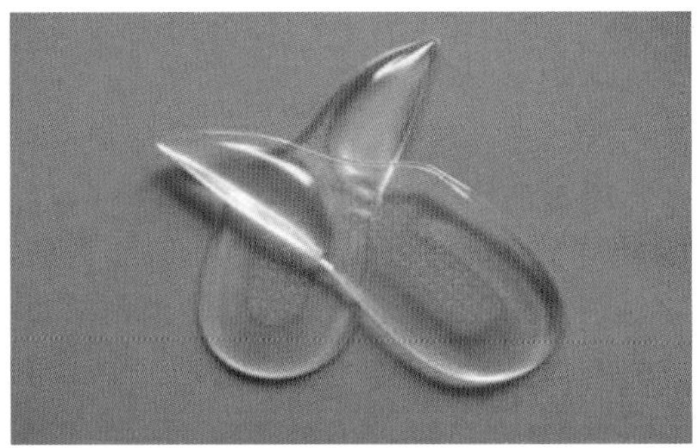

图 10-1-1 凝胶材料

10.1.2 分类

凝胶材料分为有机凝胶材料和无机凝胶材料。有机凝胶材料是由天然或合成高分子化合物组成的，如沥青、橡胶等；无机凝胶材料是以无机化合物为主要成分，包括石膏、石灰、水泥等（如图 10-1-2 所示）。

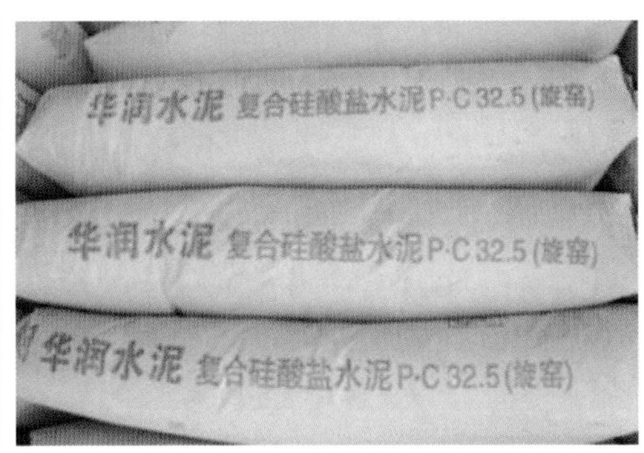

图 10-1-2 硅酸盐类水泥

无机凝胶材料又称矿物胶接材料，即能将散粒材料（如砂和石子）或块状材料（如砖和石块）等粘结成一个整体的材料。其特点是造价低、原材料来源广、工艺简单，同时其防火、防水、防潮、隔热、吸音等性能都较好。在现代建筑装饰装修工程中，无机凝胶材料是一种十分重要的材料，其发展很快，产量大，不断出现新产品，众多常见的室内装饰装修制品，如装饰石膏板、膨胀珍珠岩装饰吸音板、矿棉装饰吸音板等都是利用无机凝胶材料加工而成的。

无机凝胶材料按硬化条件的不同可分为气硬性和水硬性两大类。气硬性无机凝胶材料如石灰、石膏、菱苦土、水玻璃等，是在空气中凝结、硬化并产生强度的，可继续发展并保持强度，但只能在地面和干燥环境中使用。水硬性凝胶材料如水泥，既能在空气中硬化，又能在水中硬化，且可继续发展并保持强度，可用于室内外地上、地下和水中的工程。

10.2 石膏材料

10.2.1 石膏的特点

石膏凝胶材料是一种以硫酸钙($CaSO_4$)为主要成分的气硬性无机凝胶材料。其品种主要有建筑石膏、高强石膏、粉刷石膏、无水石膏水泥、高温煅烧石膏等。其中,以半水石膏($CaSO_4 \cdot 1/2H_2O$)为主要成分的建筑石膏和高强石膏在建筑工程中应用较多,最常用的是建筑石膏。

建筑石膏是以 β 型半水石膏($\beta-CaSO_4 \cdot 1/2H_2O$)为主要成分,不添加任何添加剂的粉状胶结材料,主要用于制作石膏建筑制品。建筑石膏色白,杂质含量很少,粒度很细,亦称模型石膏,也是制作装饰制品的主要原料。由于建筑石膏颗粒较细,比表面积较大,故拌和时需水量较大,因而强度较低。

建筑石膏为气硬性凝胶材料,调水后具有良好的可塑性,凝结硬化快。在室内自然干燥条件下,一周左右完全硬化。硬化产品外形饱满,不收缩、不开裂,体积稳定,表面洁白细腻。石膏制品可进行锯、刨、钉等加工。石膏表面密度小,隔热保温性能好,吸热性强,是不燃材料,可阻止火势的蔓延,达到防火的作用,但石膏的吸水率高,故耐水性、抗渗性、抗冻性差。

10.2.2 石膏的应用

石膏可用于室内抹灰、粉刷、油漆打底,也可用于制作模型、雕塑艺术品,还可用于生产建筑装饰构件、石膏装饰板、人造大理石等。目前已生产的石膏板有纸面石膏板、布面石膏板、装饰石膏板(无纸石膏板)、嵌装式石膏板、纤维石膏板等。

1. 纸面石膏板

纸面石膏板是以建筑石膏为主要原料,并加入添加材料制成石膏芯材,双面以特种护面纸结合起来的一种建筑板材,为难燃材料(B1 级)。纸面石膏板可分普通纸面石膏板、防水纸面石膏板、耐火纸面石膏板和装饰吸音纸面石膏板等。前两者主要用作顶棚的基层,其表面还要再做饰面处理,一般是涂刷乳胶漆。

①特点:质轻、隔音、隔热、耐火、抗震性好,板材体积大、表面平整、安装简便,是目前使用最广泛的顶棚板材(如图 10-2-1 所示)。其表面须做饰面处理,如抹灰并涂乳胶漆、裱糊壁纸等。

②主要用途:纸面石膏板韧性好,不燃,尺寸稳定,表面平整,可以锯割,便于施工,主要用于吊顶、隔墙、内墙贴面、天花板、吸音板等。耐水纸面石膏板适用于空气相对湿度较大的场所,如卫生间、浴室等。防潮石膏板用于环境湿度略大的房间吊顶、隔墙和贴面墙。

图 10-2-1 纸面石膏板

③规格尺寸:纸面石膏板的长度规格(mm)有 1800、2100、2440、2700、3000、3300、3600,宽度规格(mm)有 900、1220,厚度规格(mm)有 9.5、12.0、15.0、18.0、21.0、25.0。

2. 布面石膏板

布面石膏板的表面是经高温处理过的化纤布,耐酸碱,持久不烂,可有效保护石膏板,可延长使用寿命。与传统纸面石膏板相比,布面石膏板还具有柔韧性好、抗折强度高、接缝不易开裂、表面附着力强等优点(如图 10-2-2 所示)。

图 10-2-2 布面石膏板

①特点:强度高、重量轻,品种规格多,质量稳定可靠,便于再加工,可满足建筑防火、隔音、保温、隔热、抗振等要求,且施工速度快,不受环境温度影响,装饰效果好。布面石膏板适用于一般防火要求的各种工业、民用建筑。

②常用规格尺寸(mm):1200×2400×8、1200×2400×9.5、1200×2400×12、1200×3000×12。

3. 装饰石膏板

装饰石膏板是以建筑石膏为主要原料,掺入适量的增强纤维材料、胶粘剂、改性剂等辅料,与水搅拌成均匀的料浆,经成形、干燥而成的不带护面纸或布的石膏板材。

①特点:装饰石膏板具有质轻、隔声、防火等特点,有一定强度,可进行锯、刨、钉、粘等加工,易于安装,是理想的顶棚和墙面装饰材料。装饰石膏板分为普通板和防潮板两种,均有平板、穿孔板和浮雕板等形式(如图 10-2-3 所示)。一般为正方形,棱边断面形式有直角和倒角两种。

②常见尺寸规格(mm):500×500×9.5、600×600×12。

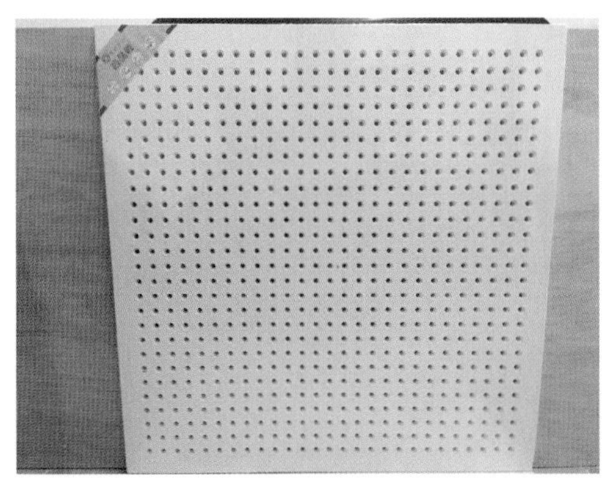

图 10-2-3 装饰石膏板

4. 嵌装式石膏板

嵌装式石膏板是以建筑石膏为主要原料，掺入适量的纤维增强材料和添加剂，与水搅拌制成料浆，并经浇注成形、干燥而成的不带护面纸的板材。

①特点：嵌装式石膏板的形状为正方形，它的背面四边加厚，棱边断面形式有直角和倒角两种；性质和外观与装饰石膏板相同，区别在于它在安装时只需嵌固在龙骨上，不需要另行固定。使用嵌装式石膏板需选用与之配套的龙骨，由于板材的企口相互吻合，故龙骨不外露。嵌装式石膏板有装饰板和吸音板两类。装饰板的正面有平面和浮雕面等效果（如图 10-2-4 所示），吸音板的正面有一定数量的穿孔洞。

图 10-2-4　嵌装式石膏板

②常见尺寸规格：600 mm × 600 mm，边厚大于 28 mm；500 mm × 500 mm，边厚大于 25 mm。

5. 石膏艺术制品

石膏艺术制品是以优质石膏为原料，加入纤维增强材料等添加剂，与水搅拌制成料浆后，经注模、成形硬化、干燥而制得的产品。常见的石膏艺术制品有浮雕艺术线条、灯圈、花饰、壁炉、罗马柱等艺术形式（如图 10-2-5 所示）。

图 10-2-5　石膏艺术制品

6. 纤维石膏板（石膏纤维板、无纸石膏板）

纤维石膏板是以石膏为基材，加入有机或无机纤维增强材料，经打浆、铺装、脱水、成形、烘干而制成的一种无面纸纤维石膏板（如图 10-2-6 所示）。它具有质轻、耐火、隔声、韧性高等性能，有一定强度，可进行锯、钉、刨、粘等加工。其用途与纸面石膏板相同。

7. 纤维增强石膏压力板(AP 板)

纤维增强石膏压力板是以天然硬石膏(无水石膏)为基料,加入防水剂、激发剂,以混合纤维增强,经成形压制而成的轻型建筑薄板(如图 10-2-7 所示)。该板具有硬度高、平整度好、抗变形能力强等特点,可用于室内隔墙、顶棚和墙体饰面等。

图 10-2-6　纤维石膏板

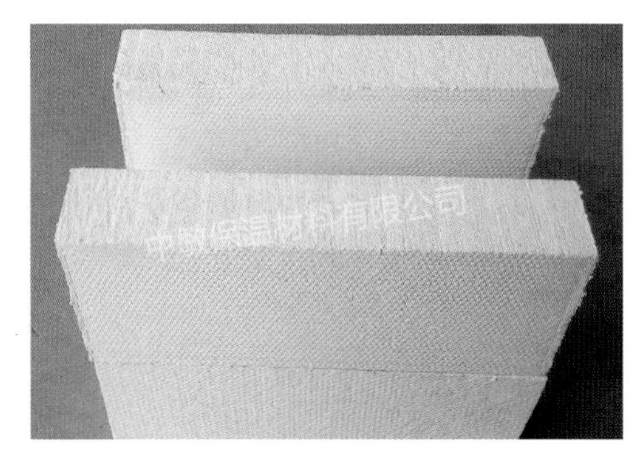

图 10-2-7　纤维增强石膏压力板

8. 预铸式玻璃纤维增强石膏成型品(GRG 制品)

GRG 制品是采用高密度 α- 石膏粉、增强玻璃纤维,以及一些微量环保添加剂制成的预铸式新型装饰材料。材质表面光洁、细腻,白度达到 90% 以上,并且可以和各种涂料及饰面材料进行良好的粘结,形成极佳的装饰效果,环保、安全,不含任何有害物质。GRG 制品可制成各种平面板、功能性产品及艺术造型(如图10-2-8所示),还可以制成单曲面、双曲面、三维覆面等各种几何形状,并可加工形成镂空花纹、浮雕图案等。

GRG 制品主要应用在公共建筑中,可作为能抵抗强冲击的吊顶。此外,由于 GRG 材料良好的防水性能和声学性能,尤其适用于需频繁地清洁洗涤和声音传输的地方,如学校、医院和音乐厅、剧院等场所。

图 10-2-8　预铸式玻璃纤维增强石膏成型品(GRG 制品)

9. 装饰绝热、吸音板

①膨胀珍珠岩装饰吸音板:这种吸音板是以建筑石膏为主要原料,加入膨胀珍珠岩、缓凝剂、防水剂等辅料制成的板材(如图 10-2-9 所示)。因膨胀珍珠岩具有改善板材声热的性能,所以有吸音效果,常用尺寸规格(mm)有 600×300×20、600×600×20、600×1200×20。

②矿棉装饰吸音板:这种吸音板以矿棉为主要基材,加入胶粘剂、防水剂、增强剂等辅料加工而成(如图 10-2-10 所示)。基材加工完成后,根据需要进行表面加工,制成装饰板,包括盲孔型、沟槽型、印刷型、浮雕型等四种。矿棉装饰吸音板具有吸音、防火、隔热的综合性能,可制成有各种色彩的图案与有立体感的表面,是一种高级室内装饰材料。常用尺寸规格(mm)有 600×600×(8~15)、600×300×(8~15)、600×1200×(8~18)。

图 10-2-9　膨胀珍珠岩装饰吸音板

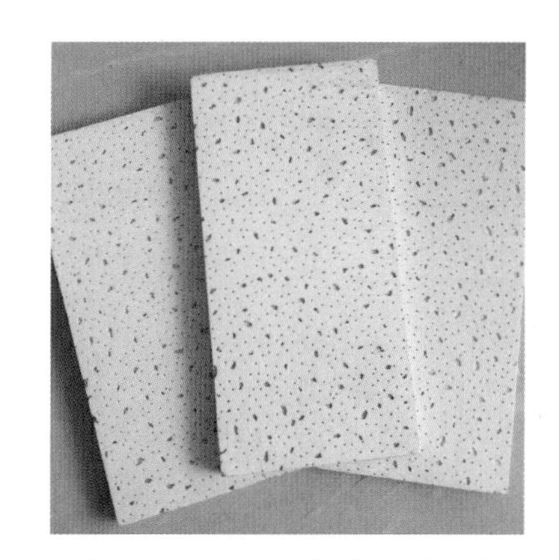
图 10-2-10　矿棉装饰吸音板

10.3　水泥材料

水泥是一种在建筑装饰装修中广泛应用的水硬性凝胶材料。

10.3.1　分类

按性能和用途可分为通用水泥、专用水泥、特种水泥三种。

水泥通用水泥：指用于一般建筑工程的水泥，如硅酸盐水泥、矿渣硅酸盐水泥等；专用水泥：指适用于专门用途的水泥，如道路水泥、大坝水泥、砌筑水泥等；特种水泥：指具有某种特别性能的水泥，如快硬硅酸盐水泥、膨胀水泥、高铝水泥、白水泥、磷酸水泥、硫酸铝水泥等。

1. 硅酸盐水泥

由硅酸盐热料加 0%～5% 石灰石或粒状高炉矿渣及适量石膏磨细制成的水硬性凝胶材料称为硅酸盐水泥。水泥加水后成为塑性的水泥浆，即水化；随着反应的进行，水泥浆逐渐变稠失去可塑性，但尚无强度，这一过程称为凝结；随后产生明显强度并逐渐发展成坚硬的水泥石，即硬化。水泥的水化、凝结和硬化，除与水泥矿物组成有关，还与水泥的细度、搅拌的用水量、温度、湿度、养护时间及石膏掺量等有关。在制造时通常会在硅酸盐水泥中加入一定的混合材料，调整水泥强度，扩大其使用范围，从而增加水泥的品种，提高产量，降低成本。

2. 白水泥

白水泥为装饰水泥，是白色硅酸盐水泥，性能与硅酸盐水泥基本相同，但其氧化铁含量很低，故呈白色。根据国际规定，白水泥必须满足 MgO 和 SO_3 含量及细度、凝结时间、安定性的要求。白水泥常用于建筑装饰，可配置成彩色砂浆、各种饰面板、人造大理石、仿天然石等。

10.3.2　水泥制品

1. 纤维水泥平板

纤维水泥平板是以矿物纤维、纤维素、纤维分散剂和水泥为主要原料，经抄坯、成形、养护而成的薄型建筑平板，具有加工性能好、表面易装饰、可喷涂等特点。品种有不燃平板、埃特墙板和防火板等，可用于建筑物内外墙板、天花板、家具、门扇及需要防火的部位。

2. 无机纤维增强平板(TK 板)

无机纤维增强平板是以低碱水泥、中碱玻璃纤维和短石棉为主要原料,经抄坯、成形、硬化而成的薄型平板,具有抗冲击性好、加工方便等优点。该平板可用于隔墙板、吊顶和墙裙板等。

3. 纤维水泥加压板(FC 加压板)

纤维水泥加压板是以各种纤维和水泥为主要原料,经抄取成形、加压蒸养而成的高强度薄板(如图 10-3-1 所示),具有密度大、表面光洁、强度高的特点。该加压板可用于内墙板、卫生间墙板、吊顶板、楼梯和免拆型混凝土模板等。

4. 水泥木丝板(万利板)

水泥木丝板是以木材下脚料经机械刨切成木丝,加入水泥、水玻璃等辅料,经成形、干燥、养护等一系列工艺后制成的板材(如图 10-3-2 所示),具有吸音、保温、隔热的性能,性能及用途与水泥刨花板相似,但其骨架为木丝,故强度与吸音性能更好。

图 10-3-1 纤维水泥加压板(FC 加压板)

图 10-3-2 水泥木丝板(万利板)

5. 硅酸钙板

硅酸钙板是以粉煤灰、电石渣等工业废料为主制成的建筑用板材(如图 10-3-3 所示),常用品种有纤维增强板和轻质吊顶板两种。纤维增强硅酸钙板是以粉煤灰、电石泥为主,用矿物纤维和少量其他纤维增强材料制成的轻质板材。这种板材纤维分布均匀、排布有序、密实性好,具有防火隔热、防潮防霉等性能,可以任意涂饰、印刷花纹、粘贴各种贴面材料,可以施加常规锯、刨、钉、钻等工艺,用于吊顶、隔墙板、墙裙板等,适合地下工程等潮湿环境使用。

轻质硅酸钙吊顶板是在硅酸钙板材原料中掺入轻质骨料制成的轻质高强吊顶板材,其容重为 400~800 kg/m。轻质硅酸钙吊顶板质轻、强度高、耐水防潮、声学及热学性能优良,可用于礼堂、影剧院、餐厅、会议室的吊顶及内墙面。

6. 无机装饰板

无机装饰板(如图 10-3-4 所示)是选用 100% 无石棉的无机硅酸钙板作为基材,表面涂覆高性能氟碳涂层、聚酯涂层或者陶瓷无机涂层,经过特殊的优化处理,使其表面具有极强的耐候性。该板材具有卓越的防火性、耐久性、耐水性、耐化学药品性,有耐磨、易清洁、外观亮丽、色彩丰富、清新时尚等优点。主要应用于工业建筑和民用建筑的室内、室外装饰,适用于机场、隧道、地铁、车站、医院、洁净厂房、商场、学校、写字楼和实验室等。

图 10-3-3 硅酸钙板

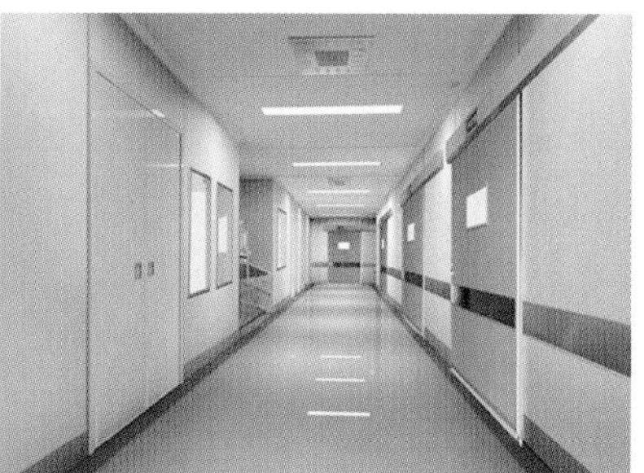

图 10-3-4 无机装饰板

7. 美岩板

美岩板又称美岩水泥板(如图 10-3-5 所示),是由波特兰水泥、植物纤维及胶化物(97 : 23 : 0.7)逐层高温高压压制而成的,整体板材韧性较强且纹路较均匀,在切割和二次加工时不易破碎和爆边,且易于运输包装,便于存放。美岩板具有质轻、保温隔热、防火性好、绿色环保、便于施工等优点,广泛应用于内墙、外墙、吊顶、地板等部位。

8. GRC 造型板

GRC 是英文 Glass-fibre Reinforced Concrete 的缩写,中文名称是玻璃纤维增强水泥(如图 10-3-6 所示),是一种以耐碱玻璃纤维为增强材料、水泥砂浆为基底材料的纤维水泥复合材料。

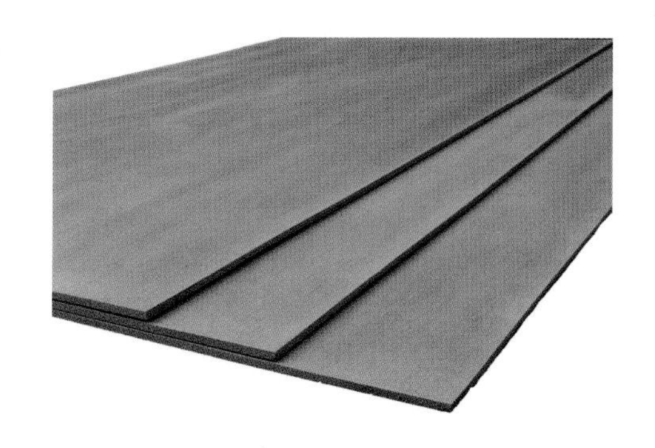

图 10-3-5 美岩板

图 10-3-6 GRC 造型板

10.4 石膏板的装修构造

石膏板是以建筑石膏为主要原料制成的一种材料。石膏板已广泛用于住宅、办公楼、商店、酒店和工业厂房等各种建筑物的内隔墙、墙体覆面板(代替墙面抹灰层)、天花板、吸音板、地面基层板和各种装饰板等,用于室内的不宜安装在浴室或者厨房。

10.4.1 工艺流程

弹线放样→固定卡式轻钢龙骨框架(间距不大于 900 mm)→膨胀螺栓固定→安装次龙骨(间距 300 mm)→面层交错铺装 9.5 mm 厚双层石膏板(两层石膏板之间满涂白胶)→自攻螺钉固定,钉盖涂防锈漆→刮防锈漆腻子→石膏板嵌缝处(预留 5 mm 以上缝隙)使用专用嵌缝石膏找平→贴优质防裂纸绷带。

10.4.2 构造要点

轻钢龙骨纸面石膏板顶棚的吊杆采用 Z8 热镀锌成品螺纹杆,间距不得大于 900 mm;采用 50 型主龙骨,壁厚度为 1.2 mm,间距不得大于 900 mm,主龙骨按房间短跨长度 1/300~1/200 起拱;采用 50 型次龙骨,壁厚度为 0.6 mm,次龙骨间距为 300 mm × 300 mm。

吊杆长度超过 1.5 m 时,采用 30 mm × 30 mm 角铁并须设置反支撑;需安装轻型吊灯的位置,应固定预设一块 400 mm × 400 mm 的 18 mm 厚多层板(做防火处理),板面与龙骨面平齐(多层板须采用 M8 膨胀螺栓固定在结构楼板面,不得与龙骨固定连接)。

安装重型吊灯时,须在结构楼板面预留挂钩,根据灯具的重量和体积来预留挂钩的承载力。造型吊顶周边挂 18 mm 厚细木工板,板外侧覆 9.5 mm 厚石膏板(石膏板背面刷白乳胶),挂板应用防火涂料满涂至符合消防验收要求。

石膏板与结构楼板连接时,用 3 mm 镀锌扁铁膨胀螺栓固定挂板,扁铁间距不大于 600 mm。空调风口及周边挂 18 mm 厚细木工板,板外侧覆 9.5 mm 厚石膏板,挂板应用防火涂料满涂至符合消防验收要求。

挂板与挂板连接采用燕尾槽方式连接,与结构楼板连接时用吊杆固定挂板,间距 600 mm。空调回风口、出风口、换气扇等处要求设置木边框,以便于风口安装。

采用快粘粉粘贴石膏线,并用自攻螺钉将石膏线固定于轻钢龙骨或木基层上,严禁用直钉固定。施工时所有石膏线的拼接口要在背后用木方制作的角码固定。由于天棚石膏线转角及其与墙体接口处容易开裂,因此转角、墙角处须加钉木条,石膏线采用自攻螺钉与木条连接,以防石膏线开裂。安装石膏板的自攻螺钉钉帽须沉入板面 0.5~1.0 mm,但不能使纸面破损,自攻螺钉间距宜为 150~170 mm。钉帽应先涂防锈漆,然后用腻子掺防锈漆补平墙面。石膏板拼缝处需用专用石膏板填缝剂满批平整,用两条配套纸带分次打白胶粘贴平整,不得有气泡空鼓现象,按规范要求施工。石膏板安装前,须核对灯孔与龙骨的位置,错开安装,严禁灯孔与主、次龙骨位置重叠。叠级式吊顶的转角部位面层石膏板须整张铺设(切割成 L 形),不得在转角部位接缝。低位吊顶采用 9.5 mm 厚双层纸面石膏板,转角部位第一层采用 9.5 mm 厚柳桉芯多层板加固(应于离转角直缝 300 mm 处拼接)。相邻两块石膏板之间应错缝拼接,拼缝宽 4~6 mm;上下两层石膏板的接缝应错开,不得在同一根龙骨上接缝;上下层石膏板接触面须涂刷白乳胶并用自攻螺钉固定。

10.5 凝胶材料的构造图例

1. 矿棉板(顶棚)的构造形式一

(1)龙骨吸顶吊件用膨胀螺栓与钢筋混凝土板或钢架转换层固定;

(2)用 ϕ8 mm 吊筋和配件固定 50 型或 60 型主龙骨,主龙骨中距 1200 mm;

(3)安装小龙骨和相应挂件;

(4)靠墙安装边龙骨,固定间距为 200 mm;

(5)对应安装矿棉板,配套安装好小龙骨,安装时操作工人应戴白手套,以防止污染(图 10-5-1)。

2. 矿棉板(顶棚)的构造形式二

(1)龙骨吸顶吊件用膨胀螺栓与钢筋混凝土板或钢架转换层固定;

(2)用ϕ8 mm 吊筋和配件固定 50 型或 60 型主龙骨，主龙骨中距 900 mm；

(3)依次固定 50 型次龙骨和石膏板基层，由吊顶中间向两边对称排列安装(图 10-5-2)。

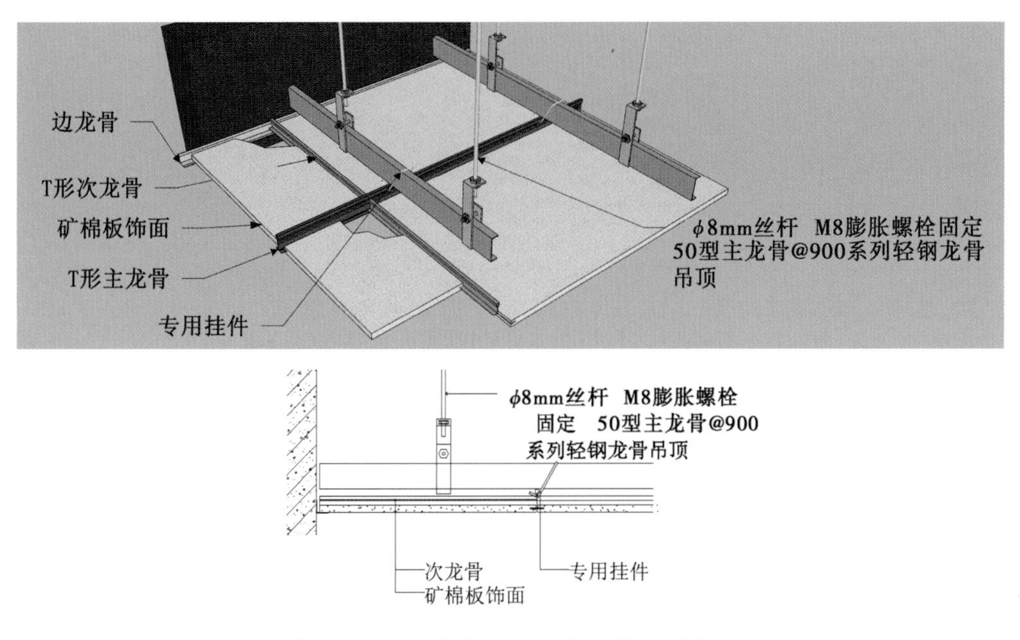

图 10-5-1 矿棉板(顶棚)的构造形式一

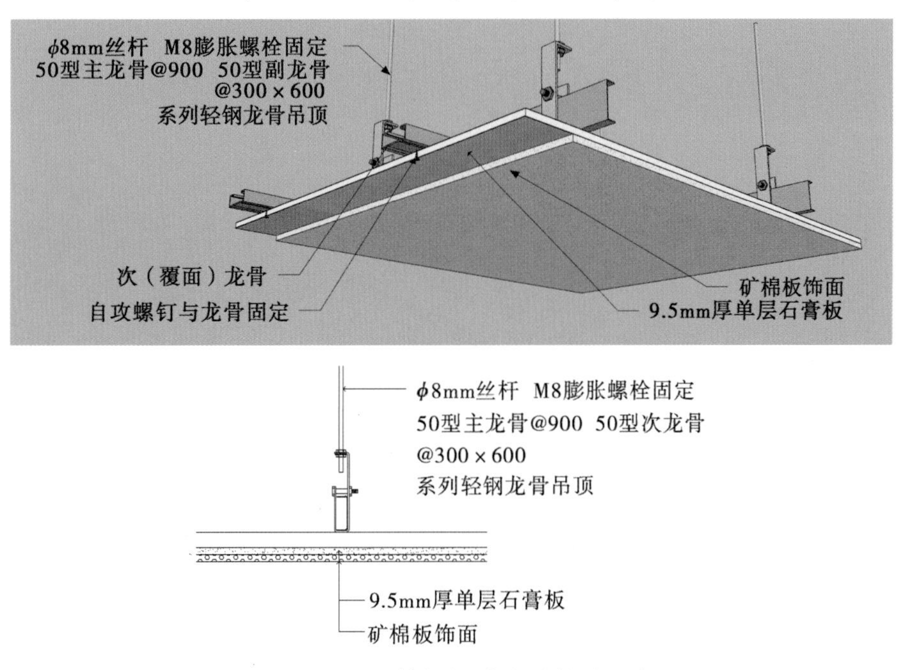

图 10-5-2 矿棉板(顶棚)的构造形式二

3. 矿棉板(顶棚)的构造形式三

(1)龙骨吸顶吊件用膨胀螺栓与钢筋混凝土板或钢架转换层固定；

(2)用ϕ8 mm 吊筋和配件固定 50 型或 60 型主龙骨，主龙骨中距 1200 mm；

(3)明龙骨矿棉板直接搭在 T 形烤漆龙骨上(图 10-5-3)。

注：面积较大的石膏板吊顶需注意起拱，坡度按 1/200 设定；矿棉板吊顶不可安装在湿气较大的地方；此节点带有装饰线条；当灯具或重型设备与吊杆相遇时，应增加吊杆，严禁将灯具或重型设备安装在龙骨上。

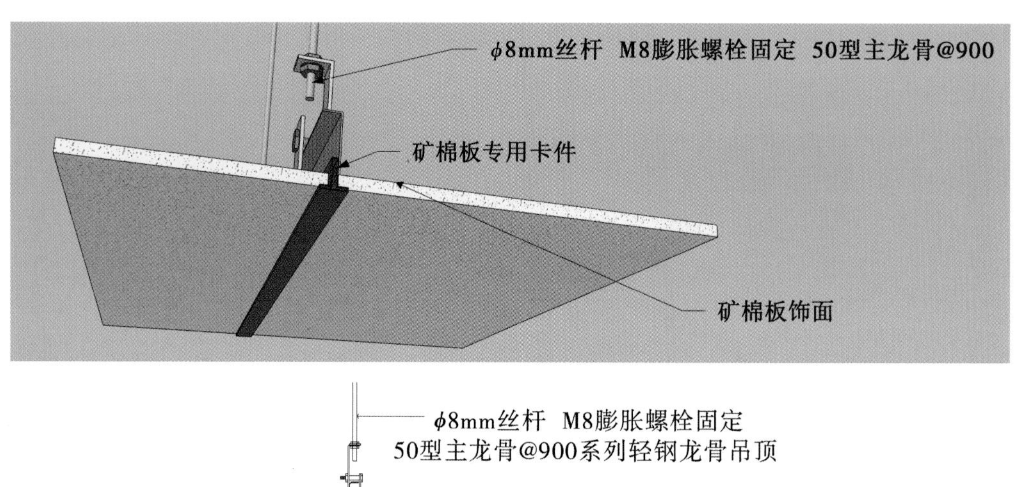

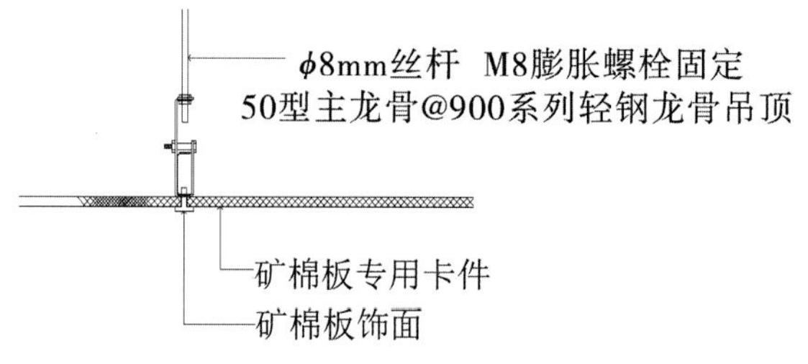

图 10-5-3 矿棉板(顶棚)的构造形式三

4. 硅钙板(顶棚)

(1)龙骨吸顶吊件用膨胀螺栓与钢筋混凝土板或钢架转换层固定(图 10-5-4);

(2)用 ϕ8 mm 吊筋和配件固定 50 型或 60 型主龙骨,主龙骨中距 900 mm;

(3)将硅钙板直接搁置在大、中龙骨翼缘上,不需要固定,安装应在自由状态下进行;

(4)应先制作一个标准尺杆,安装时将标准尺杆卡在两龙骨之间,用来控制龙骨间距,注意将龙骨调直(图 10-5-4)。

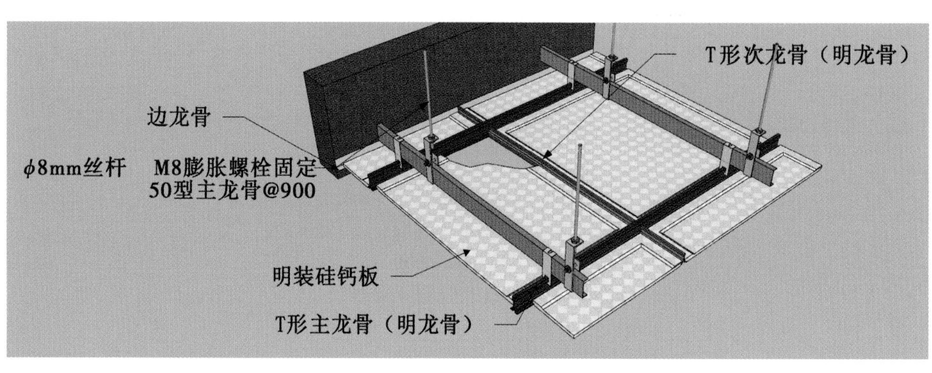

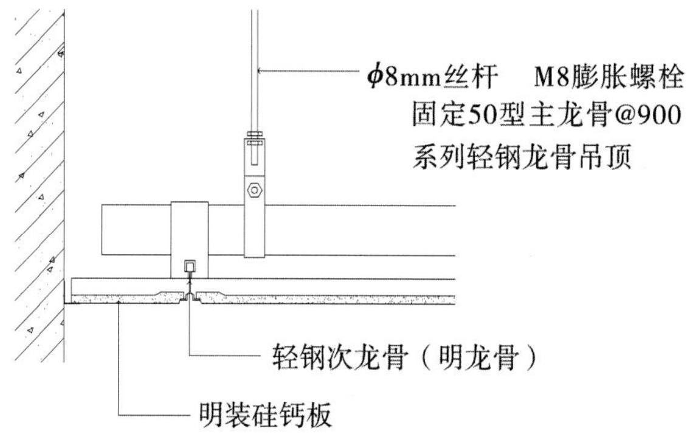

图 10-5-4 硅钙板(顶棚)

5. 矿棉板与纸面石膏板相接(顶棚)

(1)根据吊顶设计标高弹吊顶线;

(2)安装吊杆、主龙骨、次龙骨、边龙骨;

(3)安装面板前进行隐蔽检查;

(4)安装矿棉板;

(5)处理面板平整度(图 10-5-5)。

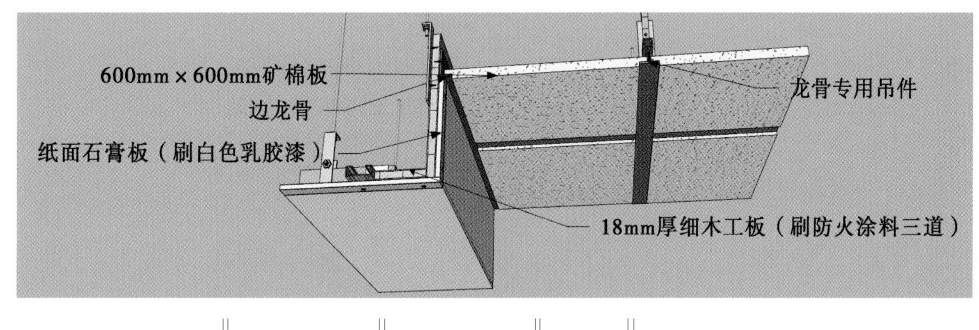

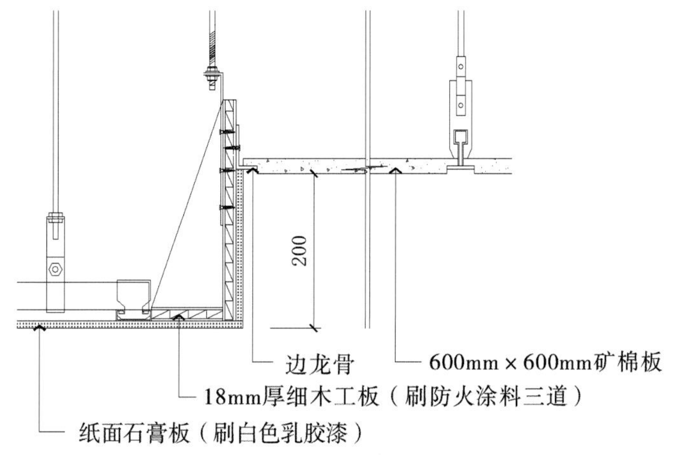

图 10-5-5　矿棉板与纸面石膏板相接(顶棚)

6. 成品石膏线(顶棚)

(1)龙骨吸顶吊件用膨胀螺栓与钢筋混凝土板固定;

(2)50 型主龙骨间距 900 mm,50 型次龙骨间距 300 mm,次龙骨横撑间距 600 mm;

(3)加工定制成品石膏线条,内径 300 mm,外径 450 mm,预留 20 mm × 10 mm 的凹槽;

(4)9.5 mm 厚纸面石膏板与成品石膏线条用自攻螺钉与龙骨固定;

(5)满刮耐水腻子三遍,用乳胶漆涂料饰面(图 10-5-6)。

注意:留 20 mm × 10 mm 的凹槽。

7. 成品石膏线与纸面石膏板相接(顶棚)

(1)龙骨吸顶吊件用膨胀螺栓与钢筋混凝土板固定;

(2)50 型主龙骨间距 900 mm,50 型次龙骨间距 300 mm,次龙骨横撑间距 600 mm;

(3)18 mm 厚细木工板刷防火涂料三遍,与吸顶吊件采用 35 mm 长的自攻螺钉固定;

(4)9.5 mm 厚纸面石膏板与成品石膏线条用自攻螺钉与龙骨固定;

(5)满刮耐水腻子三遍,用乳胶漆涂料饰面(图 10-5-7)。

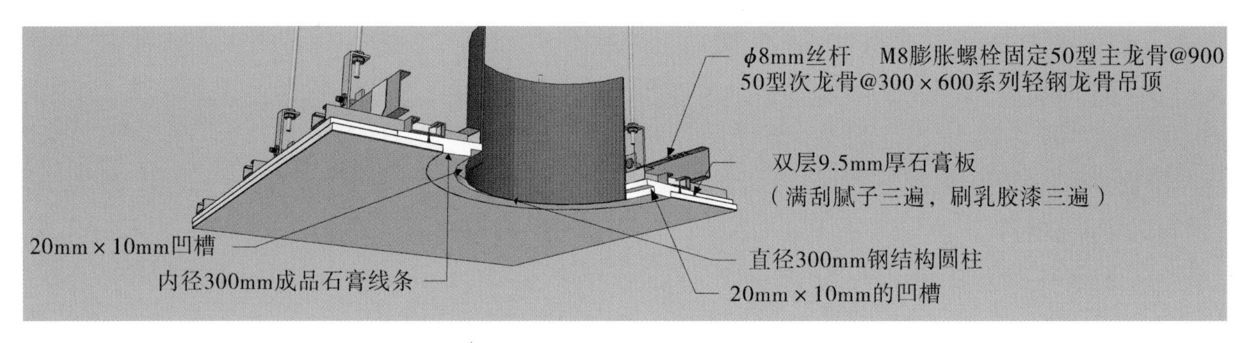

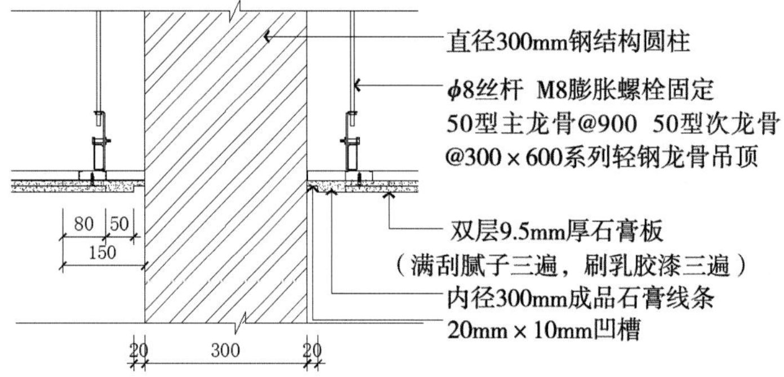

图 10-5-6　成品石膏线(顶棚)

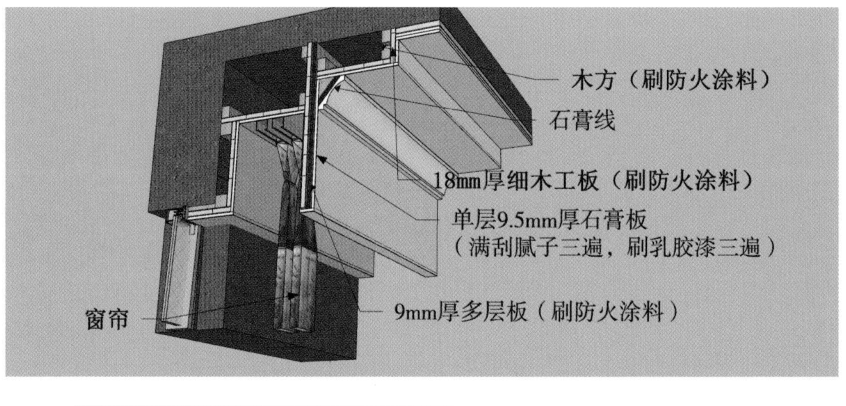

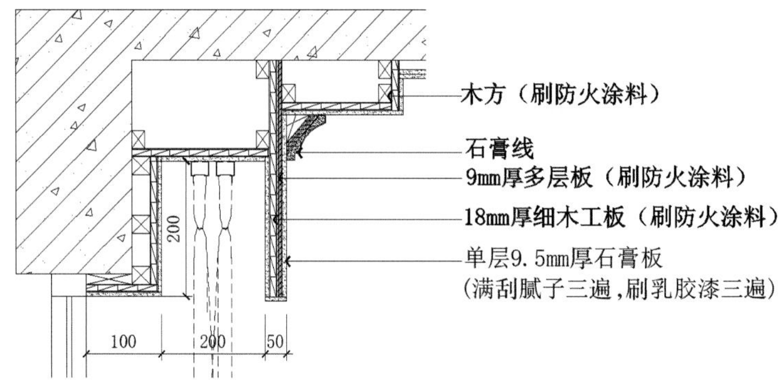

图 10-5-7　成品石膏线与纸面石膏板相接(顶棚)

8.GRG 板(墙面)

(1) 制作轻钢主、次龙骨基层；

(2) 12 mm 厚阻燃夹板(刷防火、防腐涂料三遍),用自攻螺钉与龙骨固定；

(3) 9.5 mm 或 12 mm 厚纸面石膏板,用自攻螺钉与夹板固定；

(4) 4# 镀锌角钢与顶面用 M10 膨胀螺栓固定；

(5)角钢与角钢焊接处理,满足完成面尺寸;

(6)安装固定 GRG 板,用不锈钢挂件固定在镀锌角钢上;

(7)GRG 板与顶面石膏板留 5 mm 间隙;

(8)满刷氯偏乳液或乳化光油防潮涂料 2 道;

(9)满刮 2 mm 厚面层耐水腻子,用涂料饰面(图 10-5-8)。

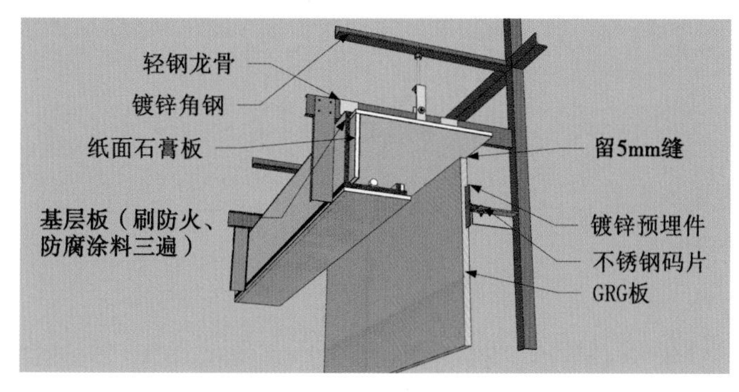

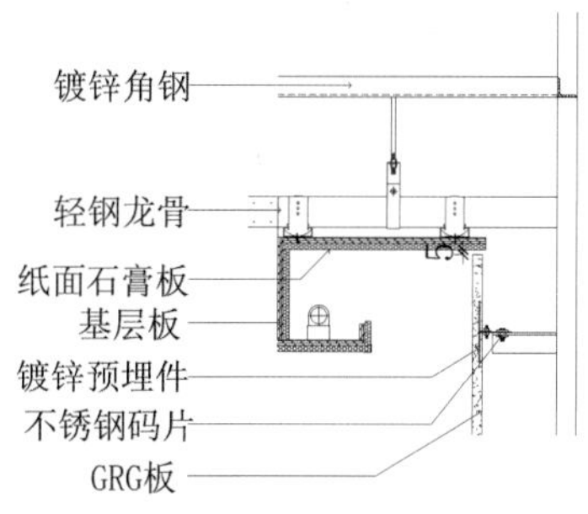

图 10-5-8　GRG 板(墙面)

9. 水泥石灰膏(基层结构)(墙面)

(1)将混凝土隔墙表面清除干净,在墙面上滚涂界面剂一遍,刷素水泥浆一道(内掺水重 3%~5% 的 108 胶);

(2)粉涂 10 mm 厚 1∶0.3∶3 水泥石灰膏砂浆打底,扫毛;

(3)粉涂 6 mm 厚 1∶0.3∶2.5 水泥石灰膏砂浆找平层;

(4)满刮三遍腻子(内掺水重 3%~5% 的 108 胶);

(5)刷封闭底涂料一道,待干燥后找平、修补、打磨;

(6)第三遍涂料要滚刷均匀,滚涂要循序渐进,最好采用喷涂工艺施工(图 10-5-9)。

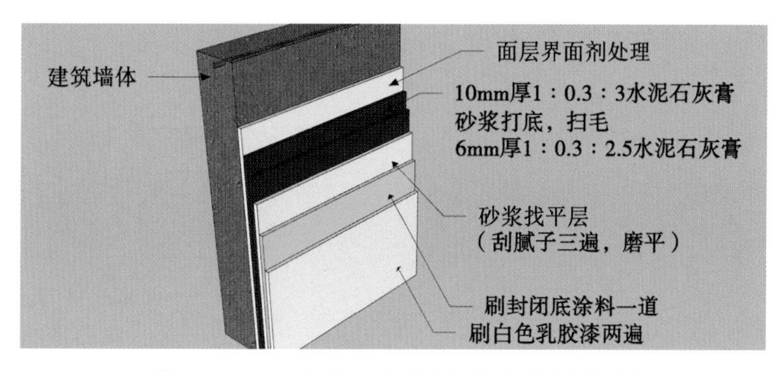

图 10-5-9　水泥石灰膏(基层结构)(墙面)

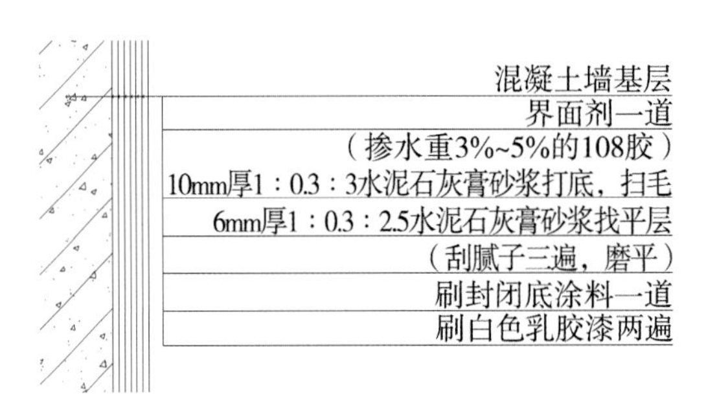

续图 10-5-9

10. 石膏板、水泥砂浆(基层结构)(墙面)

(1)基于混凝土结构固定木龙骨,木龙骨刷防火涂料三遍;

(2)双层石膏板刷白色乳胶漆;

(3)石材用普通硅酸盐水泥配细砂、粗砂铺贴,或用石材专用云石胶铺贴;

(4)选用指定 20 mm 厚石材,石材需做六面防护(图 10-5-10)。

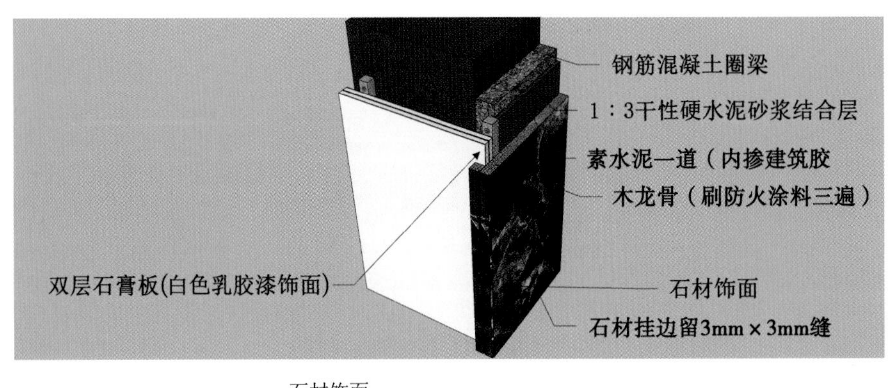

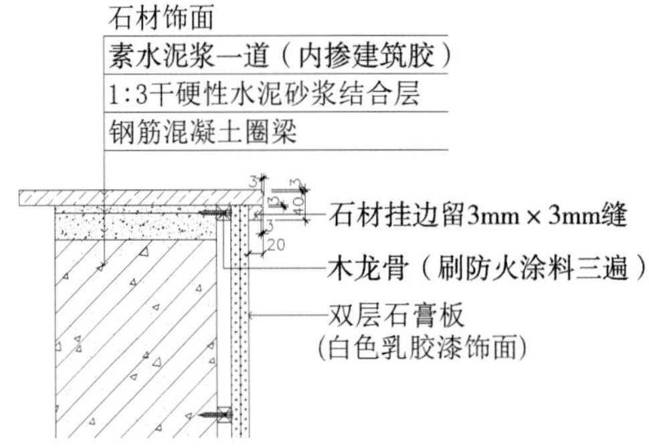

图 10-5-10　石膏板、水泥砂浆(基层结构)(墙面)

11.FC 纤维水泥加压板(基层结构)(墙面)

(1)板与板接缝留 1 mm,两边各倒边 2 mm,合拼 V 字口 5 mm 缝;

(2)板与板接缝间需补刮腻子,待第一遍腻子干透后再找平,待第二遍腻子干透后贴绷带;

(3)螺钉平头应嵌入墙面 1 mm,用防锈腻子补平;

(4)先做阴角后刮腻子两遍,第一遍垫平,第二遍找平即可(图 10-5-11)。

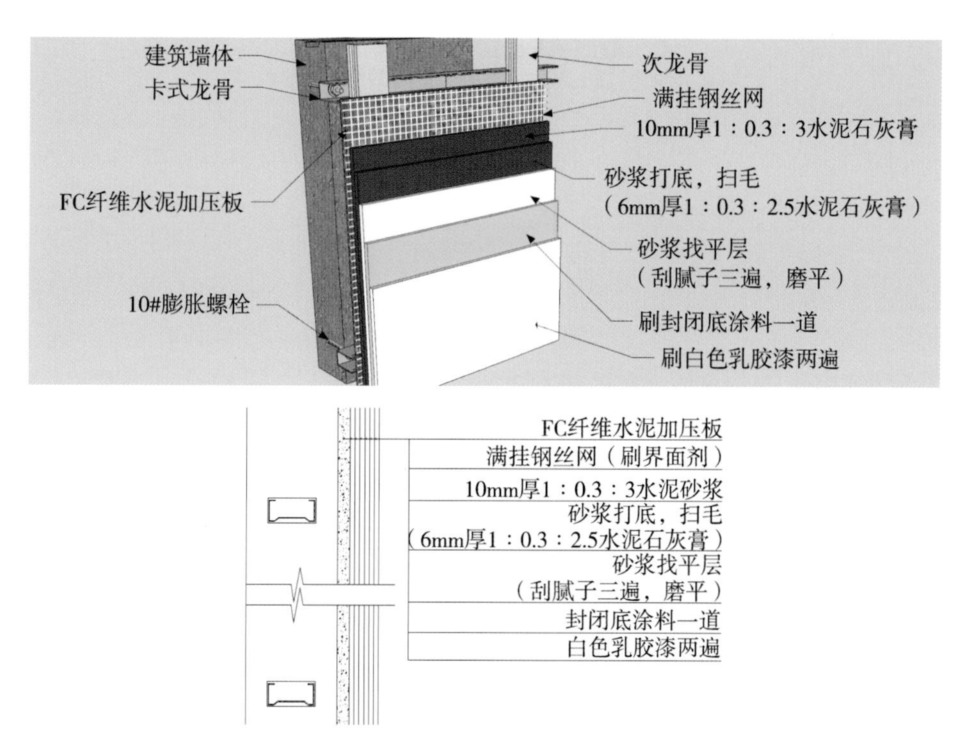

图 10-5-11　FC 纤维水泥加压板(基层结构)(墙面)

参考文献 References

[1] 赵志文．建筑装饰构造［M］．2 版．北京:北京大学出版社,2016.

[2] 张宗森．建筑装饰构造［M］．北京:中国建筑工业出版社,2006.

[3] 韩建新,刘广洁．建筑装饰构造［M］．北京:中国建筑工业出版社,2004.

[4] 贺剑平,贺爱武．室内建筑装饰构造与工艺［M］．北京:北京理工大学出版社,2016.

[5] 张献梅．建筑装饰构造［M］．北京:中国电力出版社,2016.

[6] 王萱,王旭光．建筑装饰构造［M］．2 版．北京:化学工业出版社,2012.

[7] 王建梅．新型建筑装饰材料在室内设计中的应用［J］．广东建材,2024,40(01):79-82.

[8] 徐进．《建筑装饰材料与施工构造》课程教学改革研究［J］．鄂州大学学报,2023,30(06):76-77.

[9] 周云．建筑装饰节能绿色环保材料施工方案研究［J］．中国建筑装饰装修,2022(19):84-86.

[10] 邓帅．室内设计中建筑装饰材料的选择研究［J］．造纸装备及材料,2022,51(01):109-111.

[11] 庞聪,宋季蓉．建筑装饰材料在室内设计中的创新性运用［J］．城市建筑,2021,18(13):158-161.

[12] 黄国鑫．绿色环保建筑装饰材料在室内设计中的应用研究［J］．中国建材科技,2020,29(06):128+99.

[13] 刘莹．建筑装饰材料在室内设计中创新性应用研究［J］．建材与装饰,2020(19):89+91.

[14] 张长江,陈慢勤．材料与构造［M］．北京:中国建筑工业出版社,2017.